한국 농업 길을 묻다

한국 농업 길을 묻다

농업의 가치와 중요성
그리고 나아갈 방향

이용기 지음

푸른길

머리말

한국농업이 성장을 멈춰 섰다. 1990년대 중반 세계무역기구(WTO) 체제가 출범하고 지역무역협정(RTA)이 급속히 확산되기 시작하면서 15년 이상 장기 침체의 수렁으로 빠져든 것이다. 성장이 멈추자 도·농 간 소득균형이 깨져 농가소득은 도시가구의 65%까지 추락했다. 젊은이들이 모두 떠난 농촌사회 또한 노령화와 공동화(空洞化) 현상이 깊어지고 있다. 우리 농업과 농촌이 죽어가고 있는 것이다.

한국농촌경제연구원이 내놓은 10년 후 장기 전망은 더욱 암울하다. 농업 GDP는 지금의 22조 원 수준에서 18조 원으로 줄어들고 농가소득은 도시의 43%까지 추락한다는 전망이다. 참담한 전망이 아닐 수 없다. 이런 가운데 농업·농촌 문제는 점차 국민들의 관심에서 멀어져 가고, 정치권에서도 변방으로 밀려나고 있다.

농업에 대한 잘못된 인식이 문제이고 농업을 순전히 경제논리, 상업적 논리로만 접근하는 정책이 문제다. 지구촌 70억 인구 중 10억 명은 매일 밤 굶주린 채 잠들고 있다. 최근 몇 년 사이 세계 곡물 파동이 빈발하면서 맬서스의 망령이 곳곳에서 꿈틀대고 있다. 그런데도 곡물자급률 세계 최하위 수준인 우리는 강 건너 불 보듯 동시 다발적 FTA를 통해 시장개방을 서두르고 있다. 1인당 경

4

지면적 세계 꼴찌인 나라에서 농경지는 과거 어느 때보다 빠른 속도로 감소하고 있다. 체념의식 속에 시장개방 시대의 어쩔 수 없는 현실로만 받아들이고 있는 것이다. 농정 역시 세계화·개방화 프레임에 갇혀 구태의연한 정책만 재생산해 내고 있다.

그러나 우리 농업과 농촌을 이대로 놔둘 수는 없다. 농업은 국가 존립의 기초이다. 북미나 서유럽의 선진국들이 그런 것처럼 튼실한 농업의 뒷받침 없이 진정한 선진국 대열에 들어갈 수 없다. 벼랑 끝에 선 한국 농업을 다시 반듯하게 살려 내야만 한다. 무엇보다 정부와 국민 모두 농업의 중요성과 가치를 새롭게 인식해야 한다. 농업 문제와 농업의 실상을 제대로 파악하고, 농업은 다른 산업과 다르다는 사실을 이해해야 한다. 그리고 획기적인 정책발상과 새로운 농정 패러다임을 찾아내야 한다.

이 책은 총 3부로 구성되어 있다. 제1부에서는 농업의 역할과 가치, 그리고 전통 농업이 안고 있는 특징과 문제들을 다루었다. 인간사회에서 농업의 존재 이유는 무엇이며, 농업과 관련된 문제는 왜 어려운지 전통 농업의 본질에 관해 논의했다. 제2부에서는 WTO를 중심으로 전개된 세계 농업개혁과 FTA 등 농산물 시장개방 관련 주제들을 다루었다. 세계화 물결 속에 겪는 농업의 개방과 보호의 갈등문제, 그리고 그것이 한국농업에 준 충격을 언급했다. 마지막 제3부에서는 위기의 한국농업을 다시 일으켜 세우기 위한 새로운 길을 모색하고자 했다. 장기 정체된 농업을 살리고 국내·외 농정환경의 변화에 부응할 수 있는 정책대안과 농업·농촌 발전 방향을 제시하고자 했다.

이 책이 완성되는 데는 꽤 오랜 시간이 걸렸다. 어려움도 많았지만 농업·농촌의 현실에 대한 전공자로서 느끼는 안타까움과 책임의식 같은 것이 끝까지 채찍질을 했다. 농업에 대한 잘못된 인식과 이로 인한 농업 경시 풍조가 무엇보다 저자의 마음을 무겁게 했다. 이 책 속에 일관되게 흐르고 있는 주제의식은 농업의 가치와 중요성이다. 그리고 쓰러져 가는 한국농업을 반드시 살려내야 한다는 절박한 문제의식이다. 서술 방식은 독자들의 관심을 유발할 수 있도록 쉽고 친근감 있게 쓰고자 노력했다. 필요한 곳에서는 각주를 달아 이해를 돕고자 했다. 그럼에도 생각만큼 뜻대로 되지 않은 것은 저자의 부족함 탓이다.

농업은 단순히 시장가격으로 그 가치를 평가할 수 있는 산업이 아니다. 효율성의 논리로만 재단할 수 있는 것도 아니다. 최근 세계 식량 파동이 빈발하고 자원고갈과 환경, 기후변화 문제가 심화되면서 농업의 역할과 가치는 그 어느 때보다 커지고 있다. 21세기 들어 '클라크 법칙'의 역전 현상이 뚜렷해지고 있는 것 또한 농업의 중요성을 실증적으로 말해주고 있는 것이다.

농업, 과연 누구를 위해 이 땅에 존재해야 하는가? 바로 나 자신과 우리 모두를 위해, 국민과 국가를 위해서이다. 한국 농업, 이제 새로운 역사를 써보자. 이 책이 농업·농촌에 대한 우리들의 인식이 바뀌는 데 기여하고, 한국의 농업 발전에 작은 길잡이라도 될 수 있다면 저자로서 더 바랄 나위 없겠다.

2012년 7월

이 용 기

차 례

제3부 한국 농업의 길

1
농업, 인간, 농업 문제

"미래의 식량위기에 대해 누구도 단정적으로 말할 수는 없다. 그
것은 현재를 살아가는 우리들의 인식과 대비 여부에 달려 있다.
식량위기는 결코 오지 않을 것이라는 낙관론에 안주해 있을 때
맬서스의 망령은 야밤의 도둑처럼 우리 곁으로 찾아올 것이다.
그것은 영원히 꺼지지 않는 불씨이다."

본문 중에서

농업은 우리에게 무엇인가

농업의 역할과 존재 이유

현생인류가 지구상에 출현한 것은 20만 년 전 일이다. 당시 사람들은 수렵활동을 하거나 물고기를 잡아 식량문제를 해결했다. 그러다가 근대적 의미에서의 농업활동이 시작된 시기는 약 만여 년 전 신석기시대에 이르러서이다. 이때 이미 밀과 보리가 생산되고 가축 사육도 시작되었다. 곧 이어 중국 지역에서 쌀 재배도 시작되었다. 간석기 도구를 만들어 이용하면서 농업생산성이 크게 향상되자 사람들의 정착생활도 가능해졌다.

이처럼 농업은 인간과 오랜 기간 역사를 함께하며 발전해 왔다. 인류역사가 곧 농업과 함께한 역사였다고 말할 수 있는 것은 농업이 인간의 필요적 생존 조건이었기 때문이다.

그럼 현대적 의미에서 농업의 존재 이유는 어디에서, 어떤 역할에서 찾을 수 있는 것인가? 전통적으로 농업의 역할은 주로 경제적 관점에서 파악했다. 산업혁명 이래 급격한 공업화가 진행된 후 20세기까지도 농업은 대부분의 나라에서 중심적인 산업의 위치를 지켜 왔다. 인간의 필수 식량을 생산한다는 데서 그 특수성이 있지만 초점은 농업생산 활동을 통해 경제성장과 발전에 기여하는 역할에 맞추고 있다. 이 과정에서 고용을 증대하고 수출을 통해 외화획득과 무역수지를 개선하며, 비농업부문에 잉여 노동력과 축적된 자본을 제공하는 역할을 한다고 설명해 왔다. 경제발전 초기 단계에서는 농업이 경제전반에 미치는 영향은 더욱 크다. 농업성장이 곧 경제성장이고 국가발전으로 이어진다. 동남아시아, 아프리카, 그리고 남아메리카의 개도국들은 아직도 국가경제에서 차지하는 농업의 비중이 절대적이다. 우리나라도 과거 농업이 큰 비중을 차지했던 시절에는 농업이 잘 되어야 국민이 잘 살고 국가경제도 잘 돌아갈 수 있었다.

그러다가 산업화 진전과 함께 국가경제에서 차지하는 농업의 비중이 작아지면서 농업의 경제적 위상과 역할은 크게 줄었다. 경제적 관점에서 농업을 이해하는 입장에서 보면 더 이상 농업은 우리 사회에서 그리 중요한 존재가 아니다. 성장, 고용, 수출, 외화획득, 자본축적 그 어떤 역할에서도 더 이상 농업을 중요한 산업으로 인정할 수 없게 되었다. 그 나라의 경제발전 단계나 시기에 따라 농업의 역할과 중요도는 크게 달라지는 것이다.

하지만 이제는 경제적 관점에서만 파악하면 농업의 진정한 존재 가치를 이해할 수 없게 되었다. 농업의 GDP 비중이 2%대로 떨어지는 상황에서 경제적·산업적 가치로 보면 농업은 더 이상 그 존재 이유를 찾기 어려워진다. 그럼 무엇이 우리 사회에서 농업의 존재가치를 정당화시켜 주는 것인가? 산업으로서의 경제적 위상이 바닥에 떨어진 지금에도 농업이 인간 사회에 존재해야만 하는 이유는 무엇인가?

20세기 후반 들어 농업의 새로운 가치에 대한 인식이 확산되기 시작했다. 농업을 경제적 관점으로만 접근할 수 없다는 인식이다. 농업은 필수 식량을 공급하는 산업이라는 점뿐 아니라 토지를 포함한 자연자원을 본질적 생산요소로 하는 특수성 때문에 다른 산업과는 분명 다르다는 것이다. 식량생산 외에 농업이 국가와 사회에 미치는 다원적·공익적 기능에 대한 새로운 인식의 지평이 열리기 시작했다.

농업의 다원적·공익적 기능

  농업은 단순히 농산물을 생산하는 데 그치지 않고 국가와 사회에 다양한 편익을 제공하고 있다는 점이 주목되기 시작했다. 1990년대 일기 시작한 이른바 농업의 '다원적 기능성(multifunctionality)' 논의이다. 농업의 다원적 기능(성)이란 농업생산 과정에서 부수적으로 다양한 유·무형의 재화나 서비스를 생산해 내는 기능 또는 그런 특성을 말한다. 생산자가 의도했든 안 했든 관계없이 농업생산 과정에서 결합생산물(joint products)로 자연히 생기는 것들이다. 이렇게 생긴 재화나 서비스는 사적 거래의 대상이 되지 않지만 사회에 편익을 제공하고 공공의 이익에 기여하기 때문에 '공익적 기능'이라고도 부른다. 식량안보는 물론이려니와 생물종 다양성 유지 등 자연 생태계와 환경보존, 아름다운 자연경관의 유지, 휴식처 제공, 홍수조절과 수자원 보존, 농촌 지역사회 유지와 국토의 균형발전, 전통문화의 계승·보존 등이 그것이다. 사실 이런 농업의 다원적 기능은 농업에 내재하는 본래적 기능이라고 할 수 있지만 늦게서야 그 중요성을 인식하고 거기에 가치를 부여하기 시작했다.

  농업의 다원적 기능은 농업생산이 토지를 중심으로 한 자연자원을 본질적 요소로 하는 데 기인한다. 이것이 공업이나 서비스업 같은 다른 산업들과는 확연히 구별되는 특징이다. 농업생산물은 토양, 물, 공기, 햇빛을 에너지로 하여 자라고 만들어진다. 곡물, 축산, 과수와 채소, 화훼, 특용작물 어느 것 하나 자연자원과 자연의 에너지를 요소로 하여 만들어지지 않는 것이 없다. 그래서 농업은 생명산업이라고도 한다. 살아 있는 생명체를 길러 내는 산업이다. 농업은 자연과 함께 숨쉬는 산업이고, 농산물은 자연의 산물인 것이다. 우리 인간도 자연의 에너지로 만들어진 농산물을 섭취할 때에만 생명을 온전히 유지할 수 있다. 아니 살아가는 모든 생명체는 자연으로부터 오는 에너지를 공급받음으로써 생태계가 유지된다. 결국 자연 생태계의 뿌리를 찾아가 보면 생명 에너지를 공급하는 농업과 깊이 연결되어 있음을 알 수 있다. 그래서 먹는 음식은 몸뿐만 아니라 우리의 마음과 영혼 깊은 곳에까지 닿아 영향을 미치는 하나의 문화인 것이다. 이런 다원적 기능의 가치에 대한 인식은 결국 우리 인간이 생활과 의식수준이 나아지면서 자연과 환경의 중요성을 인식하기 시작한다는 의미이기도 하다.

식량안보의 문제는 별도 주제로 논의하고 나머지의 다원적 기능에 대해서만 여기서 이야기해 보자. 먼저 환경보존과 자연 생태계 유지 기능이다. 농업은 각종 동·식물들이 살아갈 수 있는 서식지와 환경을 제공해 주어 생물 다양성과 생태계를 유지·보존시켜 준다. 논과 밭이 사라지고 농업생산 활동이 사라진다면 환경과 자연 생태계가 얼마나 파괴될지 알 수 없다. 농작물이 자라면서 광합성 작용을 통해 이산화탄소를 흡수하고 산소를 배출하여 대기를 맑게 정화시켜 주기도 한다. 도회지를 떠나 농촌지역으로 나가면 신선한 공기를 마실 수 있다는 것이 얼마나 큰 행복인가. 농업은 곧 자연이고 환경인 것이다.

여름 장마철 호우가 쏟아질 때 홍수조절과 수자원 보존기능 또한 매우 중요하다. 우리나라처럼 논 농업이 발달한 아시아 몬순지대 국가에서는 더욱 그렇다. 한 해 논에 가두는 물의 양이 36억 톤, 땅으로 스며들어 지하수로 보존되는 양이 158억 톤에 이른다고 한다. 우리나라 최대의 댐인 소양강 댐*을 10개 건설하는 효과와 맞먹는 것이다. 논 농업은 또 수질을 정화시켜 주고, 토양의 유실을 방지해 비옥도를 향상시키고 자원을 보존하는 역할도 한다.

다음은 농촌의 전원적 자연경관을 유지해 주는 역할이다. 농촌 지역에 자라

---

* 다목적 소양강댐은 총저수량 29억 톤, 유효저수량 19억 톤이다.

는 농작물들과 잘 어우러진 농촌의 전원적·목가적 풍경은 시인이나 예술가가 아니라도 누구에게나 행복감을 갖게 한다. 이 아름다운 전원 풍경은 그 자체로 사람들에게 안식과 감동을 준다. 도시인은 물론 국민 모두의 휴식처이자 녹색관광 체험장인 셈이다. 보리, 밀, 유채, 해바라기 등에 대해 경관보전 직접지불제를 시행하고 있는 이유도 여기에 있다. 주말이면 복잡하고 공기 탁한 도회지를 떠나 농촌지역을 찾으며 새로운 삶의 활력을 얻고 자연 속에서 마음을 순화할 수 있는 중요한 인간 교육장이고 휴식처이다. 현대인의 정신적 치유공간이다. 콘크리트 빌딩 숲에서 살아가는 정서가 메마른 어린 아이들에게도 농촌은 좋은 놀이공간이고 바른 인성을 키울 수 있는 학습장이 된다. 자연에 대한 경외, 생명의 소중함, 타인에 대한 배려와 나눔의 정신, 땀의 소중함, 경로사상과 예의범절에 이르기까지 농업·농촌은 인성과 정서 함양을 위한 학습장인 것이다.

농업과 농촌이 사라지고 이런 아름다운 경관이 함께 없어지면 우리의 삶이 얼마나 삭막해질지 상상해 보라. 농촌 지역은 그 자체로 국가의 커다란 정원이고 휴식처인 셈이다. 땅값이 엄청난 대도시에서 정원을 가꾸는 이치와 같다. 경제적 이익만 생각한다면 한 평에 수백만 원 하는 대도시 주택지역에서 마당에 채소 심고 꽃을 가꾸는 어리석은 짓은 안 할 것이다. 한 국가에 농업과 농촌이 필요한 이치도 이와 같다.

농업은 또 농촌 사회가 유지되기 위한 필요조건이다. 농업이 발전하지 않고 농촌 지역사회가 유지·발전한다는 것은 생각할 수 없다. 농촌 사회의 발전은 국토의 균형적 발전의 핵심 요소이다. 농산물 시장개방 확대로 농업이 위축되고 농가소득이 감소하면서 농촌이 황폐화되어 가고 있는 것만 보더라도 농촌 발전에 농업이 필요조건임을 알 수 있다. 농업은 산림을 제외한 전 국토의 절반 이상을 이용하는 산업이다. 이 넓은 농경지를 중심으로 읍·면 농촌 지역사회가 형성되어 있다. 우리나라 도시 지역이 차지하는 면적은 전체 국토의 10%

에 불과하다. 나머지 90%는 산림을 포함한 농촌 지역, 농산촌이다. 농업은 국토의 효율적 이용과 관리, 국토의 균형적 발전과 밀접한 관련을 지닐 수밖에 없는 산업인 것이다.

민족 고유의 전통문화를 계승·보존하는 역할도 빼놓을 수 없다. 오늘날 컴퓨터나 스마트폰, 자동차도 매일 먹는 쌀만큼이나 우리 생활에 깊이 침투해 있다. 그렇다고 거기서 전통 민족 문화가 나오지는 않는다. 벼농사로부터 수천 년 쌓아 온 우리 민족의 고유 문화가 이어져 오고 있다. 농악, 가사, 시, 농사기구, 농촌의 고유 풍습과 미풍양속 등 많은 농경문화 유산을 남겼다. 쌀 농업이 고유 문화를 계승하고 보존한다는 것은 이런 것이다. 이런 민족의 문화 유산들은 농업·농촌이 쇠퇴하면 함께 사라져 갈 수밖에 없다.

농업이 가진 다원적 기능의 중요성이 부각되기 시작한 것이 그리 오래되지는 않았지만 없었던 것이 새로 생긴 건 아니다. 농업이 갖고 있는 본래적 기능이지만 그동안 우리가 의식하지 못하고 살아왔을 뿐이다. 농업은 식량을 생산하는 경제적 역할만이 아니라 이 다원적·공익적 기능 때문에 더욱 중요하고 인간사회에서 진정한 존재가치가 있는 것이다.

미래의 농업

농업의 역할과 존재 이유는 여기서 그치지 않는다. 식량자원, 에너지자원, 수자원이 점차 고갈되어 가고 환경과 기후변화 문제가 심각해지면서 첨단 과학의 발달과 함께 농업의 역할과 중요성은 더욱 커지고 있다.

미래에는 세 가지 희소해져 가는 자원을 어떻게 확보할 것이냐가 국가의 경쟁력을 좌우할 것이라고 미래학자들은 말한다. 식량자원(Food), 에너지자원(Energy), 그리고 수자원(Water)이 그것이다. 세계는 이미 이들 희소자원 확보를 위해 보이지 않는 전쟁을 벌이고 있는 중이다. 이 세 자원의 영어 머릿글자를 따면 '퓨(FEW)'가 된다. 적다, 곧 희소하다는 의미다. 희소자원 '퓨'의 시대가 다가오고 있는 것이다.

이 희소자원 '퓨'는 모두 농업과 깊이 연결되어 있다. 식량자원은 말할 것도 없고 에너지자원과 수자원 모두 농업과 직결되어 있다. 바이오에탄올이나 바이오디젤처럼 농산물 원료가 직접 에너지 생산에 이용되는 것은 물론이려니와 바이오가스, 지열 등도 농업 부산물로부터 오거나 농업자원과 직결되어 있다. 농업에서 에너지자원 고갈 문제의 해결책을 찾을 수 있다는 이야기다. 농업은 또 앞서 언급한 것처럼 수자원을 보존한다. 그만큼 댐 건설을 줄일 수 있어 환경과 자연 생태계 보존 효과도 생긴다. 이처럼 농업은 미래 희소자원 확보에서 핵심적인 역할을 하게 될 것이다. 최근 '클라크 법칙'의 역전 현상이 글로벌 트렌드의 하나로 등장하고 있는 것도 이런 이유에서다.* 그만큼 미래에는 농업의 중요성이 더욱 커진다는 이야기이고, 그 실증적 증거가 지금 나타나고 있는 것이다.

지구 온난화에 따른 기후변화 문제는 이제 인류의 앞날에 커다란 위협으로 다가오고 있다. 기후변화에 가장 민감한 분야가 농업이다. 우리나라도 지난 100년 동안 평균기온이 $1.5°C$ 상승했다. 농산물 산지 지도가 바뀌고, 식량 수급불안과 가격변동성이 더욱 커지고 있다. 이런 기후변화의 악영향 속에서 농업 문제는 더욱 중요해질 수밖에 없다. 최근 정보통신기술(IT), 생명공학기술(BT), 환경기술(ET) 등의 첨단기술이 등장하면서 농업기술과 결합하여 미래

* 2000년대 들어 곡물을 포함한 세계 원자재 가격의 상승과 생산증가로 1차 산업의 비중이 증가추세로 반전되었다. 감소하던 세계 1차 산업의 GDP 비중이 2000년 8.1%에서 2009년에는 9.7%로 증가했다(현대경제연구원, 경제주평, 11-43). 클라크 법칙은 경제가 발전할수록 1차 산업의 비중은 줄어드는 대신 2차 및 3차 산업의 비중이 차례로 커진다는 법칙으로 일명 '페티·클라크 법칙(Petty-Clark's Law)'이라고 한다. 산업을 농업, 공업, 상업으로 분류하는 대신 1차, 2차, 3차 산업으로 분류한 클라크(C. Clark)는 이를 '페티의 법칙'으로 불렀다. 경제발전단계가 고도화할수록 노동인구가 1차 산업에서 2차, 3차 산업으로 이동하는 경향이 있다는 페티(W. Petty)의 주장을 근거로 한 것이다.

인류가 직면하게 될 새로운 문제들 – 자원고갈과 환경문제, 기후변화문제 – 을 극복할 수 있을 것이라는 기대 또한 높아지고 있다. 나아가 이 신기술의 발달과 함께 농업은 녹색성장과 신성장동력 분야로 새롭게 조명을 받기 시작했다. 농업이 미래 사회의 녹색성장 산업으로, 최첨단 생명산업으로 거듭날 수 있는 신농업혁명이 예고되고 있는 것이다.

인류 역사상 수많은 직종과 산업들이 시대적 요구와 필요에 따라 유행처럼 생겼다가 사라지곤 했다. 하지만 농업은 인류가 지구상에 출현한 이래 지금까지 인류의 삶과 함께하고 있다. 앞으로도 인류와 함께 영원히 존속할 수밖에 없는 산업이다. 사람은 자동차나 컴퓨터가 없어도 살 수 있다. 불편할 뿐이다. 그러나 식량은 곧 생존이고 따라서 농업은 생존산업인 것이다. 까마득한 과거 원시적 방식의 단순 먹거리 문제로 출발한 농업이 국가경제의 중심적 역할을 거쳐 이제는 다원적 기능으로서의 가치가 주목받게 되고, 다시 첨단 과학기술의 발달로 녹색성장의 중심이 되어 자원고갈과 환경문제 해결을 위한 미래 산업으로까지 와 있는 것이다.

농업이 미래 사회에 인간의 삶을 더 풍요롭게 할 수 있을 때 농업의 역할과 존재가치는 더욱 커질 것이다. 전통적 의미에서의 농업이든, 현대적 의미에서의 농업이든, 아니면 미래에 도래하게 될 첨단 과학기술농업이든 농업은 인간과 운명을 같이 할 수밖에 없다. 농업을 떠난 인간은 결코 존재할 수 없기 때문이다.

농업의 가치, 농산물의 가치

가격과 가치

흔히 한 산업의 가치는 그것이 생산해 내는 산출물의 시장가치로 평가된다. 제조업이나 서비스업의 부가가치 또는 생산액의 크기가 그 산업의 가치를 평가하는 기준이 되는 것과 같다. 산업이란 것이 기본적으로 경제적 기능을 하는 실체이고, 따라서 경제적 관점에서 인식되는 대상이기 때문이다. 예를 들면 자동차 산업, 컴퓨터 산업, 섬유 산업 등의 가치는 그 산업이 창출해 내는 부가가치나 생산액의 크기가 어느 정도 되는가에 따라 평가되고, 그 평가 결과에 따라 중요도의 순위를 매기게 된다. 생산활동을 통해 창출된 부가가치는 경제순환 과정에서 경제주체의 소득으로 돌아오기 때문에 결국은 개인이나 기업의 화폐적 소득 증대에 크게 기여하는 산업이 높은 사회적 평가를 받게 되는 것이다.

이처럼 우리는 가격을 매개로 하여 한 산업 혹은 사물의 가치를 평가하는 데 익숙해 있지만 가격이 그 대상의 실제 가치를 반영하는 것은 아니다. 어느 상품의 가격이 비싸다고 해서 반드시 가치가 있는 게 아니고, 반대로 가격이 싸

20

다고 하여 그 상품의 가치가 그만큼 줄어드는 것 역시 아니다. 시장에서 평가되는 가격은 실제 사람들의 효용에 영향을 주는 가치와는 다르다.

아담 스미스는 사용가치와 교환가치의 개념을 구분하고 두 가치가 서로 일치하지 않는다는 사실을 '가치의 역설'로 설명한 바 있다. 물은 인간 삶에 엄청난 사용가치가 있으면서도 그 가격, 즉 교환가치는 매우 낮음에 반하여 다이아몬드는 별 사용가치는 없어도 가격은 매우 높게 거래되고 있는 모순된 현상이 일어나고 있다. 그 후 이른바 한계효용학파에 의해 상품의 가격을 결정하는 것은 총효용이 아니라 최종 소비단위에서 얻는 효용, 즉 한계효용이라는 사실이 밝혀짐으로써 이 '가치의 역설' 수수께끼는 풀릴 수 있었다. 물은 너무 많아 한계효용이 낮고 다이아몬드는 희소하여 한계효용이 높아 그런 가격의 차이가 나게 된다는 설명이다.

뒤에 숨어 있는 이론적 배경이 무엇이든 시장에서 평가되는 가격이 실제 가치와 일치하는 것은 분명 아니다. 흔해 빠진 공기의 가격은 0에 가깝다. 너무 풍부하여 시장 자체가 존재하지 않는다. 이에 비하면 다이아몬드 가격은 새끼손톱만 한 크기도 엄청나다. 유명 화가의 작품은 상상을 초월할 정도의 고가에 거래되기도 한다. 그러나 이 고가품들의 사용가치가 실제로 그렇게 높다고 생각하는 사람은 별로 없다. 터무니없이 높은 가격은 그만큼 한계효용이 크다는 의미인데, 이것은 결국 그 존재의 희소성으로부터 오는 것이다.

농업의 가치, 농산물의 가치

가격과 가치 간의 괴리가 크게 생기는 것으로 치면 농업 분야만한 것도 드물 것이다. 2009년 우리나라의 국내총생산(GDP)은 1,065조 원이었다. 국내총생산은 시장가격으로 평가한 부가가치의 총액이다. 이 중 농림어업 부문에서 창출된 부가가치는 26.6조 원으로 전체의 2.5%에 불과했다. 임업과 어업을 제외하고 농업만 치면 그나마 2% 수준(21.9조 원)으로 더 줄어든다. 부가가치가 아닌 생산액 기준으로 본다 해도 사정은 크게 달라지지 않는다. 2% 수치로만 보면 아주 보잘것없다. 우리 농업이 대다수 사람들로부터 무시당하는 이유다.

경제적 잣대로 잰 농산물의 시장가치는 2%이지만, 농업의 참 가치를 이것으로 평가할 수는 없다. 2%는 농업생산 활동으로 창출해 낸 농산물(품)의 시장가치일 뿐 그것이 농업의 가치를 말해 주는 건 아닌 것이다. 농업의 가치를 부가가치나 생산액의 크기로 평가하여 다른 산업과 비교하는 것은 넌센스다.

제조업의 가치는 그것이 생산해 내는 상품의 시장가치로 평가될 수 있지만, 농업의 가치는 결코 이런 식으로 평가될 수 없다. 농업의 기능과 역할을 어떻게 규정하는가에 따라 농업의 가치는 달라진다. 전통적 농업에서처럼 농업을 경제적 관점에서만 파악한다면 농산물의 시장가치가 농업의 가치의 평가기준이 될 수 있다. 그러나 농업은 시장가격으로 평가되는 재화, 곧 농산물만 창출해 내는 산업이 아니다. 앞에서 언급했듯이 농업은 농산물 생산 외에 인간 사회에 영향을 끼치는 다양한 기능들을 가지고 있다. 따라서 농업의 역할을 다원적 기능으로 확대하면 더 이상 '농업의 가치'와 '농산물의 가치' 사이에 비례 관계는 성립되지 않는다. 농업의 가치를 논할 때는 다원적 기능을 포괄하는 가치를 말해야 한다. 경제적 관점 외에도 사회·문화적, 국가안보적, 환경적 관점에서 그 가치를 보아야 하는 것이다. 그렇지 않고는 농업의 진정한 가치를 파악할 수 없으며, 이 점이 다른 산업과 명백히 구별되어야 하는 이유이다.

농업의 다원적 기능이 주는 가치는 부가가치나 생산액 산정에는 포함되어 있지 않다. 그것이 주는 이익을 거래하는 시장이 존재하지 않기 때문이다. 그럼에도 불구하고 경제학자들은 농업의 다원적 기능이 주는 가치를 화폐단위로 계량화하는 작업을 시도해 왔고, 그 가치가 수십 조 원에 이른다는 연구 결과를 내놓고 있다. 이때 사용되는 중심적 아이디어는 '지불의사(willingness to pay)' 개념을 이용하는 것이다. 예를 들면, 어떤 사람이 농촌의 자연경관을 하루 동안 즐기며 휴식하는 데 최대 10만 원을 '기꺼이 지불할 의사'가 있다고 하면 그 사람에게 이것이 주는 가치는 10만 원인 셈이다.

다원적 기능이 갖는 가치를 객관적으로 보여 주기 위한 방편이긴 하지만 이것은 넌센스다. 다원적 기능 중에는 홍수조절 기능과 같이 객관적 평가가 어느 정도 가능한 부분도 있지만 대부분은 지극히 주관적 속성을 지니고 있다. 식량안보가 주는 가치, 아름다운 자연경관이 주는 가치, 생물다양성과 자연생태계를 유지시켜 주는 가치, 전통 문화유산을 보존하고 계승해 주는 가치. 이런 것들은 돈으로 환산할 수 없는 가치이다. 인간의 심리는 수시로 변하고 지불의사라는 것도 순전히 개인의 주관적인 것이다. 농업의 이런 가치를 화폐단위로 표시하려는 시도는 바벨탑을 쌓는 것과 같다.

세상의 모든 것들이 지닌 가치를 화폐단위로 바꿔놓을 수 있다고 믿고 그것을 향해 도전해 온 것은 그들의 직업적 속성의 발로이다. 하지만 이런 기능들로부터 오는 농업의 진정한 가치는 화폐단위로 정확히 계량화할 수 없다. 계량화를 시도하는 전문가들 사이에서도 들쭉날쭉 큰 편차를 보이고 있다는 사실은 이를 반증하는 것이다.

농업의 다원적 기능이 주는 가치는 대부분 사람들이 주관적, 내면적, 심리적으로 느끼는 것이다. 그렇기 때문에 상황과 조건에 따라, 또 조사대상이 누구냐에 따라 결과가 달라질 수밖에 없다. 동일한 사람을 대상으로 지불의사 금액을 조사한다고 해도 시점을 달리하면 그 결과는 달라진다. 주관적인 것이기 때문이다. 소득수준이 높아짐에 따라, 교육·문화·의식 수준이 높아짐에 따라 농업이 주는 이런 기능의 가치는 점점 커지는 경향을 띤다.

밀레(J. Millet)의 그림 '만종'을 보고 있으면 인간 세상에 어찌 저렇게 평화로운 풍경이 있을 수 있는지 감동하게 된다. 1850년대 유럽의 전형적인 농촌 들녘, 하루 일과가 끝나고 난 저녁 무렵 두 남녀가 들판 한가운데 서서 감사 기도를 드린다. 저 멀리 농촌 마을의 교회 십자가를 배경으로 하여 기도하는 두 농부의 모습 속에서 참 평화와 감동이 전해 온다. 이 아름답고 평화로운 농촌 풍경은 농업이 있기 때문에 가능한 것이 아닌가.

옛날 우리의 농촌 풍경도 크게 다르지 않았다. 봄이면 푸르른 보리밭에 갓 자란 새싹들이 넘실대고, 그 사이로는 종달새들이 봄의 전령이 되어 재잘댄다. 가을이면 누렇게 익은 곡식들이 황금물결을 이루고 과수원의 과일들이 풍성하게 익어가는 들녘. 철따라 아름다운 농촌 경관을 만들어 내는 농업이 주는 귀중한 선물이다.

이제는 산업화와 도시화로 거의 사라지고 그곳에는 흉물스런 콘크리트 아파트와 러브호텔이 대신 들어서 버렸다. 그래도 그게 더 돈이 된다고 좋아한다. 농촌의 환경과 자연경관이 산업화·도시화라는 이름으로 마구 파괴되어 가고 있는 것이다. 농업의 참 기능을 인식하지 못한 탓이다. 식량만 얻을 수 있으면 농업의 역할은 다 한 거라고 믿고 있는 것이다. 그러니 값이 싸게 먹히기만 하면 시장을 개방하고 수입하는 편이 낫다는 생각을 쉽게 할 수 있는 것이다.

농업이 우리 인간에게 주는 이익은 이런 것이다. '만종' 속의 농부 부부는 일용할 양식을 위해 감자를 생산해 낼지라도 그들이 만들어 내는 가치는 이것을 훨씬 능가한다. 그들 부부가 농사짓는 게 돈이 안 된다고 모두 포기하고 대도시의 공장으로 취업해 갔다고 가정해 보자. '만종'은 이 세상에 나오지 못했을지 모른다. 그들이 생산해 낸 감자의 시장가치만이 아니라는 이야기다. 우리 세대에서 '만종'의 풍경들을 박물관 속으로 보낼 수는 없는 일 아닌가. 이런 것이 숨겨진 농업의 진정한 가치이다. '농업의 가치'는 결코 '농산물의 가치'로 평가될 수 없다.

24

농업의 외부효과

한 상자에 5만 원인 사과 가격을 생각해 보자. 이 가격은 원론적으로 말하면 수요·공급의 원리에 의해 결정된 것이다. 수요 측면만 보면 이 사과의 가격 결정에 영향을 미친 요소는 소비자가 직접 사과를 소비할 때 얻는 효용이다. 그런데 이 사과를 생산하는 과정에서 아름다운 사과 밭 풍경이 부수적으로 생긴다. 이 역시 사람들에게 어떤 행복감, 즉 효용을 주게 된다. 하지만 이 5만 원의 가격에는 사람들이 들녘의 아름다운 과수원 풍경으로부터 부수적으로 얻는 이런 이익은 포함되어 있지 않다. 사과를 직접 소비함으로써 얻는 효용만 시장가격 결정에 고려되었을 뿐 아름다운 과수원 경관으로부터 얻은 효용은 전혀 영향을 미치지 못했다는 이야기다. 그렇다면 사회 전체적으로 보면 한 상자에 5만 원에 거래되는 사과 가격은 사실상 저평가되고 있는 것이다.

다원적 기능이 주는 이런 사회적 편익이 가격에 반영되지 않는 이유는 그것이 거래되는 시장이 존재하지 않기 때문이다. 사람들은 농가가 생산과정에서 만들어 낸 부수적인 이익을 공짜로 얻는 셈이다. 이런 현상을 '외부효과(external effect)' 또는 '외부성(externality)'이라고 부른다.

외부효과에는 사회에 편익을 제공하는 긍정적인 것도 있지만, 공해물질 배출로 환경을 해치는 것과 같은 부정적 외부효과도 있다. 그러나 우리가 지금 농업의 다원적 기능에서 이야기하는 외부효과는 편익을 주는 긍정적 외부효과를 의미한다. 그래서 이를 공익적 기능이라고도 부르는 것이다. 농업의 다원적 기능들이 모두 여기에 해당한다. 식량안보, 환경보존, 자연생태계 보존, 홍수조절과 수자원 보존, 향토문화의 계승, 자연경관의 유지 등에서 오는 이 모든 편익들은 시장에 반영되지 않는 외부효과들이다. 이처럼 농업은 외부효과가 강하게 나타나는 산업이며, 이런 특징 때문에 농업은 순전히 경제논리에 의해 다룰 수 없는 것이다.

농업의 다원적 기능에서처럼 외부효과가 존재할 때에는 시장에서 결정되는 가격은 사회적으로 평가되는 진정한 가치를 반영하지 못한다. 그렇기 때문에 시장원리에 그대로 맡겨 놓으면 가장 효율적인 자원배분 상태, 이른바 '파레토 최적(Pareto optimum)'이 달성되지 못한다. 사회적으로 가장 바람직한 상태보다 생산은 덜 되고 가격도 더 낮은 수준에서 형성된다. 시장에 맡겨 놓을 경우 최적의 효율적 자원배분이 일어나지 못한다는 데서 이를 '시장의 실패(market failure)'라고 부른다.

농업에서 외부효과가 가장 크게 나타나는 곳은 아마도 벼농사일 것이다. 가을 들녘 무르익은 벼이삭이 연출해 내는 아름다운 황금물결을 보고 행복감을 갖지 않는 사람이 있을까. 그러나 이런 자연경관이 주는 편익의 대가는 쌀 가격에 들어 있지 않다. 여름철 집중호우가 계속될 때는 논이 댐을 대신하여 홍수조절 역할을 한다. 하지만 이 사회적 편익도 쌀값에 포함되어 있지 않다. 물이 땅속으로 스며들어 수자원이 보존되는 기능도 마찬가지다. 논 농업을 통해 각종 생물종들을 유지하고 자연생태계를 보존하며 환경을 보존하는 데서 오는 편익은 또 얼마인가. 벼가 생장하면서 탄소동화작용을 통해 대기를 맑게 정화시켜 주는 편익, 수천 년 쌀농사를 통해 이어지는 민족 고유의 전통문화를 보존하는 소중한 가치는 또 어떻게 평가할 것인가. 쌀 농업이 주는 이런 외부효과에 의한 사회적 이익은 시장에서는 평가되지 않는다. 쌀 농업이 존재함으로 인해 농촌 사회가 유지되고 토지자원이 보존되는 가치도 평가되지 않고 있다. 주식으로서 식량안보를 확보해 줌으로 인해 얻는 이익은 더더욱 말할 나위 없다. 이런 가치도 전혀 평가되지 않고 있다. 왜냐하면 이런 외부효과들을 거래할 수 있는 시장이 존재하지 않기 때문이다.

우리나라 한해 쌀 생산액은 8~9조 원 정도다. 총생산량을 시장가격으로 평가한 금액이다. 그런데 여기에는 쌀 농업이 주는 외부효과의 가치는 들어 있지 않다. 쌀 소비자들이 거의 모두 쌀 농업이 주는 외부효과 이익을 보는 사람들이지만 이들이 지불하는 가마당 16만 원의 쌀값에 이런 편익이 주는 가치는 들어 있지 않은 것이다. 쌀농사의 외부효과가 주는 사회적 편익을 고려한다면 16만 원은 낮은 가격일 수 있다.

이런 외부효과에 의한 이익은 돈을 아무리 많이 지불한다 해도 수입할 수 없다. 이것이 농업의 가치이다. 만약 외국으로부터도 식량을 수입할 수 없는 세계적 위기 상황이 발생한다면 그때는 국민의 생존이 위협을 받게 된다.이때 식량안보의 가치를 화폐단위로 매길 수 있는 것인가. 이런 쌀 산업을 자동차 산업, 철강 산업, 조선 산업 등과 생산액이나 부가가치로, 수출액으로, 또는 고용효과만으로 비교하여 시장개방을 결정할 수는 없다. 농업은 그렇게 단순한 계산법으로는 그 가치를 정확히 알아낼 수 없게 되어 있다.

지난 2004년 한·칠레 FTA가 발효되었다. 오랜 협상과정에서 우리 사회는 찬반의 대립 속에 극심한 사회적 갈등과 진통을 겪어야 했다. 논란의 중심에는 경쟁력이 없는 농업 분야가 자리하고 있었음은 물론이다. 처음으로 외국과 맺는 자유무역협정이다 보니 그럴 수밖에 없었을 것이다. FTA를 찬성하는 측의 논리는 명료했다. 공산품 수출로부터 얻는 이익이 농산물 수입으로 인한 피해를 능가할 것이기 때문에 국가 전체적으로 이익이라는 논리다. 무역수지도 개선되고, GDP도 늘고, 일자리도 늘기 때문에 등등. 경제를 조금 아는 사람이라면 누구나 하는 이야기들이다. 지난해 있었던 한·EU FTA나 한·미 FTA에서도 개방의 논리는 똑같았다.

그러나 조금만 생각해 보면 이것이 얼마나 단순한 주장인지를 알 수 있다. 모든 산업의 가치를 시장을 통해 상품화할 수 있는, 즉 보이는 가치로만 평가한 것이다. 농업도 다른 산업과 동일하게 취급하여 농업의 외부효과가 주는 가치를 전혀 계산에 넣지 않았다는 것이 가장 큰 문제이다. 그 후 마트에 가면 우리는 쉽게 칠레산 포도를 싼 가격으로 살 수 있게 되었다. 가격이 싸진 만큼 소비자들이 이익을 본 것은 틀림없다. 또 멀리 이국땅에서 생산된 포도 맛을 볼 수 있다는 색다른 즐거움도 있다.

반면 우리가 잃은 것은 무엇인가? 당장 눈에 띄는 것은 포도재배 농가들의 손실이겠지만 보다 더 중요한 것은 다른 곳에 있다. 들판에서 포도밭이 사라지면서 농촌이 황폐화되고 지역사회가 붕괴되어 가고 있다는 사실이다. 자연 생태계가 망가지고 한여름의 아름다운 포도밭 풍경이 사라지고 있는 것이다. 우리 국민은 이런 것들을 값싼 칠레산 포도와 바꿔버린 셈이다.

농산물 수입개방을 논할 때면 으레 농가의 피해를 이야기하지만 정작 중요한 것은 농가의 피해보다 이런 농업의 다원적 기능 상실로 인해 국민이 입는 손실이다. 이것은 수입개방을 결정하는 어디에도 계산해 넣지 않는다. 그 후 진행된 모든 FTA 체결에서도 동일한 논리로 일관했다. 농업의 다원적 기능이 주는 외부효과를 계산에 넣는다면 과연 공산품 수출로 인한 이익이 농산물 수입으로 인한 피해보다 크다는 결론에 이를 수 있을 것인가?

농업, 2%의 코어 산업

경제 발전 과정에서 농업의 비중이 상대적으로 줄어드는 것은 자연스러운 일이다. GDP 비중으로만 치면 선진 외국의 농업도 대부분 1~3%이다. 미국, 영국, 프랑스, 일본, 독일 등 거의 예외가 없다.[*] 그러나 경제적 비중이 작다고 해서 본래의 가치가 줄어드는 게 아니다. 시장개방 협상에서 희생물로 제공될 일이 아니다. 농업 인프라는 한번 무너지면 많은 돈을 퍼부어도 복구가 어려워진다.

사실 우리 농업은 급속한 경제성장 과정에서 그 비중이 너무 빠른 속도로 줄

[*] 그러나 앞서도 언급했듯이 2000년 이후에는 세계 1차 산업의 GDP 비중이 오히려 증가추세로 돌아서는 클라크 법칙의 역전 현상이 나타나고 있음은 주목할 일이다.

어들었다. 농업의 GDP 비중 2%는 지금도 계속 감소과정에 있다. 어느 수준에서 멈출지는 전적으로 한국의 농정방향에 달렸다. 하지만 우리가 기억해야 할 것은 이 2%가 무너지면 전부가 무너질 수 있다는 사실이다. 식량안보가 무너지고, 농촌 지역사회와 국토가 망가지고, 아름다운 전원적 경관이 사라지고, 자연 생태계와 환경이 파괴되고, 전통문화가 사라진다. 이 2%는 우리의 국토, 자연환경, 건강과 안전, 생태계, 식량안보를 떠받치고 있는 생명의 기초이기 때문이다.

다른 산업은 물질적으로 좀 더 풍족하고 편리하게 사느냐 아니냐의 문제이지만 농업은 인간 생존과 삶의 문제이다. 농업의 가치는 그것이 생산해 낸 농산물의 시장가치로 평가할 수 없다. 농업의 진정한 숨겨진 가치를 제대로 인식하고 국가의 먼 백년대계를 위해 농업자원을 잘 보존해야만 한다. 세계화·개방화가 확산되는 21세기 우리에게 주어진 시대적 사명이다. 녹색성장을 자주 이야기하면서도 가장 녹색적이고 환경 친화적 산업인 농업의 가치에 대한 인식의 변화는 너무 느리기만 하다. 단순히 '돈 버는 농업'으로 인식하는 데서 그친다면 한국 농업의 미래는 없다. 농업이 무너지면 국가기반이 무너지는 것이다.

식량안보, 농업의 핵심 기능

식량위기와 맬서스 교차

　농업의 역할을 이야기할 때 가장 먼저 떠오르는 단어는 역시 식량안보다. 전통적 역할에서부터 최근의 다원적 기능, 나아가 미래의 첨단기술농업에 이르기까지 다양한 역할과 기대를 이야기하지만 먹고사는 문제를 빼놓고는 농업을 생각할 수 없기 때문이다. 식량안보는 농업을 어떤 측면에서 어떻게 파악하든 예나 지금이나 그리고 먼 미래에도 영구불변의 핵심 관심사항일 수밖에 없다.

　유엔 세계보건기구(WHO) 자료에 의하면 지구촌에서 1년에 약 600만 명의 어린 생명들이 굶어 죽고 있다. 5초에 한 명꼴로 죽고 있다는 이야기다. 피골이 상접한 채 비참한 삶을 살고 있는 아프리카 주민들의 생활모습이 자주 텔레비전 화면을 통해 우리의 안방으로 전해지곤 한다. 가까이는 북녘 땅 동포들이 굶주림에 지쳐 죽음을 무릅쓰고 국경을 넘어 중국으로의 탈출을 감행하는 현실을 보고 있다. 극심한 기아 상태에서 목숨을 겨우 연명하고 살아가는 인구가 지구상에 9억 2,500만 명에 이른다고 유엔은 보고하고 있다. 세계 인구의 13%가 넘는 수치다. 해마다 국제사회로부터 구호의 손길이 그들을 찾아가고, 경제지원 프로그램이 시행되고 있지만 지구촌의 비극은 해결될 기미가 보이지 않는다.

영국의 경제학자 맬서스(T. R. Malthus)는 1798년 그의 저술 「인구론」에서 인류의 식량위기 문제를 체계화하여 그 당시 사회적으로 큰 반향을 일으켰다. 인간의 강한 성적 본능으로 인해 인구는 기하급수적으로 증가함에 반해 식량 생산은 산술급수적으로 증가하기 때문에 인류는 심각한 식량위기와 빈곤에서 벗어나지 못할 것으로 예측했다. 그의 가설은 예를 들면 이런 식이다. 인구는 한 세대 25년이 지날 때마다 1, 2, 4, 8, … 식으로 두 배씩 급속히 증가한다. 반면 식량생산은 수확체감의 법칙으로 설명되는 생산능력의 한계 때문에 1, 2, 3, 4, … 와 같이 완만한 속도로밖에 증가하지 못한다는 것이다. 인구는 J-커브처럼 시간이 지날수록 증가 속도가 빨라지지만 식량은 직선상을 움직이면서 일정한 속도로 증가한다.

인구와 식량 두 변수 간에 생기는 이런 증가패턴의 차이에 관한 그의 가설이 타당하고 다른 요인의 변화가 없다면 식량위기의 도래는 필연적이다. 처음에는 식량생산이 충분했다 하더라도 시간이 흐르면서 인구곡선은 식량공급선을 아래에서 위로 교차하면서 따라잡게 되어 있다. 이른바 '맬서스 교차(Malthusian cross)'가 생기게 되는 것이다. 이 '맬서스 교차'가 일어나는 순간 식량위기는 시작된다. 아마도 인류의 재앙의 역사가 시작되는 교차점일지도 모른다.

그러나 인류의 미래에 대한 그의 비관적 예언은 다행스럽게도 빗나갔다는 것이 지금까지의 경험적 결과이다. 그는 20세기 들어 농업생산 기술이 급속히 발전하리라는 것을 알지 못했다. 직선 형태로 완만하게 증가한다고 주장한 식량공급선이 과학·기술의 발달에 힘입어 위로 점프할 수 있는 가능성을 예견하지 못했다. 뿐만 아니라 그는 당시 사회상을 반영하듯 인구의 폭발적 증가에 대해 지나친 믿음을 갖고 있었다. 맬서스가 「인구론」을 집필하던 18세기 말은 세계의 인구가 매우 빠른 속도로 늘어나던 시기였다. 어쨌든 그의 「인구론」은 기술혁신에 대한 과소평가 등 몇 가지 오류를 내포하고 있다.

그럼에도 불구하고 200여 년 전 빗나간 한 고전학파 경제학자의 예언이 지금까지도 우리들의 입에 자주 회자되고 있는 이유는 그만큼 식량안보 문제의 중요성을 반증하는 것이다. 가깝게는 지난 2007~2008년에도 국제 곡물가격이 3배로 뛰면서 곡물 파동이 세계를 강타했다. 몇몇 나라에서는 사회 폭동이 일어나고 정권이 붕괴되기도 했다. 농산물 수출국들은 자국의 식량확보를 위해 서둘러 수출제한조치를 취했고, 그러자 세계의 식량사정은 더욱 악화되었다. 바로 3~4년 전 경험한 일이다. 그 후 최근까지도 세계 곡물수급 문제는 수시로 신문의 사회면에 등장하여 우리를 긴장시키고 있다.

「인구론」이 출간된 후 170여 년이 지난 1972년 로마 클럽*이 발표한 「성장의 한계」는 맬서스의 인류 미래에 대한 암울한 예언을 다시 한 번 상기시켜 주었다. 100년 후의 세계는 식량부족, 환경악화, 자원고갈로 위기에 직면하게 될 것이라는 요지이다. 맬서스가 예언한 식량위기가 농업생산기술의 발달을 고려하지 않은 오류를 범했지만, 로마 클럽의 보고서는 이와는 다른 관점에서 자원 및 환경보존과 함께 식량안보의 중요성을 말해 주고 있는 신맬서스주의자들의 예측이다. 환경이 악화되고 자원이 고갈되어 가며 기후변화가 심각해지고 있는 상황에서 앞으로 식량문제와 함께 어떻게 이런 문제들을 극복해 나가야 할 것인지에 대한 큰 화두를 던져 주었다. 지속가능한 성장과 식량문제의 중요성을 시사하고 있는 것이다.

---

* 로마 클럽(Club of Rome)은 지구의 유한성에 대한 문제의식을 갖고 인류가 직면한 자원고갈, 환경오염 등의 문제를 해결하기 위해 경제학자, 과학자 등이 중심이 되어 조직된 민간 연구단체이다. 1968년 로마에서 첫 회의를 열고 시작했다는 데서 이런 이름이 붙여졌다.

불안한 세계 식량수급

유엔 식량농업기구(FAO)는 1996년 '세계식량정상회의'에서 식량안보에 대하여 다음과 같이 정의를 내린 바 있다. "식량안보는 모든 사람이 언제라도 활동적이고 건강한 삶을 유지하기 위해 충분하고, 안전하며 영양적인 식량에 물리적, 경제적으로 접근 가능하게 될 때 확보된다."[*] 식품의 안전성과 영양 측면까지 고려하여 충분한 식량이 필요할 때에는 언제라도 공급될 수 있어야 식량안보가 확보된다는 의미다. 양적으로 충분해야 함은 물론 식품안전이나 영양까지 고려한 질적 식량안보를 포함하는 개념으로 정의하고 있다.

이와 같은 식량안보가 확보되지 못하면 식량위기로 이어질 수 있다. 거두절미하고 본다면 식량위기는 결국 식량의 공급이 수요에 미치지 못하는 수급 불균형 상태이다. 공급능력과 수요 측 요인이 동시에 복합적으로 작용하여 식량위기를 일으키는 것이다. 맬서스가 그의 「인구론」에서 밝힌 비관론도 다름 아닌 수요와 공급 양쪽에서 오는 식량의 구조적 수급 불균형을 말한 것이다.

수요 측면에서 식량안보에 영향을 미치는 주요 요인은 인구와 소득이다. 이제 지구촌의 인구가 70억 명을 넘어섰다. 이런 속도로 인구가 증가한다면 2050년에는 90억 명 이상, 2100년에는 100억 명이 될 것으로 유엔은 전망하고 있다.

식량 소비량도 지금보다 70% 증가할 것으로 전망했다. 인구 증가는 특히 아프리카와 아시아 개발도상 국가들을 중심으로 빠르게 늘어나고 있다. 농업은 이렇게 빠른 속도로 늘어나는 세계 인구를 충분히 먹일 수 있어야 한다. 세계 인구는 맬서스의 예측처럼 기하급수적 속도로 늘어난 것은 아니지만 여전히

---

[*] "Food security exists when all people, at all times, have physical and economic access to sufficient, safe and nutritious food to meet their dietary needs and food preferences for an active and healthy life", FAO, World Food Summit, 1996.

빠르게 늘어나 공급 측 사정을 압박하고 있다. 매년 남·북한을 합한 인구보다 많은 8,400만 명이 지구촌의 새 식구가 되고 있다. 인구수가 늘어나는 만큼 식량생산도 같이 늘어나야 하는 것이다.

경제성장과 소득증가 역시 식량수요를 늘리는 중요한 요인이다. 소득이 일정 수준에 도달하면 식량수요는 더 이상 잘 늘지 않지만 낮은 소득수준에서는 식량수요도 빠르게 늘어난다. 소득수준이 낮은 단계일수록 소득증가에 대한 식량수요의 반응은 더욱 빠르게 나타나는 경향을 보인다. 세계 인구의 80%가 개도국 국민인 점을 고려하면 앞으로 잠재적 식량수요 증가 요인은 매우 크다는 것을 말해 주고 있다.

특히 세계인구의 35%를 차지하는 중국과 인도의 빠른 경제성장은 세계 식량수급 구조에 판도를 바꾸어 놓고 있다. 이들 인구 대국의 산업화는 세계 식량수요를 늘리고 곡물과 육류 및 낙농품 가격을 상승시키는 요인으로 작용하고 있다. 그동안 세계시장의 곡물 공급원이었던 이 두 나라가 이제는 수입해야 할 형편이 되었다. 아프리카와 아시아의 다른 저개발 국가들 역시 지속적으로 식량수요가 증가하고 있다.

소득의 증가는 또 고단백질 육류 소비를 늘려 사료용 곡물 수요증가로 이어진다. 1kg의 쇠고기를 생산해 내기 위해 필요한 사료곡물은 8kg, 돼지고기의 경우는 4kg이라고 한다. 쇠고기 1kg을 먹는 순간 옥수수나 밀 등의 사료곡물도 8kg을 소비해 버리는 셈이다. 세계 경지면적의 30% 이상이 사료곡물을 생산하는 데 이용되고 있다. 더구나 중국, 인도를 포함한 개도국들의 경제성장에 따른 육류와 유제품 소비의 증가로 사료곡물 수요는 더욱 빠르게 증가할 것이다. 결국 육류생산을 위해 사육되는 가축이 인간의 식량안보를 위협하고 있는 셈이다.

여기에 바이오에너지 생산을 위한 곡물수요 증가도 한몫하고 있다. 곡물은 이제 식용과 사료용 외에도 자동차 연료를 위해 사용되는 시대가 되었다. 세계 유가가 배럴당 100달러를 넘는 고유가 시대가 도래하면서 환경에 대한 관심과 함께 화석연료 대신 재생 가능하고 환경 친화적인 바이오 연료 개발이 오래 전부터 시작되었다. 미국, 브라질, 그리고 유럽의 선진국들은 앞다퉈 옥수수, 사탕수수를 이용하여 바이오에탄올과 바이오디젤 생산을 늘리고 있다. 세계 곡물가격 상승과 인류의 식량안보를 위협하는 또 다른 요인이 되고 있는 것이다. 지구 한편에서는 수많은 생명들이 굶어 죽어 가는데 식량자원이 에너지 생산을 위해 사용되는 모순된 현실 속에 우리는 살고 있는 것이다.

수요 측과 달리 공급 측 사정은 좀 더 복잡하다. 그만큼 공급 측에서 보는 식량위기에 관한 견해도 다양하다. 맬서스의 후예들처럼 극단적 비관론을 주장하는 견해로부터 극단적 낙관론에 이르기까지 다양한 스펙트럼이 존재한다.

낙관론적 견해의 중심 근거는 기술혁신이다. 1950~1960년대 있었던 '녹색혁명(Green Revolution)'은 식량부족 문제를 해결해 준 대표적인 기술혁신 사례다. 생물학적 기술은 '기적의 씨앗'을 만들어 냈고, 여기에 화학적 기술(비료, 농약)과 기계적 기술, 그리고 관개시설의 확충으로 토지생산성과 노동생산성을 획기적으로 향상시켜 단번에 식량위기론을 몰아내었다. 그 중심에 미국의 농학자 노먼 볼로그(Norman Borlaug) 박사가 있다. 그는 다양한 기후조건에서도 잘 자라고 병해충에도 잘 견디는 밀과 쌀 다수확 신품종을 개발해 생산성을 획기적으로 증대시켰다. 강풍에도 잘 쓰러지지 않는 '난장이(dwarf) 종자' 개발은 특히 아시아 지역에서 큰 성공을 거두었다. 이 '기적의 씨앗'으로 세계의 기아와 빈곤을 퇴치한 공로를 인정받아 그는 1970년 노벨 평화상의 주인공이 되기도 했다. 노먼 볼로그의 예에서 보듯 기술혁신이 식량문제를 획기적으로 개선하는 주 원동력이며, 이 때문에 식량위기는 오지 않을 것으로 낙관론자들은 주장하고 있다. 더구나 최근의 첨단 생명공학기술, 정보통신기술, 로봇기술 등의 발달과 식물공장, 버티컬 팜(vertical farm) 기술은 낙관론적 입장을 더욱 공고히 해 주는 버팀목이 되고 있다.

반면 비관론적 입장에서 주장하는 공급 제약요인들 또한 많다. 우선 세계의 경지면적이 계속 줄어들고 있다는 사실이다. 개도국들의 경제성장에 따른 도시화·산업화로 인한 감소는 물론 환경파괴와 사막화로 인해 경지면적이 계속 줄어들고 있다. 개도국들의 산업화·도시화는 또 젊은 사람들의 이농과 탈농으로 이어져 농업 노동력 부족과 농업생산성을 저하시키고 있다.

최근 들어 세계 곳곳에서 빈발하고 있는 지구온난화 등 기후변화 현상 또한 농업생산을 제약하고 식량생산에 큰 악영향을 미치고 있다. 뚜렷한 사계절과 여름 장마철이 특성인 한반도에도 아열대성 이상 기후 현상이 자주 나타나면서 이제는 건기와 우기로 나누어야 한다는 주장까지 나오고 있을 정도다. 세계 물 사용량의 70%가 농업용수이다. 곡물 1kg을 생산하기 위해 1,000리터의 물이 필요하다고 한다. 수자원 부족의 문제는 농업생산에 적지 않은 제약요인이다. 특히 사하라 사막을 중심으로 한 아프리카 국가들의 수자원 부족 문제는 심각한 수준이다.

경작지 감소, 지구 온난화로 인한 기상 이변, 수자원 부족과 사막화 등은 모두 공급을 제한하는 요인들이다. 여기에 세계 곡물시장을 지배하고 있는 곡물메이저[*]들의 독과점적 영향력 행사, 수출국들의 예측할 수 없는 수출제한조치, 투기적 수요 등으로 세계 곡물시장의 불안정성은 더욱 높아지고 있다.

꿈틀대는 맬서스의 망령

세계에서 한 해에 생산되는 곡물은 약 25억 톤에 이른다. 10톤 대형 트럭에 나눠 실으면 2억 5천만 대 분량이니 어마어마한 양이다. 5대 곡물만 보면 지지

---

[*] 미국의 카길(Cargill)과 ADM(Archer Daniel Midland), 프랑스의 루이 드레퓌스(Louis Dreyfus), 아르헨티나의 벙기(Bunge), 스위스의 앙드레(Andre) 등이다. 이들 5대 곡물메이저가 세계 곡물 거래의 80~90%를 점하고 있다.

난해(2010)의 경우 쌀이 4억 5천만 톤, 밀 6억 5천만 톤, 옥수수 8억 2천만 톤, 보리 1억 5천만 톤, 그리고 콩이 2억 5천만 톤 생산되었다. 세계 70억 인구가 직접 소비하거나 혹은 육류나 낙농품 소비를 통해 간접적으로 이 25억 톤의 곡물을 먹고 살아가고 있는 것이다.

발표되는 통계수치로만 보면 적어도 현재까지는 세계 전체로 볼 때 식량 공급이 부족하지는 않다. 그런데도 9억 명 이상이 굶주림에 허덕이고 있다는 유엔의 보고는 소득이 없어 생기는 문제이다. 이들 대부분이 개도국의 기근 문제라는 것은 구매력 부족에서 오는 문제로, 경제성장과 소득재분배로 해결해 나가야 할 부분이다. 선진 부국들은 음식물 쓰레기가 쌓여 환경문제를 일으키는가 하면 지구의 또 다른 쪽에서는 어린 아이들이 5초에 한 명 꼴로 굶어 죽어 간다. 국가 간, 지역 간, 계층 간의 소득과 분배의 불균형에서 비롯된 문제이다.

그럼에도 식량안보와 식량위기의 문제는 늘 우리 주위를 떠나지 않고 있다. 최근 몇 년 전부터 빈번하게 일고 있는 세계 곡물 파동은 현재의 수급사정이 균형은 유지하고 있지만 매우 불안한 균형이라는 것을 반증하고 있다. 1980년대 이후 확산되고 있는 신자유주의적 무역질서 또한 농산물 수입국들의 식량안보를 더욱 취약하게 만들고 있다. 성장과 분배 시스템만으로는 해결할 수 없음을 보여 주고 있는 것이다.

식량위기에 대한 낙관론과 비관론이 맞서 있는 가운데 세계 곡물시장은 외줄타기를 하듯 불안한 균형을 이어 오고 있다. 수요와 공급 양쪽에서 많은 불확실성 요소들 위에 놓여 있는 이 균형은 작은 충격이 가해지면 언제라도 깨질 수 있는 불안한 균형인 것이다.

미래의 식량위기에 대해 누구도 단정적으로 말할 수는 없다. 그것은 현재를 살아가는 우리들의 인식과 대비 여부에 달려 있다. 식량위기는 결코 오지 않을 것이라는 낙관론에 안주해 있을 때 맬서스의 망령은 야밤의 도둑처럼 우리

곁으로 찾아올 것이다. 그것은 영원히 꺼지지 않는 불씨이다. 식량안보, 그것은 인간 삶과 국가 존립의 기초이다. 한 국가 내에 농업이 존재해야 할 핵심적인 이유이다.

농업 문제의 시작: 가격 불안정

춤추는 가격과 소득 불안정

어느 나라나 농업과 농산물이 관련된 문제는 다루기 어렵다. 농산물 시장이 안고 있는 구조적 특성들로 인해 가격과 농가소득, 그리고 농업성장에 이르기까지 어느 것 하나 쉽지 않다. 이 전통농업이 안고 있는 본질적인 특성과 문제들을 먼저 이해할 필요가 있다.

무엇보다 농산물 시장은 가격의 변동성이 매우 심하다. 공산품이나 서비스 가격의 움직임은 대체로 안정적이지만, 농산물 가격은 변동 폭이 매우 심한 경향을 보인다. 장기간 저장이 가능한 곡물류보다는 저장성이 낮은 채소류나 과일류가 더더욱 변동성이 심하다. 어느 해에는 천정부지로 오르다가 또 다른 해에는 폭락한다. 한두 달 또는 며칠 사이에 급등락하는 일도 흔하다. 가격이 불안정하게 춤을 추니 농가의 소득 또한 불안정할 수밖에 없다. 농가소득의 불안정은 곧 농민 삶의 불안정으로 이어진다.

농업은 '생명'이 있는 '필수재'를 생산해 내는 산업이다. 근원을 찾아 들어가 보면 전통 농업 문제의 어려움은 모두 여기서부터 출발한다. 농업생산물이 생명체이면서 동시에 그것이 필수재라는 점, 여기서부터 어려운 농업 문제가 시작되는 것이다. 생명체이기 때문에 공급 측에서 문제가 생기고, 필수재라서 수요 측면에서 문제를 어렵게 만든다.

농업은 살아 숨 쉬는 생명체를 생산하는 산업이다. 그래서 농업을 생명산업 혹은 생물산업이라고도 부른다. 생명체가 자랄 수 있기 위해서는 땅, 공기, 물, 햇빛 등 자연 환경이 잘 갖추어져야 한다. 농업생산은 이런 자연의 에너지를 투입요소로 하고 있다는 점에서 다른 산업과 뚜렷이 구별된다.

이런 특징 때문에 농업생산은 기상 조건이나 병해충, 질병 등 인위적으로 쉽게 조절할 수 없고 또 예측하기도 어려운 각종 불확실성 요인들에 의해 영향을 받게 된다. 컴퓨터나 자동차와 달리 농산물은 사전에 계획한 대로 생산해 낼 수 없다. 농가가 봄에 쌀 생산을 얼마 하겠다고 계획했다고 해서 가을에 정확히 계획한 양만큼을 수확해 낼 수 없다. 대지의 정직성과 자연의 섭리를 비유하여 농사는 뿌린 대로 거둔다고 하지만 현실은 그렇지 않다. 사과도, 배추도, 소나 돼지, 우유 생산도 마찬가지다. 농업에서는 사람의 능력으로는 생산을 계획하고 조절하는 데 한계가 있다는 이야기다. 혹은 계획량보다 더 많을 수도, 혹은 훨씬 적을 수도 있다. 생산 과정이 수 개월, 많게는 수 년이 걸리는 수도 있으니 최종 생산물이 나올 때까지 그 긴 기간 동안 어떤 일이 벌어질지 알지 못한다. 계획생산이 어렵다는 것, 공급이 불안정하다는 것, 이것이 농산물 가격을 춤추게 만들고 농업 문제를 어렵게 한다.

결국 농업은 생명체를 기르기 때문에 문제가 생기는 것이다. 재작년 전국을 휩쓸었던 배추 파동도, 350만 마리의 가축을 살처분한 구제역 파동도 그것이 생명체이기 때문에 일어날 수 있는 일이다. 공장에서 기계적으로 찍어 내는 상품이었다면 발생할 수 없는 농업만의 특수한 현상이다. 돼지고기 가격이 올라도 농가는 구제역이 전국을 휩쓸고 지나가면 끝이다. 배추 공급을 제때에 잘 하려 해도 곤파스 같은 태풍이 한 번 몰아닥치면 속수무책이다. 살아 있는 생명체를 생산해 내기 때문에 겪을 수밖에 없는 농업의 어려움인 것이다.

농업은 또 그 생산물이 필수재이기 때문에 문제가 생긴다. 담배나 커피 같은 기호 품목도 있지만 대부분의 농산물은 인간의 생존을 위한 필수재임에 틀림없다. 필수품 또는 필수재가 의미하는 바는 시장가격의 움직임에 대하여 소비가 민감하게 반응하지 않는다는 것이다. 생존을 위한 필수재이기 때문에 필요한 만큼만 소비하면 되지, 이보다 더 적게도 그렇다고 너무 과하게도 소비할 필요가 없다. 따라서 가격이 오른다고 해서 소비를 크게 줄일 수 있는 것도 아니고, 반대로 하락한다고 해서 필요 이상으로 소비가 늘지도 않는다. 적어도 단기적으로는 가격이 변해도 소비수준은 거의 변함이 없다고 말할 수 있다. 이런 성질을 수요의 가격탄력성이 낮다고 말한다.

소비가 쉽게 늘거나 줄지 않기 때문에 가격은 공급 측 사정에 크게 좌우된다. 그해의 작황에 따라 공급이 조금만 늘거나 줄어도 가격은 폭락하거나 폭등하게 된다. 연례행사처럼 경험하는 배추 파동, 무 파동, 고추 파동, 마늘 파동이 그렇다. 남거나 부족한 물량을 비축사업이나 해외 시장을 통해 쉽게 해결할 수 없는 상황에서는 국내 농산물 가격은 공급 측 사정에 따라 심하게 요동칠 수밖에 없다. 이들 품목이 모두 필수재이기 때문에 발생하는 현상들이다. 공급이 불안정하다 해도 수요가 가격변화에 민감하게 반응한다면 시장가격의 등락은 크게 동요하지 않을 것이다. 공산품이 농산물에 비해 훨씬 안정적으로 움직일 수 있는 것도 이런 요인이 크다. 그러니 농산물은 필수재란 것이 문제가 되는 것이다.

사실 공급의 변동은 어느 상품에나 있게 마련이고, 가격이 등락하는 것 또한 시장에서 일어나는 자연스런 현상이다. 문제는 가격이 수시로 폭등하고 폭락한다는 데 있다. 같은 10% 공급량 감소라 해도 보통 상품들의 가격이 오르는 것에 비하면 농산물은 훨씬 큰 폭으로 오른다. 다른 상품들은 가격 상승에 대하여 수요가 쉽게 줄어들기 때문에 폭등으로 이어지지 않는다. 가격폭등을 방지하는 기제(機制)가 시장에 내재해 있는 셈이다. 그러나 농산물이 동일 비율의 공급 감소에도 가격폭등을 일으키는 것은 수요가 비탄력적인 필수재의 성질이 작동하기 때문이다.

반대로 공급이 조금만 늘면 필수재적 성질 때문에 시장가격은 폭락으로 이어진다. 수 개월 이글거리는 땡볕 속에서 정성 들여 키운 농작물을 수확도 포기한 채 갈아엎는 안타까운 광경을 종종 보아야 하는 현실은 이런 이유에서다. 그편이 더 이익이 되기 때문이다. 애써 생산한 것을 일부러 폐기처분해야 더 이익이라니 농업 현장에서나 볼 수 있는 아이러니다.

농산물 가격 파동은 국제시장에서도 예외는 아니다. 공급량이 조금만 줄어도 세계시장에서 곡물가격이 폭등한다. 공산품과 달리 농산물은 생산하면 손익의 문제를 떠나 자국 소비가 우선이다. 그리고 나머지가 세계시장으로 나오게 되니 세계시장의 무역량은 상대적으로 적을 수밖에 없다. 각 나라의 국내 작황에 따라 국제가격의 등락이 클 수밖에 없는 것이다.

시장개방이 확대되고 있는 글로벌 시대에 농산물 가격의 움직임은 두 가지 측면을 안고 있다. 국내의 수급 불안정을 무역을 통해 완화시킬 수 있다는 측면에서는 안정화에 도움이 되는 긍정적 환경이라고 말할 수 있다. 하지만, 해외시장의 불안한 가격 움직임이 여과 없이 국내에 파급된다는 측면에서는 부정적 조건이 생긴 것이다. 그 나라의 국내 생산기반이 어느 정도 튼튼한가에 따라 두 효과가 나타나는 정도는 달라질 것이다. 생산기반이 약해 해외의존도가 높은 나라일수록 시장개방의 확대로 인한 국내 농산물 가격의 불안정성은 더욱 커진다. 국내시장이 세계시장의 불안정 요인들에 그대로 노출되기 때문이다.

농가는 안정적인 소득 흐름을 원해

가격의 불안정은 농가의 소득 불안정으로 직결된다. 농가소득 중에서 농업소득의 비중이 클수록 가격 불안정은 농가소득을 더욱 불안정하게 만든다. 가격의 변동에 따라 어느 해의 소득은 평균보다 높아지고, 또 어느 해의 소득은 평균보다 훨씬 밑도는 식으로 소득수준이 고르지 못하다.

소득이 불안정하게 움직인다고 해서 반드시 평균적 소득수준이 떨어진다는 의미는 아니다. 하지만 위험을 기피하는 보통의 농민들에게는 동일한 평균소득이라면 안정된 소득이 그들의 효용수준을 더 높여 줄 것이다. 가격이 불안정하여 어느 해는 500만 원, 그 다음 해는 1,500만 원의 소득을 올리는 것보다 매년 1,000만 원씩 안정적인 소득을 얻는 것이 농가에게 더 큰 만족을 준다는 의미다.

보통의 사람들은 미래의 불확실성 상황에 놓이게 되면 위험을 회피하려는 태도를 보이게 마련이다. 자동차보험, 생명보험, 화재보험에 가입하는 이유도 모두 미래의 불확실성으로부터 위험을 회피하기 위한 행위이다. 이때 지불하는 보험료는 위험을 줄여 주는 데 대한 대가이다. 위험을 회피하는 성향을 갖지 않은 사람이라면 굳이 돈을 들여 보험을 들지는 않을 것이다.

하지만 이와는 정반대의 성향을 보이는 사람들도 있다. 쪽박 찰 가능성이 큰 줄 짐작하면서도 카지노에서 밤새워 도박을 즐기고, 실낱같은 대박의 꿈을 갖고 복권 구매에 많은 돈을 들이는 사람들도 우리 주위에는 있다. 이런 사람들은 위험 상황을 통해 더 큰 만족을 얻고 위험을 즐기는 성향을 지닌 사람들이다. 하지만 대부분의 보통 사람들은 대박이냐 쪽박이냐의 스릴을 선택하지는 않는다. 대박은 아닐지라도 확실하고 안정적인 소득을 원한다. 위험을 싫어하는 성향을 보인다는 것이다.

농민들도 예외는 아니다. 오히려 농민들은 이런 위험 회피적 성향이 더 강하다. 위험을 회피하는 성향은 소득이나 부의 수준에 따라 차이가 난다. 소득이나 부의 크기가 작을수록 위험 회피의 성향은 커진다. 사회의 평균적 저소득 계층인 농가들이 더 위험 회피적이라고 말할 수 있는 것이다. 그래서 농가는 평균소득이 같다면 변동이 크지 않은 안정적인 소득을 원한다. 폭등과 폭락을 거듭하는 불안한 소득흐름보다는 안정적인 소득흐름을 선호하는 것이다. 그들은 대박을 꿈꾸며 카지노를 출입하는 사람들이 아니기 때문이다. 대농보다는 소득수준이 낮은 소농들이 더욱 이런 경향을 보인다. 한국의 농가는 대부분이 소농이다. 설사 불안정한 상황에서 더 많은 평균소득이 예상된다 할지라도 그들은 평균소득이 다소 낮아도 폭락과 폭등이 없는 안정된 소득 흐름을 원할지 모른다.

어느 해는 배추 값이 금값으로 폭등하는가 하면 어느 해는 똥값이 되기도 한다. 농가소득도 덩달아 큰 폭으로 출렁인다. 농산물 시장은 이런 불확실성 상황을 피하기 어렵다. 농업이 안고 있는 고질병이다. 위험 회피적 성향이 강한 저소득 농가들에겐 더욱 큰 부담이다. 최근에는 세계의 기상이변 현상이 심각해지면서 때와 장소를 가리지 않고 가뭄, 홍수가 일어 농산물의 가격 불안정은 더욱 심화되고 있다.

그래서 위험 관리가 필요해진다. 수매·비축정책, 농업관측사업, 조기경보시스템 등 농산물 가격안정정책이 시행되는 이유다. 농작물재해보험 역시 같은 맥락에서 그 중요성이 커지고 있다. 농산물 가격안정화정책이 전통적으로 농업정책의 근간을 유지해오고 있는 것은 이것이 곧 농가의 소득안정화 정책이기 때문이다. 농산물 가격은 속성상 불안정하다는 것, 그래서 농가소득 또한 불안정할 수밖에 없다는 것. 전통 농업이 안고 있는 고질적인 문제이다.

소득변화에 둔감한 수요

소득이 늘어도 수요는 잘 안 늘어

농산물의 수요는 다른 상품과는 달리 소득의 변화에도 민감하게 반응하지 않는다. 수요의 소득탄력성이 낮다는 이야기다. 사람들의 소득이 늘어나 생활수준이 향상되어도 농산물 소비가 크게 늘어나지는 않는다. 오히려 소득수준이 높아지면 농산물과 식품소비 증가속도는 둔화되는 경향을 보인다. 고소득 계층일수록 소득탄력성은 낮아진다. 그래서 소득수준이 향상될수록 엥겔계수*는 점차 낮아지게 마련이고, 선진국의 엥겔계수가 낮은 것도 이런 이유다.

심지어 어떤 농산물은 소득이 늘어나는데도 수요가 오히려 줄어드는 경우도 있다. 일반적으로 소득이 늘면 상품에 대한 수요는 증가하는 게 정상이다. 하지만 과거 끼니마다 쌀과 함께 섞어 먹던 보리나 조, 수수 같은 곡식들은 사람들의 소득수준이 향상되면서 이제는 거의 자취를 감췄다. 식사 대용으로 자주 먹던 고구마나 감자, 옥수수에 대한 수요도 지금은 많이 줄었다. 이처럼 소

* 엥겔계수(Engel's coefficient)는 가계비 지출액 중에서 식료품비가 차지하는 비중으로 나타낸다.

득이 늘어나는데도 불구하고 수요가 오히려 줄어드는 재화를 열등재 혹은 하급재라고 부른다. 수요의 소득탄력성이 마이너스가 되는 상품인 것이다.

우리 국민의 주식인 쌀도 오래 전부터 열등재라는 연구결과가 나오고 있다. 우리 사회에서 쌀이 열등재, 하급재라니 심정적으로는 인정하고 싶지 않다. 그러나 소득이 늘면서 1인당 쌀 소비량이 계속 줄어들고 있는 사실적 현상이 반영된 결과이다. 1980년대 초 130kg을 넘던 연간 소비량이 지금은 72kg까지 줄었다. 우리 국민은 소득이 늘면 쌀 소비는 줄이고 대신 다른 식품, 예를 들면 육류나 낙농품, 과일, 채소의 소비를 늘리는 경향을 보이고 있는 것이다.

경제학에서 말하는 열등재의 의미는 수요와 소득변화의 관계에서 정의되는 개념이다. 따라서 이것은 사전에 어떤 품목에 특정된 것이 아니라 개인의 소득수준에 따라 가변적이다. 처음에는 정상재였던 품목들도 소득수준이 증가함에 따라 어느 시점에는 열등재로 변하게 된다. 반대로 열등재였던 상품도 소득변화에 따라 정상재로 바뀌는 경우도 얼마든지 생각할 수 있다. 농산물뿐 아니라 우리 주변에는 이런 예를 많이 찾아볼 수 있다. 사람들의 소득수준이 향상되면서 더 선호하는 식품으로 소비대체가 일어나면서 수요가 줄어 열등재로 전락하게 되는 것이다. 1인당 국민소득이 2만 달러를 넘어 건강에 대한 인식이 높아지고 또 새로운 식품들이 나오면서 과거에는 소비가 늘던 많은 전통 농산물들이 이제는 그 소비가 줄어들고 있는 경우가 많다. 쌀도 그중의 하나인 것이다.

국민의 주식이고 농가의 중심 소득원인 쌀, 한국 농업의 자존심인 쌀까지도 소비자들로부터는 열등재 취급을 받고 있다. 앞으로 국민소득이 더욱 증가할수록 기존의 농산물 중에는 열등재로 전락하는 품목들이 더 늘어날 수 있다.

이를 거시적 관점에서 보면 농업부문이 제조업이나 서비스업에 비하여 성장속도가 느리다는 의미가 된다. 그래서 농업부문과 비농업부문 간의 소득 격차가 더 심화되고, 결국에는 경제성장 과정에서 사양산업으로 취급받고 소외되는 것이다. 우리나라 경제가 연평균 10% 가까운 빠른 성장을 했던 지난 1980년대에도 농업 부문에서는 고작 3% 수준의 낮은 성장밖에 하지 못했다. 같은 맥락에서 농업은 경기변동에도 둔감하다. 호경기라고 해서 농업이 크게 성장하지도 않지만 불경기라고 해서 수요가 크게 줄지도 않는다. 경기가 좋든 안 좋든 먹고 살아야 하는 필수재이기 때문이다. 불경기에도 다른 산업에 비해 경기변동에 덜 영향을 받는 것은 농업의 장점이다.

개별 농가 입장에서 보면 경제가 성장할수록 농가소득이 도시근로자 소득에 비해 점차 떨어지는 경향을 보인다는 것이다. 농가소득 중에서 농업소득이 차지하는 비중이 클수록 도·농 간 소득 격차는 더욱 빠른 속도로 벌어지게 되어 있다. 가격차이도 마찬가지다. 장기적으로 농산물 가격은 공산품가격보다 상승률이 낮아 가위의 양날이 끝으로 갈수록 점점 벌어지는 것처럼 이른바 협상가격(鋏狀價格) 차가 생기게 되는 것이다.

이런 모든 원인들이 결국 따지고 보면 농산물에 대한 수요가 소득의 변화에 쉽게 반응을 보이지 않는 특성에서 비롯된다. 그래서 농업이 성장하고 농가소득이 늘어나기 위해서는 열등재가 아닌 수요의 소득탄력성이 높은 농산물과 식품을 생산해 내야 하는 것이다. 고품질 농산물, 건강 기능성 농산물, 유기농 웰빙식품, 편의식품, 소비자 기호에 맞는 맞춤형 가공식품 등을 생산하고 개발해 내야 하는 것은 이런 이유에서다. 어쨌든 농업에 있어서는 그 생산물의 수요가 가격이나 소득 변화에 둔감한 게 문제다. 너무 예민해도 좋을 것은 없지만 너무 둔감해서 문제다.

농업자원의 고정성과 구조조정 문제

공급도 가격변화에 둔감하기는 마찬가지다. 농업에서는 가격이 오른다고 해서 쉽게 생산을 늘릴 수 없을 뿐더러 떨어진다고 해서 생산량을 바로 줄일 수도 없다.

이유는 우선 농산물이 생명체이기 때문이다. 일정한 생장 기간이 지나야만 시장에 상품화할 수 있다는 이야기다. 가격이 오른다고 해서 공장에서 바로 물건을 더 복제해 낼 수 있는 것과 같지 않다. 곡물이나 채소, 과일이 그렇고 축산물은 생산 주기가 더욱 길다. 쌀 가격이 오른다고 바로 쌀 생산을 늘릴 수 없다. 길게는 1년을 기다려야 한다. 쇠고기 값이 오른다고 바로 한우 공급을 늘릴 수 없다. 송아지를 구입하여 시장에 내놓을 만큼 큰 소로 키우는 데는 수년이 걸리기도 한다.

공급이 가격변화에 민감하지 못한 또 하나의 중요한 원인은 농업생산에 필요한 투입요소들을 쉽게 변경하거나 농업 외의 다른 부문으로 이동하기 어렵다는 데 있다. 대표적인 예가 농지이다. 쌀 가격이 오른다고 투입 농지를 쉽사리 더 늘릴 수 없다. 반대로 쌀 가격이 떨어져 수지타산이 맞지 않을 것 같다고 해서 쌀 생산을 줄이거나 포기할 수도 없다. 적어도 단기적으로는 그렇다. 사용하던 논을 처분하거나 그 이상의 수익이 나는 다른 용도로 쉽게 전환할 수 없기 때문이다. 그렇다고 그냥 휴경할 수도 없다. 쌀 가격이 낮아지더라도 놀리는 것보다는 그래도 쌀 생산에 이용하는 것이 손실을 줄이는 길이다.

농촌의 노동력 문제도 같은 맥락에서 이해될 수 있다. 오랜 기간 농사짓던 사람이 농업 이외의 다른 분야로 전직하여 생산활동을 하기는 어렵다. 이들의 농업생산에 따른 기회비용이 매우 낮다는 의미다. 그래서 이들은 수익이 낮아도 농업에 계속 종사할 수밖에 없다. 농산물 가격변화와 관계없이 계속 농업생산 활동을 하고, 따라서 농산물 공급은 쉽게 변하지 않는 것이다.

영세 소농구조에 대한 규모화나 구조조정이 쉽지 않은 것도 다 같은 이유다. 노령화된 농민들의 농업생산에 따른 기회비용은 거의 영(0)이다. 그러니 시장이 개방되어 농산물 가격이 하락하고 소득이 줄어든다고 해도 농업을 포기할 수 없다. 살아 있는 동안은 현상 그대로 갈 수밖에 없다. 기회비용이 0에 가까운 이 노령인구들이 생존하는 동안 한국 농업의 영세 소농구조가 크게 변할 가능성은 없는 것이다. 이런 고령 영세 농가의 존속이 도·농 간 소득 격차와 농업 내의 양극화 현상을 일으키는 중요한 요인이 되고 있다. 한국농업의 성장이란 측면에서만 보면 큰 짐이 되고 있는 셈이다.

농업 투입요소의 이런 속성으로 농업생산이 국내·외 환경 변화에도 신축적으로 적응하지 못한다. 시장개방이 확대되는 추세에서 노령화가 심화되는데도 여전히 농업생산에 매달려 있을 수밖에 없는 것은 이런 이유이다. 구조조정이란 관점에서 보면 정면으로 역행하는 것이긴 하지만 농업생산과 투입요소가 갖고 있는 본질적 특성에 기인하는 것이다. 농업의 효율적 생산구조로의 전환이 쉽지 않다는 것이다. 결국 시장개방과 같은 외부 환경 변화에 생산구조가 신속히 대응하지 못함으로써 경쟁력 제고가 쉽지 않다는 것을 의미한다.

농산물 가격 파동과 순진한 기대

순진한 가격예측

추운 겨울 농한기가 지나고 따스한 봄볕이 찾아들면 농민들은 다시 한 해 농사 구상으로 분주해지기 시작한다. 올해는 어떤 품목을 얼마나 심어야 할까? 작년에 했던 대로 똑같이 반복할 수도 있겠지만 좀 더 나은 수익을 얻기 위해 한 번쯤은 고민을 하게 된다.

이 의사결정에 영향을 미치는 가장 중요한 변수는 가격이다. 올해 심을 수 있는 작목들의 가격은 어떻게 될 것인가? 작년보다 오를 것인지 내릴 것인지, 아니면 작년 수준은 유지하게 될 것인지, 오르거나 내린다면 그 폭은 얼마나 될지, 미래에 대한 이러한 가격예측이 농가의 생산계획을 위한 의사결정에 중요한 영향을 미치게 된다.

그런데 문제는 이 가격예측이 대단히 어렵다는 것이다. 생산계획을 세우고 파종을 한 후에도 최소 수개월은 지나야 시장에 내다 팔 수 있으니 미래에 대한 가격예측이 쉬울 리 없다. 그러니 전국의 수많은 경쟁 농가들은 어떤 품목을 얼마나 생산할지 알 길이 없다. 날씨는 어떻게 될지, 여기에 시장개방의 확대로 해외에서 얼마나 수입이 될지도 알 수 없다. 또 정부 정책은 어떻게 변할지도 고려해야 한다. 미래 가격에 영향을 줄 수 있는 불확실한 요소들이 한둘이 아니다.

이때 손쉽게 의존하는 방법이 지난해의 가격 수준을 참고하는 일이다. 대부분의 농가들은 이런 방법으로 금년도 가격을 예상하고 생산 의사결정을 해 왔다. 지난해 고추 가격이 비싸 재미를 본 농가들은 작년의 높았던 가격을 믿고 올해도 고추 농사에 매달린다. 지난해 가격이 낮아 손해를 보았던 마늘 농가들은 올해는 마늘 재배면적을 줄이고 대신 이웃 고추 농가를 좇아 고추 재배를 시도해 본다. 이게 우리 대부분 영세 농가들의 전형적인 생산 의사결정 방식이다. 작년에 형성되었던 가격을 보고 금년 생산계획을 하는 것이다. 이런 방식으로 미래에 대한 가격예측을 하는 것을 '순진한 기대(naive expectation)' 형성이라고 부른다. 아주 단순하고 순박한 예측이라는 이야기다.

하지만 몇 달 후 생산한 농산물이 시장에 나오는 시점에서 형성되는 가격은 그들이 예상했던 것과는 반대의 결과로 나타나기 일쑤다. 고추는 과잉공급이 되어 가격이 오히려 폭락하고, 마늘은 반대로 물량이 부족하여 가격 폭등으로 이어진다. 예측한 것과 정반대의 결과가 나타난 것이다. 수요가 가격변화에 비탄력적이라는 속성이 배경에 깔린 것은 당연하지만 공급량에 예상 외의 변화가 생긴 것은 순진한 방식의 가격기대를 한 탓이다.

반대로 행동했어도 결과는 크게 달라지지 않았을 것이다. 작년에 고추 가격이 높았으니까 다른 농가들이 고추 생산을 늘릴 것으로 예상하고 올해는 마늘 재배를 더 늘린다고 하면 성공할 것 같다. 하지만 이 전략도 그리 쉽게 먹혀들지는 않는 게 농산물 시장의 속성이다. 나만 이렇게 한다면 성공할 수 있을 것이다. 하지만 다른 대부분의 농가들도 비슷한 생각을 갖고 마늘 재배 면적을 늘린다면 마늘 가격은 폭락하고 고추 가격은 폭등하는 결과가 된다. 어쨌든 이 반대 전략도 작년도 가격을 기초로 했다는 점에서 보면 순진한 기대의 결과이다. 이래저래 농민들은 오랜 세월 수없이 많은 시행착오를 겪으면서도 순진한 가격기대 방식에 젖어 있는 것이다. 미래의 불확실한 요소들이 한둘이 아니라 별다른 가격예측 묘수가 없기 때문이다.

이런 순진한 기대형성 말고도 경제학자들은 미래의 가격예측 방식을 설명해 왔다. 시장의 모든 정보를 완벽하게 활용하여 예측하는 '합리적 기대', 그리고 시행착오를 겪고 학습해 가면서 점차 가격기대를 수정해 가는 '적응적 기대'가 그것이다. 시장에 참여하는 사람들이라면 누구나 합리적으로 예측하고자 하지만 그게 말처럼 쉽지 않다. 국내·외 모든 시장 관련 정보를 어떻게 알 수 있으며, 설령 안다 한들 그것을 어떻게 실제 가격예측에 활용한단 말인가. 현실의 농산물 시장은 이론과는 너무 많이 동떨어져 움직이고 있다.

순진한 기대와 생산시차의 결합

연초가 되면 국내·외 전문 연구기관들은 그 해의 경제성장률, 인플레율, 실업률 등 주요 경제지표 예측치를 발표한다. 경우에 따라서는 그 이상 수 년 혹은 십수 년 앞의 장기 예측도 내놓는다. 그러나 얼마 못가 이 예측치들은 수정에 수정을 거듭해 간다. 전문가 집단에 의한 발표라곤 하지만 이 예측치를 그대로 믿는 사람은 별로 없다. 제대로 맞는 경우가 거의 없기 때문이다. 시간이 지난 후 그것이 맞았는지 틀렸는지 따지는 사람도 없고, 또 틀렸다고 해서 책임을 묻지도 지지도 않는다.

그래서 경제 예측이나 전망은 틀리기 위해 존재하는 것이라고들 말한다. 만일 가격예측이 정확히 맞는다고 가정하면 생산자들은 모두 그 정확한 예측에 따라 행동할 것이고, 그러면 결과는 전혀 다른 상황이 나타나 시장에 큰 혼란을 초래하게 될 것이다. 그러니 틀릴 수밖에 없다는 논리이다. 그렇다면 가격예측은 왜 하며, 누구를 위한 것인가. 이거야말로 시장 참여자들의 개별적 고유 영역이다. 각자 나름의 예측을 바탕으로 생산하고 그 결과가 종합되어 전체 시장이 균형과 조화를 이루어 나가는 것이리라.

언젠가 미국 농업경제학회가 발간하는 뉴스레터에서 경제학자(economist)를 다음과 같이 정의한 적이 있다. 경제학자란 "어제 예측한 것이 오늘 왜 일어나지 않았는지를 내일 가서야 비로소 아는 전문가"라고. 유머코너에 실렸던 이코노미스트 집단의 자조 섞인 가십성 이야기지만 경제현상을 예측하는 일이 얼마나 어려운 것인지를 말해 주고 있는 것이다.

경제문제를 다루는 전문가들도 이럴진대 하물며 농민들이 수 개월 후의 시장가격을 예측하는 일이 얼마나 어려울 것인지는 말할 필요가 없다. 경제의 핵심은 시장이다. 그런데 시장현상은 너무 복잡하고 불확실성 요소들로 가득 차 있다. 농산물 시장에서 나타나는 현상은 더욱 그렇다. 이 복잡하고 불확실성 요소들로 가득 찬 시장을 제대로 파악하는 게 불가능하다면 차라리 순진한 기대가 나을지 모른다.

이런 순진한 기대가 생산의 시차와 결합하여 가격 파동의 원인을 제공한다. 작년의 가격을 보고 생산계획을 세우지만 그것이 시장에 공급되는 것은 한 기(期)가 지난 후이다. 작년의 높은 가격을 보고 생산을 늘리면, 그 결과 올해는 공급 과잉이 되어 비탄력적 수요구조하에서 가격은 폭락한다. 올해의 낮은 가격을 보고 내년에 생산을 줄이면 이제는 공급 부족으로 가격이 반대로 급상승하는 식이다. 농산물 시장에서 가격의 상승과 하락이 주기적으로 반복되는 이런 동태적 현상은 '거미집 이론(cobweb theorem)'이라고 하여 경제학 교과서에 단골 메뉴로 소개되고 있다. 마치 거미가 집을 짓듯 가격이 등락을 거듭하며 파동을 그려 나간다는 의미다. 그렇다고 농산물 가격 파동이 거미집 이론이 말해 주듯 반드시 폭등과 폭락을 순차적으로 반복하는 것은 아니지만, 이 이론이 수시로 발생하는 농산물 가격 파동을 근사하게 설명해 주고 있는 것은 틀림없다.

거미집 이론이 성립하기 위해서는 공급자의 순진한 가격기대가 전제되고 있지만, 사실 농산물 가격 파동 뒤에는 이보다 훨씬 복잡한 사정들이 얽혀 있다. 수많은 공급 측의 불확실성 요소들이 잠재해 있는 것이다. 어쨌든 농업생산에서는 복잡한 불확실성 요소들이 너무 많아 가격예측이 매우 어렵고, 그러다 보니 농가들은 시행착오를 겪으면서도 순진한 기대를 하게 되고, 이것은 공급의 시차와 함께 연례행사처럼 가격 파동을 일으키게 되는 것이다.

농가들의 가격예측을 더욱 어렵게 하고 있는 것은 공급자가 자그마치 백만이 넘는 경쟁시장 구조를 갖고 있다는 데 있다. 현재 우리나라 농가 수는 115만 가구이다. 이들이 선택할 수 있는 품목들은 적어도 수십 가지 종류의 농산물과 축산물이다. 이렇게 많은 농가들이 과연 어떤 품목을 얼마나 생산하려는지를 서로 알 수 있는 길이 없다. 농가들이 가격폭락을 피해 소득을 올리자면 남들이 하지 않는 쪽으로 피해 가야 한다. 그런데 백만이 넘는 농가들이다 보니 개별농가 입장에서 이것을 미리 정확히 안다는 것은 불가능한 일이다. 아무리 농업관측 사업을 통해 시장정보를 제공해 준다 해도 사실상 어려운 것이다. 또 이 관측정보를 사실로 받아들인다면 농가들 모두 같은 방향으로 반응을 보여 결과는 역시 마찬가지가 되고 만다.

결국은 스스로의 판단에 의해 예측을 해야 하는데 백만이 넘는 데서는 대단히 어려운 일이다. 많아야 십수 개 되는 기업이 시장에 상품을 공급하는 경우와 비교하면 이를 쉽게 이해할 수 있다. 동종의 상품을 생산하는 기업이 몇 개 되지 않는다면 그 해의 공급량을 어렵지 않게 예측할 수 있고, 따라서 각 개별 기업들은 이에 맞는 전략을 쉽게 펴 나갈 수 있다. 그런데 이게 농업에서는 불가능한 구조로 되어 있다. 이래저래 농산물의 가격예측은 어려운 것이다.

농가들이 실제로 순진한 가격예측을 한다면 농산물 시장에서 반복적인 가격 파동을 피하기는 쉽지 않다. 반복되는 가격 파동으로 농가의 소득을 불안정하게 만드는 문제를 해결하기 위해 정부는 오래 전부터 농업관측사업을 시행해 오고 있다. 가격 파동이 심한 채소와 과일류, 과채류를 주요 대상으로 하지만, 축산물과 최근에는 수매제가 폐지된 쌀도 추가되었다. 그러나 이런 노력에도 한계가 있을 수밖에 없다. 농업생산은 통제할 수 없는 자연적 요소들에 의해 큰 영향을 받기 때문이다. 인간의 힘으로 할 수 없는 한계이다. 그래서 농업의 문제는 어려운 것이다. 가격과 소득은 풍흉에 의해 크게 좌우되고, 풍흉은 하늘의 뜻이기 때문이다.

연자방아와 농가소득 증대의 한계

트레드밀과 연자방아

어느 헬스클럽이나 빠지지 않는 운동기구 중에 트레드밀(treadmill)이란 게 있다. 일상적으로는 보통 런닝머신이라고 부른다. 운동을 하는 사람은 그 위에서 벨트가 움직이는 방향과 반대 방향으로 속도에 맞춰 계속 걷거나 뛰어야 한다. 벨트 속도보다 늦어지면 아래로 떨어지게 되어 있다. 뒤로 밀려 떨어지지 않기 위해서는 속도에 맞춰 끊임없이 움직여야 한다.

옛날 서양에서는 이 트레드밀을 농업 활동에 이용했다. 소나 말이 트레드밀을 밟아 일으킨 동력으로 탈곡을 하거나 곡식을 찧었다. 감옥에서 죄수들에게 노역을 시키기 위한 수단으로 사용되기도 했다. 가만히 서 있으면 뒤로 밀려나 떨어지기 때문에 관성적으로 계속 밟아 주지 않으면 안 되는 원리를 이용한 것이다. 그러면 다른 한 쪽에서는 거기서 발생한 동력으로 곡식이 탈곡되어 나온다. 그러나 하루 종일 지칠 때까지 밟고 또 밟아도 그 위에 있는 소나 말은 늘 제자리다. 뒤로 밀려 떨어지지 않기 위해서는 일정 속도 이상으로 끊임없이 밟아 주어야 한다.

이와 비슷한 기계장치로 우리나라에서 농사짓는 데 사용된 것이 연자방아다. 우리 조상들이 소를 이용해 곡식을 찧는 데 사용했던 연자방아는 트레드밀과 작동원리는 좀 달랐다. 평평한 큰 돌판 위에 곡식을 올려 놓고 그 위의 둥근 돌을 소가 돌리는 대형 맷돌의 원리다. 그러나 하루 종일 돌아도 알곡은 많이 쌓이지만 그걸 돌리는 소나 소를 끄는 사람은 동일 원을 그리며 항상 제자리를 맴돌 뿐이다. 트레드밀이나 연자방아나 작동원리는 조금 달라도 공통점은 제아무리 움직여도 늘 제자리에 머물러 있다는 사실이다.

전통 농업에서의 소득 활동도 이 트레드밀이나 연자방아 원리와 닮았다. 그래서 농가의 소득 증대의 어려움을 설명할 때 이 원리를 비유하곤 한다. 아무리 열심히 노력해도 농가 소득은 제자리일 뿐 늘어나기 쉽지 않다는 것을 비유한 것이다.

농산물과 투입요소 시장의 구조적 차이

연자방아를 돌리는 사람이 늘 제자리를 맴돌듯 농가소득이 늘어나기 어려운 이유는 농산물 시장과 투입요소 시장의 구조적 차이 때문이다. 농산물 시장은 흔히 완전경쟁에 가깝다고 말한다. 무수히 많은 소비자가 존재할 뿐 아니라 동질성이 강한 품목을 수많은 농가들이 함께 생산해 내는 공급구조를 갖고 있다는 것이다. 이런 시장구조에서는 개별 농가의 생산활동은 시장가격에 거의 영향을 미치지 못한다. 개별 농가는 시장에서 결정된 가격을 수동적으로 받아들일 수밖에 없는 가격 수용자(受容者)의 입장에 놓인다.

예컨대 쌀을 생산하는 어느 농가가 더 많은 이익을 얻고 싶다고 해서 마음대로 쌀 가격을 올릴 수 없다는 이야기다. 같거나 유사한 품질의 쌀이 시장에 얼마든지 있기 때문에 개별 농가가 그런 독자적인 행동을 하면 한 가마의 쌀도 팔 수 없게 될 것이다. 때문에 그것은 오히려 손해 보는 짓이다.

개별 농가들은 자기들이 생산한 양이 얼마든 간에 수동적 입장에서 시장에서 결정된 가격에 팔 수밖에 없다. 시장지배력이 전혀 없다는 의미다. 전체 시장규모에 비해 개별 농가의 생산량은 너무 미미하여 이들이 생산량을 늘리든 줄이든 시장가격에는 전혀 영향을 미치지 못하는 것이다. 이런 시장구조를 경쟁시장이라고 부르는데 대부분의 농산물 시장이 여기에 속한다. 사실 경쟁시장이라고 하지만 농가 입장에서 보면 주위의 다른 농가들을 자신의 경쟁자로 의식조차 하지 못하는 시장구조인 것이다.

이같이 완전경쟁 요소가 강한 농업 부문에서는 생산물 가격이 장기적으로 하락하거나, 또는 상승한다 해도 그 속도는 다른 산업에 비하여 매우 완만한 경향을 보인다. 개별 농가 혼자서는 시장가격에 영향을 미치지 못하기 때문에 이들이 소득을 증대시킬 수 있는 방법은 생산량을 늘리는 길뿐이다. 그래서 개별 농가들은 항상 공급을 늘리려는 강한 유인을 갖게 되는 것이다.

그런데 문제는 한두 농가가 아니라 모든 농가들이 같은 생각을 갖고 생산량을 늘리려고 한다는 것이다. 농업에서 과잉공급 문제가 자주 발생하는 연유도 여기에 있다. 몇몇 농가만 생산을 늘리면 그들의 소득이 늘겠지만 전체 농가가 같이 생산을 늘리면 문제는 달라진다. 결국 시장의 총공급량이 늘어나 가격을 하락시키는 결과로 이어진다. 생산은 늘었지만 가격이 하락하여 농가의 소득은 오히려 감소하게 된다. 소득을 늘리기 위한 노력이 오히려 반대의 결과를 초래하고 만 것이다. 경쟁적 시장구조를 띠고 있는 농산물 시장의 특징에 기인하는 것이다.

그래서 이 경쟁적 요소를 떨쳐버리기 위해 농가들도 상품 차별화 전략을 구사한다. 환경 친화적 고품질 유기농산물을 생산하고 각종 건강 증진을 위한 기능성 성분을 첨가하며 맛, 향기, 색깔을 달리하기도 한다. 이런 품질 차별화 노력은 분명 경쟁적 요소를 떨쳐버릴 수 있는 중요한 전략이다. 그래서 가격 인상에 성공을 거두기도 한다. 그렇다 해도 농산물은 다른 상품에 비하면 본질적으로 대체성이 매우 강하기 때문에 차별화 전략이 성공을 거두기는 쉽지 않다.

그런데 비료, 농약, 농기계, 사료, 종자와 같은 농업의 투입요소 시장은 사정이 많이 다르다. 투입요소 기업들은 상당한 시장지배력을 갖고 시장가격에 영향력을 행사한다. 그래서 농산물과 달리 투입요소 가격은 꾸준히 상승하는 경향을 보인다. 농산물 시장에서는 경쟁적 구조로 인해 가격이 잘 오르지 않는데 반해 투입요소 시장에서는 불완전경쟁 구조로 생산비가 계속 오른다는 이야기다. 농가들이 만성적인 저소득의 딜레마에 허덕일 수밖에 없는 것이다. 이른바 '비용-가격 압착(cost-price squeeze)현상'이다. 정체된 농산물 가격과 지속적으로 오르는 생산비용이 위아래서 농가의 수익을 쥐어짜고 있다는 의미다. 그러니 농가의 교역조건*이 좀체로 개선되기 쉽지 않다. 농산물 시장개방이 확대되는 상황에서는 이 현상은 더욱 심화될 수밖에 없다.

이런 소득증대의 어려움을 극복하기 위해 농민들은 새로운 기술 도입 등 생산성 향상을 위한 노력을 꾸준히 해야 한다. 그래야만 비용-가격 압착현상 때문에 줄어드는 소득을 그나마 제자리걸음이라도 하게 만들 수 있다. 신기술을 도입하여 생산성 향상 노력을 하면 일시적으로 이윤이 늘어나는 효과가 발생한다. 그러나 이 효과는 그리 오래 가지 못한다. 수많은 경쟁 농가들이 동일한 기술을 도입하니 공급이 늘어 농산물 가격은 하락하는데 어느새 종자대, 비료값, 농약대가 오르고 농촌 임금도 덩달아 오른다. 신기술 도입으로 일시적으로 늘어난 이윤은 시간이 흐르면서 다시 제자리로 돌아온다. 위에서 누르고 아래서 밀어올린 결과이다.

그렇다 해도 뒤로 더 밀리지 않기 위해서는 계속 밟아야 한다. 또 다른 신기

---

* 농가 교역조건(交易條件)은 농산물 생산에 투입된 요소가격에 대한 농산물 판매가격의 비율로 나타낸다. 농가의 교역조건이 악화된다는 것은 그만큼 농가의 농업생산 활동으로 인한 수익성이 떨어진다는 의미가 된다.

술을 도입해야 하고 더 나은 생산성 향상을 위해 계속 노력해야 한다. 아무리 노력을 거듭해도 시간이 지나면 다시 원위치로 돌아올 게 뻔한, 이런 현상을 농업의 트레드밀이라고 불렀던 것이다. 농가가 생산하는 농산물 시장구조와 투입물 시장구조가 다른 데서 오는 어려움이다. 뒤로 밀려 떨어지지 않기 위해서는 어떻게든 다시 걸음질을 더 빨리 재촉해야 한다. 빨리 달릴수록 생산물은 더 많이 쏟아져 나오지만 농가소득은 늘 제자리다. 최선을 다해 땀 흘려 뛰지만 그들의 소득은 트레드밀 위를 걸어가고 연자방아를 돌리는 것처럼 늘 제자리다. 농업에서 소득을 증대시키는 일이 얼마나 어려운 일인가를 말해 주고 있는 것이다.

농부의 딜레마: 풍요 속의 빈곤

풍년이 주는 아이러니

"풍년이 왔네 풍년이 왔네 / 금수강산에 풍년이 왔네 / 올해도 풍년 내년에도 풍년 / 연년 연년이 풍년이로구나…." 경기민요 풍년가 가사다. 한국의 농민들은 예로부터 풍년을 기원하는 간절한 마음을 노래 가사에 담아 이를 부르며 한해 농사를 했다.

풍년이란 단어만큼 농민들에게 설렘과 희망을 주는 말은 없지 않을까 싶다. 자식을 기르듯 정성들여 지은 농사가 풍성한 수확으로 돌아왔을 때의 기쁨은 경험해 보지 않아도 충분히 알 수 있다. 그런데 이 풍년의 기쁨도 잠시뿐, 풍년이 농민들에게 축복이 아니라 오히려 고통과 절망이 되는 경우가 적지 않으니 농업 현장에서 관찰되는 또 다른 문제다.

풍년이 농민들에게 설렘과 희망이 되는 건 풍년이 들면 무엇보다 소득이 늘어날 것을 믿고 있기 때문이다. 아니 풍성하다는 것은 그 자체로 축복이다. 하지만 아이러니하게도 풍년이 반드시 농가소득을 늘려 주지는 않는다는 사실이다. 오히려 농가소득의 감소를 초래할 가능성이 적지 않다. 과거 많은 경험이 보여 주듯 배추 파동이나 고추 파동, 마늘 파동에서 보는 가격폭락과 소득 손실은 풍년이 가져다 준 결과이다. 쌀이나 보리 같은 곡물도 마찬가지다. 풍년이 가격하락이나 폭락으로 이어져 농가들에게 고통을 준 사례들을 우리는 많이 보아 왔다.

단위 면적당 수확량은 자연적 요인에 의해 직접 영향을 받는다. 그 해의 일조량, 강수량, 기온 등 생장에 영향을 미치는 요소들의 조건에 따라 수확량이 크게 달라진다. 때로는 예상 못한 가뭄이나 홍수, 태풍, 때아닌 서리와 우박, 병해충 등이 수확량에 적지 않은 영향을 미친다. 또 어느 해는 기상조건이 예상 밖으로 좋아 수확량이 크게 늘기도 한다. 단위 면적당 수확량이 자연적 조건에 의해 평균적 기대치로부터 벗어날 때 우리는 풍년 혹은 흉년을 말하게 된다. 실현된 수확량이 이보다 많으면 풍년(작)이요 적으면 흉년(작)이다.

어느 해에는 기상조건이 좋아 배추 생산량이 크게 늘어나 값이 한 포기에 500원 이하로 폭락한다. 수확하여 시장에 내다 파는 데 드는 비용도 나오지 않을 때는 차라리 수확하지 않는 편이 더 이익이다. 가격이 하락한다고 해서 판매수입이 반드시 줄어드는 것은 아니지만 대부분의 농산물은 필수재인지라 농가의 판매수입은 감소하게 되어 있다. 반대 현상도 일어난다. 어느 해는 흉년으로 배추 값이 폭등하여 김치가 금(金)치로 둔갑하기도 한다.

풍년이 들어 예상 외로 공급량이 늘어나면 가격은 하락하고 농가소득도 따라서 감소한다. 풍년을 기원하며 씨 뿌리고 정성껏 가꾸어 실제 풍년 농사가 되었지만 농가의 소득은 오히려 줄어든 것이다. 풍요 속의 빈곤이요, 풍년이 주는 아이러니다. 이 역설적인 현상은 종종 '농부의 딜레마(farmer's dilemma)' 또는 '농부의 역설(farmer's paradox)'이라고 하여 설명되고 있다.

구성의 오류

이런 현상이 발생하는 데는 수요 측면에서 나타나는 농산물의 필수재로서의 특성이 큰 역할을 한다. 배추나 무와 같이 필수 농산물 수요는 가격변화에 민감하게 움직이지 않는다. 가격이 하락한다고 소비가 금방 느는 것도 아니고 상승한다고 해서 먹어야 할 양을 쉽게 줄일 수 있는 것도 아니다. 김치나 깍두기는 늘 우리 식단의 필수 메뉴이기 때문이다. 가격에 대해 수요가 비탄력적이라는 이야기다.

수요가 비탄력적이라는 데서 발생하는 문제는 이로 인해 농가소득이 잘 늘지 않는다는 점이다. 문제는 가격이 하락할 때 일어난다. 가격이 하락하면 수요가 늘면서 판매수입도 함께 늘어나는 것이 상식이다. 기업들이 가격할인 마케팅을 하는 이유도 가격을 내리면 판매량이 늘어 수입이 증가할 것을 기대하기 때문이다. 가격 하락률 이상으로 수요가 늘면 가격이 하락해도 기업의 판매수입은 오히려 늘어나게 되는 것이다.

그런데 필수 농산물에서는 사정이 전혀 다르다. 가격 하락 시에도 수요가 충분히 증가하지 않기 때문에 농가의 판매수입은 감소한다. 예를 들어 가격이 10% 하락하면 수요는 10% 이상 늘어나야 공급자의 판매수입이 늘어난다. 하지만 대부분의 농산물은 이때 수요가 10% 이상으로 늘어나지는 않는다. 수요가 가격에 민감하게 반응을 보이지 않는 필수재의 속성 때문이다. 가격이 하락한 비율 이상으로 수요가 충분히 늘어나 주면 농가의 소득은 증가할 수 있지만 대부분의 농산물은 그렇지 못하다. 그래서 소득 감소로 이어지는 결과가 자주 발생하는 것이다.

반대로 가격이 10% 상승한다고 하면 소비는 줄긴 하지만 10% 이하로 준다. 그래서 가격이 오르면 농가의 판매수입은 증가한다. 농업 분야에서 오랫동안 사용해 오고 있는 가격지지정책이 효과를 볼 수 있는 이유도 결국은 농산물의 이런 필수재적 속성이 전제되기 때문이다. 시장가격 이상으로 목표가격을 설정하여 가격상승을 인위적으로 보장해도 수요가 많이 줄지 않는다. 만일 가격지지정책이 도입된 경우에 수요가 민감하게 반응하여 대폭 줄어든다면 그 정책은 실패하고 말 것이다. 농산물 수요의 가격 비탄력성은 생산자 지원정책이 성공하기 위한 전제조건이 되어 왔던 셈이다.

이런 수요구조를 가진 시장에서 풍년으로 공급량이 늘어나면 가격은 큰 폭으로 하락하고 농가의 판매수입은 줄어들 수밖에 없다. 늘어난 공급량을 수요 증가로 흡수해 주지 못하기 때문이다. 대부분이 신선 상태 유지가 생명인 식품들이다 보니 장기간 저장도 쉽지 않고 단기에 처분해야 한다. 그렇다고 해외 수출 길을 뚫는다는 것도 쉬운 일이 아니다. 저장성이 약한 품목의 경우에는 더욱 이런 현상이 심할 수밖에 없다.

풍년이 들어서 오히려 농가소득이 줄어든다면 농민들은 흉년이 들기를 기원해야 하는가? 풍년가 노랫말처럼 아마도 흉년이 들기를 기원하는 농민은 없을 것이다. 생산계획을 세워 그에 맞는 요소를 투입해 놓고 나서 흉년이 되기를 바랄 바에야 차라리 처음부터 생산계획을 낮게 잡는 편이 비용을 줄여 이익이 될 것이다.

앞서도 언급했듯이 경쟁적 시장구조에서 '개별' 농가는 가능한 한 생산을 많이 하려는 경향을 보인다. 개별 농가의 생산량은 전체 공급량에 비하면 매우 미미하여 생산이 늘어도 시장가격에 영향을 주지 않고 얼마든지 팔 수 있기 때문이다. 그래서 '개별' 농가의 입장에서는 모두가 풍년이 들기를 기원하는 것이다.

그런데 문제는 여기서 끝나지 않는다. 풍년이 혹은 흉년이 사람과 지역을 구별하며 오는 것은 아니다. 한두 농가가 아니라 대부분의 농가가 풍년이 들면 전체 시장의 공급량은 늘어날 수밖에 없고, 결국 과잉공급으로 이어져 시장가격 하락을 초래하게 된다. 몇몇 개별 농가에서 생산이 늘어나는 것은 시장가격에 아무런 영향을 미치지 못하지만 전국 대부분 지역에서 풍년이 들면 사정은 달라진다. 시장가격 하락으로 농가소득에 바로 영향을 주게 되는 것이다. 생산의 증대가 개별 농가에게는 이익이지만 시장의 공급증가로 이어지면 개별 농가는 물론 농가 전체에 손해를 끼친다. 이른바 '구성의 오류(fallacy of composition)' 현상에 빠지는 것이다. 개인에게는 합리적인 선택행위이지만 구성원 모두가 똑같은 선택을 하면 모두에게 바람직하지 못한 결과를 초래하게 되는 원리다. 농가들이 간절히 기원했던 풍년이지만 그 풍년은 시장기구를 거치면서 다시 그들에게 부메랑으로 돌아온 것이다. 이 '구성의 오류' 현상이 결국 자신에게 돌아올 것을 안다면 농민들은 함부로 풍년을 기원할 수도 없는 노릇이다.

풍년가 가사처럼 아마도 모든 농민은 풍년을 기원할 것이다. 그렇다면 풍년이 오직 자신에게만 찾아오기를 바라고 있는 것일까. 흉년이 들어서도 안 되지만, 그렇다고 마냥 풍년을 기대할 수도 없는 게 농민들이 처한 농업 현실이다. 풍요 속의 빈곤, 농부의 딜레마요 농업 문제의 어려움이다.

2
세계화 속의 한국 농업

"우리 농업은 WTO 체제 출범 이후 성장이 사실상 정지해 버렸다. 아주 빠른 속도는 아니었지만 꾸준히 성장 경로를 밟아오던 농업이 WTO 출범을 계기로 갑자기 멈춰 선 것이다. 15년 이상이 지난 지금까지도 부가가치 21~22조 원 수준의 함정에서 벗어나지 못하고 있다."

본문 중에서

WTO와 세계 농업개혁의 시동

WTO 체제의 개막

농업 문제가 국제 무역협상의 장에서 주목을 끌기 시작한 것은 그리 오래 전의 일이 아니다. 1948년 '관세와 무역에 관한 일반협정(GATT: General Agreement on Tariffs and Trade)'이 발효된 이후 우루과이라운드(Uruguay Round)가 시작되기 전까지 일곱 차례에 걸친 크고 작은 다자간 무역협상이 진행되었지만 농업 문제는 늘 중심 의제에서 벗어나 있었다.

그 이유는 무엇보다 농업이 선·후진국을 막론하고 다른 산업과는 다른 특수한 분야로 인식되어 왔기 때문이다. 제1부에서 논의한 농업의 역할과 가치, 그리고 전통농업이 안고 있는 문제들이 모두 다른 산업과 구별되는 농업 특유의 현상들이다. 그래서 GATT에서도 농업을 완전한 자유무역의 대상으로 취급하지는 않았다. 농산물에 대해서는 수출·입 제한을 예외적으로 허용하는 명시적 조항을 두고 있었다(제11조 2항). 일정한 요건을 정하고 있긴 하지만 어느 나라가 자국의 농업을 보호하고자 한다면 어떤 이유로라도 보호조치를 취할 수 있었다. 수입 농산물을 제한하는 방법으로, 혹은 자국 농산물 수출을 촉진하는 방법으로, 혹은 국경조치가 아닌 국내 정책으로 각국은 자국의 농업을 보호했다.

따라서 농산물 무역을 둘러싼 국가 간의 분쟁도 빈번히 발생했다. 그동안 GATT 체제에서 발생한 통상분쟁 사건 중 절반 정도가 농수산물과 관련된 분쟁이라는 점은 우연이 아니다. 그럼에도 GATT에서는 개별 국가들의 농업보호 조치나 통상분쟁을 효과적으로 규율하지는 못했다. 분쟁해결을 위한 실효성 있는 사법제도를 갖추지 못한 데다가 농업에 대한 예외 조항까지 두고 있었기 때문이다. GATT 체제가 안고 있는 내재적 한계이다.

1980년대에 들어서 세계의 보호주의 경향은 더욱 심해졌다. 농업분야만 보더라도 국내적으로는 각종 가격지지정책을 통하여 생산을 촉진하고, 국제적으로는 수입장벽을 강화하고 쌓이는 재고는 수출보조를 이용하여 세계시장으로 내보냈다. 세계 농산물 시장은 공급과잉과 가격침체로 왜곡현상이 심해졌다. GATT 체제의 한계와 보호주의가 빚은 결과이다. 그러자 농업도 시장원리와 무역자유화 원칙에서 예외로 인정될 수 없다는 인식과 개혁조치의 필요성이 확산되어 나갔다.

1986년 9월 푼타델에스테(Punta del Este)* 각료선언으로 시작된 GATT 우루과이라운드 협상은 세계 무역질서를 새롭게 정립하는 전기가 되었다. 허약한 GATT 체제를 마감하고 효과적으로 세계 무역질서를 규율해 나갈 세계무역기구(WTO: World Trade Organization)가 1995년 창설된 것이다. 브레튼우즈(Bretton Woods) 체제에서 1947년 국제무역기구(ITO: International Trade Organization) 설립이 수포로 돌아간 지 47년 만의 일이다. WTO는 근 반세기 동안 유지되어 온 GATT 체제의 기본정신을 승계하면서 보다 더 강화된 룰과 온전한 법인

* 남미 우루과이에 있는 도시로 1986년 9월 GATT 각료회의를 개최하여 선언문 채택과 함께 우루과이 라운드 협상을 공식적으로 개시한 곳이다.

격체를 갖춘 국제조직으로 탄생했다. 마침 일기 시작한 신자유주의 이념과 맞물리면서 WTO는 세계화와 신자유주의 실천 전도사로 세계무대에 모습을 드러낸 것이다.

GATT로부터 WTO에 이르기까지 이어져 오는 자유무역의 정신은 '무차별의 원칙'으로 구현되고 있다. 무차별의 원칙은 회원국 사이에서는 어떤 나라에게도 불리한 차별대우를 하지 않는다는 원칙으로 '최혜국대우(MFN: most favored nations)의 원칙'과 '내국민대우(national treatment)의 원칙'이 중심을 이루고 있다. 예컨대 어느 나라가 특정의 회원국에게 수입관세를 인하해 주었다면 다른 모든 회원국들에게도 자동적으로 동일한 혜택이 적용되어야 한다는 것이 최혜국대우의 원칙이다. 또 외국의 상품이 국경에서는 수입관세나 수입과 관련한 절차를 거치지만, 일단 국내로 수입된 후에는 국내의 동종 상품과 동일하게 취급해야 한다는 원칙이 내국민대우의 원칙이다. 앞의 것이 외국 상품들 간의 무차별의 원칙이라면 뒤의 것은 외국과 국내 상품 간의 무차별의 원칙이다. 이 두 무차별의 원칙을 근간으로 세계 자유무역은 빠르게 확산되어 나갈 수 있었던 것이다.

WTO는 기본적으로 GATT의 연장선상에 있지만 몇 가지 점에서 그 둘은 서로 차이가 난다. WTO는 상품 분야만 다루었던 GATT와 달리 서비스, 지적재산권, 무역관련 투자와 같이 매우 포괄적인 분야를 규율하고 있다는 점, 그리고 강력한 분쟁해결기구가 마련되어 그 체제가 공고해졌다는 점이다. 또 GATT와 달리 항구적 법인격체로서 국제기구로 탄생했다는 것도 다른 점이다. 그래서 가입국의 지위도 GATT에서처럼 협정의 '체약국(締約國)'이 아니라 정식 국제기구의 '회원국'이다. 그러나 무엇보다도 WTO 체제의 가장 큰 특징은 예외 분야로 취급되던 농업이 자유무역의 대상으로 세계 경제질서에 통합되는 계기가 마련되었다는 점이다. 농업분야 개혁이 우루과이라운드의 가장 큰 성과로 꼽히고 있기 때문이다.

WTO의 세계 농업개혁 작업은 「농업협정」*을 통해 구체화되었다. 이것이 150여 회원국들에게 적용되는 세계 농업개혁의 기본법인 셈이다. GATT 체제 근 반세기 동안 무역자유화의 예외 분야로 간주되어 오던 농업이 이제는 개혁을 위한 독립된 국제규범까지 갖추게 되었다는 것은 획기적인 변화임에 틀림없다. 세계 농업개혁이 WTO 출범으로 본격적인 궤도에 진입한 것이다.

「농업협정」의 기본 골격

「농업협정」이 규정하고 있는 세계 농업개혁의 기본방향, 즉 장기목표는 크게 두 가지로 요약된다. 하나는 '시장경제'이고 다른 하나는 '공정경쟁'이다. 「농업협정」은 그 서문에서 "공정하고 시장 지향적인 농산물 무역체제 확립을 장기적 목표로 한다"라고 명시하고 있다. 시장 지향성과 공정성이 추구하는 최종 목표이다. 시장 지향성 목표 구현을 위해서는 공정한 경쟁원리는 당연한 전제가 된다. 공정하고 자유로운 경쟁을 제한해서는 시장 지향성을 추구할 수 없다. 수출보조를 준다거나 덤핑을 한다거나 하는 식의 불공정한 무역관행으로는 시장원리가 확립될 수 없는 것이다. 이렇게 보면 시장 지향성과 공정경쟁, 즉 공정성은 동전의 양면처럼 서로 불가분의 관계라고 할 수 있다. 이는 곧 세계 농산물 무역에서 시장경제원리를 바로 세워 나간다는 의미이다.

「농업협정」은 이 농업개혁의 장기목표 달성을 위해 크게 세 분야로 나누어 실천해 나가도록 했다. '시장접근(market access)', '국내지지(domestic support)', '수출경쟁(export competition)' 분야가 그것이다. 이 세 핵심 개혁 분야를 국제협상에서는 종종 세 개의 기둥(pillars)이라고 부른다. 시장접근이나 수출경쟁 같은

---

* 「농업협정(Agreement on Agriculture)」은 「WTO 설립협정」 부속서 1.A '상품무역에 관한 다자간 협정' 내에 있는 13개 협정들 중의 하나이다.

무역정책 영역 외에도 국내지지, 즉 국내정책까지도 정부의 시장간섭을 줄이고 시장원리가 지배하도록 의도하고 있다. 국내정책까지 국제규범의 규율 대상으로 포함시키고 있다는 점에서 단순한 무역자유화 확대를 넘어 세계의 농업개혁을 지향하고 있는 것이다. 개방경제하에서는 국내정책의 효과는 자연히 세계시장과 다른 나라의 국내시장에도 미치기 때문에 국제규범이 국내문제까지 규율하고 있다.

첫 번째 기둥인 시장접근 분야에서는 한 나라에서 생산된 농산물이 다른 나라의 시장으로 쉽게 수입될 수 있도록 시장접근기회를 확대해 나가자는 게 목적이다. 다시 말하면 각 나라의 농산물 시장개방을 확대한다는 이야기다.

농산물 시장개방 확대를 위한 첫 단계는 비관세 수입장벽을 관세로 전환하는 작업이다. 그동안 농산물 무역을 왜곡했던 주요 원인은 수입쿼터나 금지, 최저수입가격제, 가변수입부과금제* 같은 비관세조치들이었다. WTO 체제에 들어와서는 수입을 인위적으로 제한하는 이들 비관세 수량제한조치들을 철폐하고 대신 이와 동등한 보호수준의 관세로 전환하는 조치를 취했다. 비관세 수량제한조치로 보호하던 모든 농산물에 대해 단행한 이른바 '포괄적 관세화' 조치이다. 이때 전환된 관세는 해당 비관세조치와 보호수준이 같다는 의미에서 '관세상당치(tariff equivalent)'라고 부른다. 그리고 이 관세상당치와 그 전부터 존재했던 관세를 점진적으로 감축하여 농산물 시장개방을 확대해 나가도록 했다. 선진국은 6년 동안 36%, 개도국은 10년 동안 24%를 감축하도록 했다. 이와 동시에 모든 관세를 양허**함으로써 그 이상으로는 자의로 인상하지 못하도록 국제사회에 기속시켜 놓았다.

* 가변수입부과금제(variable import levies)는 EU의 공동농업정책(CAP)의 근간을 이루었던 것으로, 목표가격과 수입가격의 차이에 해당하는 부과금을 부과하여 국내가격이 목표가격 수준으로 유지되도록 하는 제도이다. 수시로 변하는 수입가격에 따라 부과금도 변하기 때문에 이런 이름이 붙었다.
** 관세 양허(讓許, concession)란 국가 간 양보하여 합의된 관세수준 이상으로는 관세를 인상하지 않겠다는 국제사회에서의 약속이다.

그 결과 분쟁의 소지가 많았던 수입제한조치들이 보다 더 투명하고 예측 가능하게 되었다. 뿐만 아니라 단절되었던 국내·외 농산물 시장이 관세를 매개로 서로 연결되어 하나의 시장으로 통합될 수 있는 길이 마련된 것이다. 이 밖에도 현행시장접근(CMA)이나 최소시장접근(MMA)* 제도를 통하여 수입량이 과거 기준년도 실적치 이하로 줄지 못하도록 한다거나, 수입이 없거나 미미했던 품목들에 대해서는 최소한의 의무수입비율을 정하기도 했다. 이런 조치들이 모두 시장접근 분야에서의 농산물 시장개방 확대 조치들이다.

갑작스런 농산물 시장개방은 수입국들 입장에서는 큰 충격이 아닐 수 없다. 그래서 몇 가지 보완장치도 함께 마련해 놓았다. 특별긴급수입제한조치(SSG)** 제도를 도입하여 관세화한 농산물의 수입이 급증하거나 수입가격이 하락하여 국내 농업에 심각한 피해를 줄 경우에는 추가적인 관세를 부과할 수 있는 장치를 마련했다. 양허수준 이상으로 관세를 올리지 못하도록 한 GATT 조항(제2조)의 예외조치를 인정한 셈이다. 또 「농업협정」 부속서 5에서는 관세화 대상에서 제외시킬 수 있도록 한 관세화 원칙의 예외 조항을 두기도 했다. 우리나라의 쌀도 이 조항에 의해 관세화 유예조치를 받은 후 아직까지도 해결되지 않은 농정의 뜨거운 감자로 남아 있다. 그러나 보완장치라고는 하지만 실질적으로 얼마나 큰 도움이 되는지는 의문이다.

세계 농업개혁을 위한 두 번째 기둥은 국내지지, 즉 국내농업정책 분야다. 시장을 왜곡하는 각종 국내농업정책들을 점진적으로 감축해 나가자는 게 골

---

* 현행시장접근(CMA: current market access)은 기준연도(1986~1988)의 수입량이 소비량의 3% 이상인 품목은 최소한 그 수준의 수입량을 계속 유지해야 하는 의무이며, 3% 미만인 품목에 대해서는 최소시장접근(MMA: minimum market access)에 의해 수입국은 최소한 3% 이상의 수입량을 유지해야 하는 의무이다.

** 특별긴급수입제한조치(SSG: special safeguard)는 관세화조치에 의해 관세로 전환된 농산물의 수입량이 갑자기 증가하거나 가격이 하락하여 국내 농업에 피해가 우려될 때는 적용관세의 1/3까지 추가로 관세를 부과할 수 있는 조치이다. 「농업협정」 제5조를 근거로 하며, 일반 긴급수입제한조치(safeguard)에 비해 발동요건을 쉽게 규정해 놓았다.

자다. 가격지지와 같은 국내정책이 개방경제하에서 국제무역을 왜곡한다고 보는 것이다. 그 종류가 무엇이든 국내농업정책의 시행으로 국제가격보다 높게 지지되는 경우에는 원칙적으로 모두 감축 대상이다. 국내지지가격과 국제가격의 차이에 지지되는 물량을 곱해서 산출한 금액이 이른바 AMS*다. 해당되는 모든 품목을 대상으로 이를 산출하여 합산하면 감축기준이 되는 총AMS가 구해지는데 선진국은 20%, 개도국은 13.3%를 감축하기로 했다.

「농업협정」이 정하는 감축대상 조치는 국내 '지지(support)'이다. 이는 흔히 말하는 국내 '보조(subsidy)'보다는 넓은 개념이다. 보조가 아니더라도 농산물 가격이 지지될 수 있는 방법은 많이 있기 때문이다. 따라서 직접 보조적 성격을 갖는 것뿐 아니라 보조는 아니더라도 국내정책으로 말미암아 국내가격이 국제가격보다 높게 유지될 수 있도록 하는 국내 농업정책은 모두 감축대상이다.

그런데 「농업협정」은 국내지지정책을 사용하지 못하도록 금지하고 있는 것은 아니다. 총AMS를 감축하도록 요구하고 있을 뿐이다. 따라서 현재 WTO 체제에서도 합법적으로 새로운 시장왜곡 정책을 도입할 수도 있고, 기존의 왜곡정책을 더 강화할 수도 있다. 다만 총AMS에 따라 지지수준을 일정 기간 내에 감축하는 의무만 이행하면 되는 것이다. 이 감축의무를 이행해 나가다 보면 결국 국내지지정책은 사라지게 되는 방법을 사용하고 있다.

이런 방식으로 시장 왜곡적 국내 농업정책을 규제해 나가면 경쟁력이 약한 농산물 순수입국들은 농가소득은 물론 전반적인 농업·농촌 발전에 문제가 생길 수밖에 없다. 이를 보완하기 위해 「농업협정」이 대안으로 제시하고 있는 정책이 '직접지불'과 '정부서비스'이다. 농업은 시장 지향적으로 가지만 생산농가에 대한 지원이나 공공성이 강한 부문은 산업으로서의 농업과는 별도로 직

---

* AMS(aggregate measurement of support)는 국내정책으로 지지되고 있는 품목에 대하여 다음과 같이 계산된다. AMS = (국내가격 − 국제가격) × 지지물량.

접지불과 정부서비스 방식으로 지원하도록 요구하고 있는 것이다.

마지막 세 번째 기둥인 수출경쟁 분야에서는 농산물에 대한 수출보조를 감축하는 것이 골자다. 세계시장에서 수출경쟁은 기본적으로 공정하게 해야 한다는 것이 전제되어 있다. 보조금을 준다거나 덤핑을 통해 세계시장 점유율을 잠식해 가는 것은 불공정 무역행위로 규제의 대상이다. 수출보조는 다른 어떤 조치보다도 국제무역을 심각하게 왜곡하는 정책수단이다. 특히 선진국들의 수출보조는 재정이 열악하여 보조 없이 경쟁하는 농산물 수출 개도국들에게는 큰 피해를 준다.

이상과 같이 세계의 농업개혁은 서로 다른 세 분야에서 시장개방이 확대되고 국내지지와 수출보조 수준의 감축이 이루어지고 있다. WTO 출범 첫해인 1995년부터 바로 시작했으니 선진국은 2000년, 개도국은 2004년에 우루과이 라운드 협상 결과의 이행이 종료된 셈이다. 이 1차 개혁 종료시점에서 양허된 관세, 국내지지, 그리고 수출보조의 수준이 현재까지 계속 유지되고 있는 것이다.

세계 농산물 무역체제를 공정하고 시장 지향적으로 변화시켜 나간다는 WTO의 농업개혁 작업은 후속 협상을 통해 현재도 진행 중이다. 농업도 다른 분야와 마찬가지로 정부의 간섭과 지원을 배제하고 경쟁과 시장원리로 나가자는 것이 WTO「농업협정」이 정하고 있는 핵심 요지이다.

농업개혁의 계속: DDA와 FTA

도하개발어젠더

세계 자유무역 확산을 위한 행진은 WTO 체제에 들어서도 계속되고 있다. 그 첫 번째 작업이 2001년 11월 카타르의 수도 도하(Doha)에서 시작된 도하개발어젠더(DDA)* 협상이다. GATT 체제로부터 치면 아홉 번째 다자간 무역협상이다.

「농업협정」은 제20조에서 "세계 농업개혁은 계속되는 과정이며 이를 위한 협상을 이행기간 종료 1년 전에 개시한다"고 명시해 놓았다. 우루과이라운드 협상으로 상당한 수준의 농업개혁이 있었지만 그걸로 끝나는 게 아니라는 것을 일찌감치 못 박아 놓은 것이다. 선진국은 2000년에, 개도국은 2004년에 「농업협정」에 의한 1차 농업개혁 이행이 종료되었지만 후속 개혁조치는 숨 쉴 틈도 없이 바로 이어졌다. 개도국들 입장에서 보면 우루과이라운드 협상의 이

---

* DDA(Doha Development Agenda)는 여느 다자간 무역협상과는 달리 개도국들의 개발과 성장을 통한 선진국과 개도국 간 균형적인 발전의 중요성을 강조하기 위해 라운드 대신 개발어젠더란 이름이 붙었다. 국제무역 협상에서 개도국들의 입지가 그만큼 커졌다는 의미도 된다.

행기간이 끝나기도 훨씬 전에 이미 다음 개혁조치를 위한 다자간 무역협상이 시작된 것이다.

DDA 협상에서 논의되고 있는 농업개혁 조치는 우루과이라운드 협상보다 훨씬 높은 강도로 진행되어 왔다. 관세감축의 경우 이번에는 관세를 네 개의 구간으로 나누어 감축률을 각각 달리 적용하는 방식을 채택했다. 현행 관세가 높을수록 그 감축 폭이 커지는데, 가장 낮은 관세구간인 20% 이하의 구간에 속하는 품목은 50%를 감축하고 가장 높은 관세구간인 75%를 초과하는 품목에 대해서는 70%를 감축하도록 했다. 예를 들어 어느 농산물의 현행 관세가 100%라면 이행기간 종료 후에는 30%로 낮아지는 셈이다. 개도국에 대해서는 우대 차원에서 관세구간을 좀 더 크게 정하고 감축률도 선진국의 2/3 수준으로 완화했다. DDA에서는 감축 폭 우대가 적용되는 이른바 민감품목*을 선정할 수 있는 제도가 마련되기는 했지만 우루과이라운드 협상 결과 선진국 36%, 개도국 24% 감축한 것과 비교하면 큰 차이다.

이행기간도 이번에는 더 짧아져 선진국 5년, 개도국 8년으로 잠정 결정되었다. 또 관세의 상한을 정하여 극단적으로 높은 관세를 원천적으로 봉쇄하기 위한 방안도 논의되었다. 300%가 넘는 고관세 품목이 많은 데다가 심지어는 800%가 넘는 초고관세 품목까지 갖고 있는 한국 농업에는 큰 위협이 되고 있는 것이다.

국내지지 분야에서도 감축 폭이 우루과이라운드보다 훨씬 큰 것은 마찬가지다. 여기서도 국내지지의 수준에 따라 EU, 미국·일본, 그리고 기타 국가 등 세 개의 국가군(群)으로 나누어 감축률을 차별 적용하는 방식을 채택하고 있다. 기타 국가 중에서도 개도국의 경우에는 개도국 우대원칙에 의해 좀 더 낮

---

* 민감품목은 일반품목보다는 관세감축을 적게 하는 대신 TRQ(관세할당) 증량 등의 의무가 부과되는 품목이다.

은 감축률이 적용된다. 하지만 여전히 우루과이라운드 당시와 비교하면 감축폭은 매우 크다. 나아가 우루과이라운드와는 달리 AMS 감축 외에도 '최소허용지지(de minimis)'와 '청색정책(Blue Box)'지지, 그리고 이들을 합한 '무역왜곡지지총액(OTDS)'을 규제하는 방식을 택함으로써 국내지지 분야에서도 훨씬 규제가 강화되었다.[*]

시장접근 분야든 국내지지 분야든 DDA 협상에서 진행되고 있는 농업개혁 조치는 한국 농업에 큰 위협이 되고 있다. 그러나 한편으로는 민감품목을 포함하여 개도국에게 허용되는 '특별품목'이나 '특별세이프가드(SSM)'[**]와 같은 완충장치도 함께 논의되고 있음은 한가닥 안심이다. 지금까지 DDA 협상에서 논의되고 있는 농업개혁 조치는 협상이 타결될 경우 그 위력이 대단히 클 것이다. 우루과이라운드라는 전대미문의 충격적 경험을 통해 단련되고 내공이 좀 쌓이긴 했지만 아직 국제경쟁력이 약한 한국 농업에는 여전히 피하고 싶은 대상이다.

빈사상태에 빠진 DDA

GATT 체제에서 있었던 우루과이라운드 협상은 당초 4년 안에 끝내기로 계획하고 시작했다. 그러나 예상과는 달리 8년 가까운 세월을 끌었다. 당시 130

---

[*] 「농업협정」에서는 성격상 감축대상 국내지지라 해도 그 정도가 미미한 경우에는 허용하고 있는데, 이를 최소허용지지(de minimis)라고 부른다. 또 시장을 왜곡하는 감축대상 정책이긴 하지만 일정한 요건(생산제한 정책 등)과 결합되면 예외적으로 감축을 면제하고 있는데, 이를 청색정책(Blue Box)으로 부른다. DDA 협상에서는 AMS, de minimis, Blue Box 등을 개별적으로 감축하면서 동시에 이들을 합한 총액도 감축하도록 규제를 강화했다. 이를 무역왜곡지지총액(OTDS: Overall Trade Distorting Domestic Support)이라고 한다.
[**] 특별품목은 일반품목보다 관세감축을 적게 할 수 있도록 개도국에게만 허용된 품목이다. 특별세이프가드(SSM: Special Safeguard Mechanism)는 우루과이라운드에서 SSG와 같은 성격의 긴급수입제한 조치이며 개도국에게만 허용된다.

개 가까운 나라들이 상호 공통된 합의안을 만든다는 것은 쉬운 일이 아니었다. 이유야 복합적이겠지만 주요 걸림돌은 그때도 농업 문제였다. 협상이 지리멸렬해지자 해외 어느 언론은 당시의 상황을 비꼬아 GATT를 "신사들의 말잔치 협정(Gentlemen's Agreement to Talk and Talk)"이라고 비판한 적이 있다. 세계 회원국들을 대표하는 신사들이 모여 결론 없이 무익한 논쟁만 끊임없이 벌이고 있다는 뜻이다.

역시 4년 내에 끝내기로 계획하고 시작한 DDA 협상에서도 비슷한 상황이 재현되고 있다. 협상 방향은 시작된 지 10년이 지나도록 안개 속이다. 이유는 여러 가지다. 우선 협상의 역학구도가 복잡해져 합의에 이르기 어려워졌다는 점이다. 회원국수가 크게 늘었고(2011년 말 154개국), 다양한 협상 소그룹에 개도국들의 목소리까지 커져 협상구도가 복잡해진 것이다. 과거 우루과이라운드 시절처럼 미국과 EU 등 선진국들 중심으로 협상이 진행되는 시대는 지나고 이제는 중국, 인도, 브라질 등 신흥 개도국들의 목소리와 영향력이 이들 못지않게 커져 합의에 이르기가 더욱 어려워지고 있다. 또 하나는 1990년대 중반 이후 자유무역협정(FTA) 체결이 급격히 확산되고 있다는 점이다. FTA의 논의 범위는 상품의 관세철폐는 물론 서비스와 투자, 지적재산권, 정부조달, 경쟁정책 등에 이르기까지 WTO의 다자간 무역협상과 큰 차이가 없을 정도로 확대되었다. 다루어지는 의제도 별 차이가 없는데 굳이 합의점을 찾기 어려운 다자적 무역협상에 집착할 필요성이 약화되고 있는 것이다. 여기에 그동안 비정부기구(NGO)들의 거센 반대와 세계 금융위기를 겪으면서 신자유주의적 세계화에 대한 반성과 회의적 시각이 더욱 DDA 협상을 지리멸렬하게 만들었다. 농업 분야에서는 논의되고 있는 관세와 국내지지 감축 폭이 과거와 비교할 수 없을 정도로 커 각국의 대립이 더욱 첨예해지면서 합의 과정이 어려워지고 있는 것이다.

이처럼 경제·사회적인 복잡한 사정들이 얽혀 DDA 협상은 시간이 흐르면서 점점 그 추진동력을 상실해 갔다. 주요국 각료회의에서 잠정 타협안을 도출하기도 했으나 선진국과 개도국들 간의 합의점을 찾지 못해 최종 합의에는 실패했다. 타결을 향해 가던 DDA 협상은 결국 2008년 7월 파스칼 라미 WTO 사무총장의 협상 결렬 선언 이후 지금까지 깊은 동면상태에 빠졌다.

빈사상태에 빠진 DDA 협상이 어떻게 진행될지 정확히 알 수는 없다. 그러나 한 가지 분명한 것은 자유무역을 지향하는 WTO가 존재하는 한 그곳을 향한 움직임은 앞으로도 지속될 것이라는 점이다. 하지만 그 길은 우루과이라운드가 그랬고 또 지금의 DDA 협상이 그렇듯이 험난한 길일 수밖에 없다. 국가 간의 치열한 생존 싸움이기 때문이다. 자유무역의 실현이라는 이상과 현실 세계의 보호주의 필요성 사이에서 시장개방과 경제체제의 개혁 작업은 지속될 것이다. 농업 문제만 보면 앞서 언급한 것처럼 DDA 협상에서 논의되고 있는 시장개방과 국내지지 감축 폭은 우루과이라운드와는 비교되지 않을 정도로 크다. 이런 DDA 협상이 장기간 지연되고 있는 것이 한국 농업을 위해서는 큰 다행이다. 하지만 우루과이라운드가 그랬던 것처럼 여건이 변하면 언젠가는 다시 동력을 얻어 갑자기 타결될 수 있는 가능성은 항상 존재한다.

자유무역협정의 확산

DDA 협상이 10년 이상 끌면서 빈사상태로 빠져드는 사이 다른 한편에서는 지역주의 방식에 의한 시장개방이 확산되고 있다. 세계의 무역자유화 추세는 두 개의 큰 흐름으로 진행되고 있다. 하나는 WTO의 다자간 무역협상을 통한 자유화이고 또 하나는 개별 국가 간 또는 지역을 중심으로 이루어지는 지역무역협정(RTA: Regional Trade Agreement) 방식이다. 각국의 농업개혁 역시 이런 흐름에 따라 진행되고 있다.

지역무역협정은 소수의 체결국들 사이에서만 배타적으로 적용되는 무역규범이다. 그러니 WTO 다자적 무역체제에서 보면 모든 회원국들에게 최혜국대우를 해야 하는 무차별의 원칙을 정면으로 위반하는 셈이다. 그럼에도 GATT는 일정한 조건을 전제로 이를 폭넓게 인정해 왔다(제24조).

지역무역협정은 통합의 범위에 따라 여러 유형으로 분류된다. 역내 관세철폐가 중심을 이루는 자유무역협정(FTA: free trade agreement)으로부터 역외 국가들에게 공동관세가 부과되는 관세동맹(Customs Union), 회원국 간 생산요소의 자유이동이 보장되는 공동시장(Common Market), 그리고 유럽연합(EU)과 같이 역내 공동경제정책을 포함하는 완전경제통합에 이르기까지 몇 가지로 유형화한다. FTA는 이 중에서도 가장 느슨한 형태의 지역경제통합이다.

이와 같은 지역무역협정 체결은 WTO 체제 출범 후 시장개방이 확산되고 있는 상황에서 급격히 늘어났다. WTO에 의하면 현재 발효 중인 세계의 지역무역협정 건수는 300건이 훨씬 넘었다.[*] 1994년까지 GATT 체제에서 이루어진 것이 91건인데, 그 후 230여 건이 추가로 발효되었으니 WTO 출범 이후 오히려 급격히 늘어난 것이다. 지역무역협정 내에서 이루어지고 있는 교역량도 세계 전체의 50% 이상을 차지하고 있다. 이처럼 DDA 협상이 진행되는 가운데 FTA 체결이 급격히 증가하고 있는 데는 앞에서도 언급했듯이 협상 대상과 범위에 있어서 WTO 다자협상과 별 차이가 없다는 데 있다. 또 하나 FTA의 장점은 개별 또는 소수 국가들끼리의 협상이기 때문에 WTO의 다자간 무역협상과 달리 개별 국가의 정책의지를 더 쉽게 반영시킬 수 있다는 것이다.

우리나라는 2004년 처음으로 한-칠레 FTA를 발효시킨 이후 이를 빠르게 확산시켜 나가고 있다. 현 이명박 정부 들어서는 아시아의 FTA 허브를 만들겠다는 목표로 세계 여러 나라들과 동시 다발적으로 확산시켜 나가고 있다. 이미 발효된 것만 해도 8건에 46개국이나 된다. 칠레를 포함해 동남아시아국

---

[*] 2012년 4월 현재 총 329건으로 이 중 FTA가 191건(58%)이다.

가연합(ASEAN) 10개국, 싱가포르, 유럽자유무역연합(EFTA) 4개국, 인도, EU 27개국, 그리고 미국과 이미 FTA에 의한 시장개방 확대가 시작되었다.[*] 아직 발효되지는 않았지만 페루와는 협상이 타결된 상태이다. 또 협상을 진행하고 있거나 협상을 위한 준비 작업이 진행 중인 것이 15건 27개국이다. 걸프협력이사회(GCC) 6개국, 캐나다, 멕시코, 호주, 뉴질랜드, 터키, 콜롬비아, 중국, 일본, 러시아, 남미공동시장(MERCOSUR) 4개국 등이다.[**] 현재 협상이 진행 중이거나 협상을 위한 준비단계에 있는 것까지 모두 체결된다고 보면 한국은 가히 아시아, 아니 세계의 FTA 허브요 FTA 최선진국 반열에 들어설 것임에 틀림없다. FTA에 관한 한 한국은 세계 무역전장의 최전선을 맹렬히 달려가고 있는 셈이다. 미국, EU, 중국 등 세계 최강의 나라들과 정면 승부도 마다하지 않는다. 이렇게 현 정부 들어서는 세계 여러 나라들과 많은 FTA를 체결해 나감으로써 자유무역을 핵심적 대외경제정책 기조로 추진하고 있다.

문제는 아직 경쟁력을 제대로 갖추지 못한 농업이다. 칠레와의 FTA가 발효된 후 우리나라의 대칠레 농산물 수입은 급격히 늘어 무역수지 적자 폭도 급증했다. 지난해 7월 EU와의 FTA가 발효되면서 벌써부터 유럽산 축산물과 낙농품 수입도 늘기 시작했다. 1990년대 중반 이후 수입이 급증하여 농림수산물 무역수지 적자가 200억 달러에 육박한 것은 WTO 출범과 동시 다발적 FTA 체결정책이 낳은 합작품이다. 특히 미국과의 FTA는 앞으로 한국 농업에 엄청난 충격이 될 것이다. 여기에 핵폭탄급의 대중국 FTA도 점차 가시화되고 있

---

* ASEAN(Association of Southeast Asian Nations)의 회원국은 인도네시아, 태국, 말레이시아, 필리핀, 싱가포르, 브루나이, 베트남, 라오스, 미얀마, 캄보디아 등 10개국이다. EFTA(European Free Trade Association)는 스위스, 노르웨이, 아이슬란드, 리히텐슈타인 등 EU에 가입되지 않은 4개국으로 구성된다.
** GCC(Gulf Cooperation Council)는 사우디아라비아, 아랍에미리트, 카타르, 쿠웨이트, 오만, 바레인으로 구성된다. MERCOSUR(Mercado Común del Sur)는 브라질, 우루과이, 아르헨티나, 파라과이 등 4개국이다.

다. 세계적으로도 농업 경쟁력이 높은 뉴질랜드, 호주와의 협상도 진행 중이다. 이들 세계 최대의 경제권 국가들과 FTA가 체결되어 시장이 개방된다면 우리 농산물 시장은 사실상 DDA 협상 결과에 관계없이 세계에 다 열어 놓는 셈이다. 농업에 있어서는 그야말로 쓰나미가 코앞에 임박해 있는 것이다.

우리 정부는 왜 이렇게 세계 최전선에 서서 FTA를 서두르고 있는 것인가? 대체 어떤 이익이 생기기 때문인가? 수출과 고용이 증대되고 국민소득이 늘어 국가 전체의 후생수준이 향상된다는 설명이 일반론이다. 이른바 무역창출에 의한 성장효과이다. 다른 나라들이 하는데 우리가 뒤지면 수출이 줄어들수 있다는 우려도 있다. 무역전환효과에 의한 손실을 방지하고자 하는 것이다. 우리 경제는 무역의존도가 높기 때문에 FTA를 확대해 나가는 것이 국익에 도움이라는 주장도 편다. 그러나 시장개방 정책을 추진하여 무역의존도가 결과적으로 높아진 것인데, 무역의존도가 높아 더욱 시장을 개방해야 한다는 것은 순환논리의 모순이다. 지나치게 높은 해외 의존형 경제구조는 세계시장의 변화에 취약해질 수밖에 없다. 균형 있게 내수시장을 강화하여 경제성장을 도모해야 한다. 2010년 우리나라의 무역의존도는 102%였다. 홍콩, 싱가포르, 룩셈부르크 같은 도시형 국가나 네덜란드를 제외하면 우리만큼 무역의존도가 높은 나라는 거의 없다. 선진국들은 더 낮다. 미국과 일본이 20%대, 영국·프랑스·러시아 35~40%, 중국 45%, 독일이 60%다. FTA 체결로 수출은 늘 것이다. 하지만 동시에 수입도 늘어난다. 중요한 것은 수출이 아니라 무역수지이다. 시장개방 확대로 무역수지가 악화되면 수출이 늘어도 다른 부문에서 총수요가 늘지 않는 한 경제성장은 둔화될 수밖에 없다. 무조건 FTA를 확대해 나가는 것이 바람직한 방향은 아닌 것이다.

자유무역이 과연 자유롭게 이루어지고 있는지도 문제다. DDA가 되었든 아니면 FTA가 되었든 협상에 참여하고 있는 나라들이 상호 이익을 얻는 자유무역이 실제로 진행되고 있는 것인가이다. 다자간 무역협상은 대부분 강대국들을 중심으로 움직이게 마련이다. 나머지 국가들, 특히 다수의 개도국들은 대세에 끌려가는 강요된 자유무역이 되기 쉽다. 개도국 우대조치가 있다 해도 경제구조와 수준이 천차만별인 개도국들의 사정을 충분히 고려할 수는 없다. FTA도 마찬가지다. 경제논리 외에 외교·안보적 이유, 정치적 상황논리가 개입된다면 이 또한 강요된 자유무역으로 흐르기 쉽다. 종합적 분석 없이 남보다 먼저 체결하는 것이 이익이라는 막연한 선점효과에 대한 기대 또한 경계해야 할 대상이다. 현 정부 들어 FTA 체결이 급격히 늘어나고 있는 것 역시 이런 이유라면 자유롭게 이루어지는 자유무역은 아니다. 문제는 우리처럼 국가기반산업인 농업이 충분히 성숙되지 않은 나라들이다. 농업 부문만 놓고 보면 이는 분명 하기 싫은 시장개방을 억지로 하는 강요된 자유무역이다.

최근 무차별적으로 진행되고 있는 FTA가 DDA보다 농업에는 더 큰 위협이다. FTA에서는 협상력과 협상전략에 따라 개별 국가의 정책의지가 충분히 반영될 수 있다는 점이 활용되어야 한다. 중요한 것은 농업과 농촌에 대한 국민과 정부의 올바른 인식이고, 정부의 정책의지다. 다자주의와 지역주의 두 개의 트랙에서 동시에 진행되고 있는 시장개방 쓰나미는 지속적으로 밀려올 것이다. 농업·농촌의 가치를 어떻게 인식하느냐에 따라 그 결과는 크게 달라질 것이다.

자유무역의 원리: 리카도의 비교우위론

교환이 주는 이익

인간은 화폐가 통용되기 훨씬 오래 전부터 교환행위를 해 왔다. 최초의 현생인류인 호모 사피엔스(Homo sapiens)도 이미 13만 년 전부터 멀리 떨어져 있는 사람끼리 서로 필요한 것을 얻기 위해 교환행위를 했다고 전한다. 그렇게 하는 것이 각자에게 이익이 된다는 것을 알고 있었기 때문이다.

국경을 넘어 이루어지는 무역 역시 교환행위와 다르지 않다. 화폐가 지불수단으로 매개적 역할을 하지만 결국은 국가 상호 간 이익 도모를 위해 재화나 서비스를 교환하는 행위이다. 그렇다면 이 무역의 이익은 어디에서 또 어떤 조건하에서 오는 것일까? 무역이 분명 상호 간에 이익이 있기 때문에 생긴다면 대체 그 이익의 발생은 어떤 원리로 설명할 수 있을까?

무역, 즉 교환이 주는 이익은 여러 경우에 발생한다. 어느 한 쪽에서 상대방이 갖고 있지 않은 재화를 각자 갖고 있다면 교환을 통해 상호 간의 이익을 도모할 수 있을 것이다. 생산 측면에서 생각해 보자. 어느 한 쪽이 상대방은 갖고 있지 않은 생산 기술이나 자원을 갖고 있다면 서로 자신만이 생산할 수 있는 상품을 생산하여 상대방과 교환을 하면 양쪽 모두가 이익을 볼 수 있다. 이때 교환이 주는 이익은 당연하다.

그러나 생산할 수 있는 기술이나 자원을 양쪽 모두 갖고 있다 해도 교환을 통해 얻는 것이 더 큰 이익을 주는 경우도 있다. 어떤 상품이건 생산은 가능하지만 각자 보다 더 효율적으로 생산할 수 있는 상품이 구별되어 있다고 하자. 이때에도 각자 더 효율적으로 생산할 수 있는 상품을 더 많이 생산하여 교환을 한다면 상호 간에 이익이 될 것이다. 한국은 중국보다 컴퓨터를 더 효율적으로 생산하고, 중국은 한국보다 쌀을 더 효율적으로 생산한다고 해 보자. 그렇다면 한국은 컴퓨터 생산에, 그리고 중국은 쌀 생산에 자원을 집중적으로 투입하여 두 나라가 필요로 하는 쌀과 컴퓨터를 생산하여 서로 교환하는 것이 각자 필요한 만큼을 스스로 생산하는 것보다 더 이익이 될 것이다. 비효율적인 부문의 상품을 교환을 통해 좀 더 저렴한 가격에 소비할 수 있기 때문이다. 이때에도 교환의 이익은 분명해 보인다.

그런데 어느 일방이 모든 분야에서 더 효율적으로, 따라서 상대편은 모든 분야에서 더 비효율적으로 생산한다면 이때에도 교환의 이익이 생기는가? 미국은 한국에 비해 쌀과 컴퓨터 두 분야에서 모두 더 효율적으로 생산이 가능하다고 해 보자. 미국은 한국과의 거래에서 이익을 볼 수 있는 것인가? 모든 면에서 앞서 있는 미국은 한국과의 거래에서 이익을 얻지 못할 것처럼 보인다. 한국의 입장에서도 미국과 거래를 한다면 쌀은 물론 컴퓨터 분야 모두 국내 기반이 붕괴될 것처럼 보인다.

리카도의 비교우위론

이에 대한 해답을 처음으로 제시한 사람이 영국의 고전학파 경제학자 리카도(D. Ricardo)이다. 결론부터 말하자면 이 경우에도 두 나라 모두 무역을 통해 이익을 보게 된다. 비록 한 나라가 절대적 우위 또는 절대적 열위에 있다 해도 무역의 이익은 이 절대적 우·열위 기준에 의해 발생하는 것이 아니라는 점을 그는 밝혀내었다. 절대 우위에 있든 절대 열위에 있든 각 나라는 상대적으로 더 우위에 있는, 즉 비교우위에 있는 상품이 있게 마련이다. 예를 들면 미국이 두 분야 모두 절대 우위에 있다 해도 그중에서 농산물 생산이 상대적으로 - 한국과 비교하여 - 더 우위에 있을 수 있다. 한국은 두 분야 모두 절대 열위에 있다 해도 상대적으로는 컴퓨터 생산이 덜 열위에, 즉 비교우위에 있을 수 있다. 한국이 상대적으로 우위에 있다는 의미는 미국과의 관계에서 컴퓨터와 쌀 생산을 비교할 때 쌀보다는 컴퓨터 생산에 상대적 우위, 즉 비교우위가 있다는 의미이다.

그럼 각 나라 입장에서 어느 분야에 비교우위가 있는지 여부는 어떻게 알 수 있을까? 이때 사용되는 평가기준이 교환되는 상품의 상대가격의 차이 또는 기회비용의 차이다. 앞에서처럼 2국가 2상품만 존재하는 간단한 경제모형으로 예를 들어 보자.

한국은 쌀 1톤을 생산하는 데 2,000달러가 필요하고, 컴퓨터 1대 생산하는 데는 1,000달러가 든다고 하자. 그러면 쌀 1톤 생산에 드는 비용이 컴퓨터 2대 생산하는 데 드는 비용과 맞먹는 셈이다. 한국에서 쌀 1톤의 기회비용은 컴퓨터 2대라는 의미다. 쌀 1톤을 생산하기 위해서는 컴퓨터 2대를 포기해야 되기 때문이다. 역으로 생각하면 컴퓨터 한 대의 기회비용은 쌀 1/2톤이 되는 것이다. 다시 말하면 컴퓨터 한 대 생산을 위해서는 쌀 1/2톤을 포기해야 가능하다. 한편, 미국은 쌀 1톤과 컴퓨터 1대 생산하는 데 모두 800달러씩 같은 비용이 든다고 해 보자. 이 나라는 쌀 1톤의 기회비용은 컴퓨터 1대이다. 쌀 1톤이 컴퓨터 1대와 맞교환되고 있는 것이다.

여기서 두 나라의 생산비용 조건을 비교해 보면 한국이 두 산업 모두에서 절대 열위에 놓여 있음을 알 수 있다. 쌀과 컴퓨터 모두 한 단위 생산하는 데 드는 비용이 한국이 미국보다 비싼 것이다. 미국이 두 산업 모두에서 절대우위에 있다는 이야기다. 이런 상태에서는 무역이 발생하지 않을 것처럼 보인다.

그러나 생산비용을 두 상품의 기회비용 관점에서 파악하면 상황은 완전히 달라진다. 다시 말하면 두 상품의 상대가격이 한국과 미국 사이에 어떤 차이가 나는지 비교해 보면 사정은 마술처럼 달라진다. 미국은 쌀 1톤의 기회비용 (컴퓨터 1대)이 한국의 그것(컴퓨터 2대)보다 싸고 한국은 컴퓨터 1대의 기회비용 (쌀 1/2톤)이 미국(쌀 1톤)보다 싸다. 쌀 1톤을 생산하려면 미국은 컴퓨터 1대만 포기하면 되지만 한국은 2대를 포기해야 되니 쌀의 기회비용은 미국이 더 싸다. 반면 컴퓨터 1대 생산을 위해서는 한국은 쌀 1/2톤만 포기하면 되지만 미국은 1톤을 포기해야 가능해진다. 컴퓨터 생산에서는 한국의 기회비용이 더 싸다.

미국이 비록 쌀과 컴퓨터 두 부문 모두에서 생산성이 절대적으로 높다 해도 그중 쌀의 생산성이 상대적으로 더 높은 것이다. 한국은 두 부문에서 모두 미국보다 절대적으로 생산성이 낮다 해도 상대적으로는 그중에서 컴퓨터 부문이 더 높다. 이를 미국은 쌀 생산에, 한국은 컴퓨터 생산에 '비교우위(comparative advantage)'가 있다고 말한다. 이런 관점에서 보면 어느 나라도 반드시 비교우위 분야가 있게 마련이다. 겉으로 나타난 생산비용만 보면 한국은 두 분야 모두에서 절대 열위에 있지만, 이를 상대적 관점에서 기회비용 개념으로 파악하면 컴퓨터 분야에서는 비교우위가 생기는 것이다.

이때 각자 비교우위산업에 자원을 더 집중적으로 투입하여 생산을 늘려 수출하고 대신 비교열위 상품의 모자라는 부분만큼을 수입하게 된다. 각국의 비교우위산업에 생산 특화가 일어나는 것이다. 미국이 두 산업 모두 생산비용이 낮다고 해서 일방적으로 두 상품을 모두 수출하고, 한국은 두 상품을 모두 수입하는 것이 아니다. 미국은 쌀 생산을 더 하여 수출하여 컴퓨터를 수입하고, 한국은 컴퓨터 생산을 더 많이 하여 수출하는 대신 쌀을 수입하게 된다.

두 나라 사이에 이런 교환이 일어나면 각자 국내에서 자급자족할 때보다 두 나라 모두 더 큰 이익을 얻는다. 절대 열위에 있던 한국이나 반대로 절대 우위에 있던 미국이나 모두 교역을 통해 이익을 보게 되는 것이다. 그럼 두 나라 모두 무역으로 이익이 된다는 것을 어떻게 알 수 있을까?

폐쇄되었던 국내시장이 열리고 무역이 시작되면 각 나라의 수출상품, 즉 비교우위 상품의 상대가격이 상승하는 변화가 일어난다. 한국은 컴퓨터의 상대가격이, 미국은 쌀의 상대가격이 상승한다. 예를 들어, 한국은 국내에서 쌀 1톤이 컴퓨터 2대와 맞교환되었으니 쌀에 대한 컴퓨터의 가격비율은 1/2이었다. 그런데 무역이 개시되면 이 비율이 1/2 이상으로 높아진다는 이야기다. 컴퓨터 한 대를 팔면 무역 전에는 쌀 1/2톤을 얻을 수 있었으나 무역이 일어난 후에는 적어도 쌀 1/2톤 이상을 얻을 수 있게 된다. 그렇지 않다면 수출을 하는 의미가 없다. 미국의 경우도 같은 논리로 생각하면 컴퓨터에 대한 쌀의 가격비율이 1(1/1) 이상으로 상승한다. 결국 무역이 일어날 때 두 나라 사이의 수출입 교환비율, 즉 국제(상대)가격은 쌀에 대한 컴퓨터 가격비율로 표시하면 각국의 국내 상대가격비율인 1/2과 1 사이에서 결정되는 것이다.

한국은 수출하는 컴퓨터 가격이 높아지고 대신 비싼 쌀은 더 낮은 가격에 수입하게 되니 이익이다. 생산비용이 모두 낮았던 미국이 한국과 교환해도 이익이다. 만일 국제시장에서 쌀과 컴퓨터 두 상품이 1:1.5의 비율로 교환되고 있다고 해 보자. 즉, 쌀에 대한 컴퓨터의 가격비율이 2/3(컴퓨터에 대한 쌀의 가격비율 3/2)라는 이야기다. 미국의 경우 국내에서 쌀 1톤을 팔면 컴퓨터 1대를 얻을 수 있었다. 하지만 무역을 통해 쌀 1톤을 수출하면 그 대가로 컴퓨터 1.5대를 수입을 통해 얻을 수 있으니 분명 이익이다. 한국 입장에서는 쌀 1톤을 국내시장에서 얻기 위해서는 컴퓨터 2대가 필요했지만 무역이 이루어진 후에는 1.5대만 주고도 같은 양의 쌀을 얻을 수 있기 때문에 한국도 이익이 되는 것이다. 다시 말하면 컴퓨터 1대 수출하면 쌀 2/3톤을 얻게 되니 무역 전에 1/2톤을 얻을 수 있었던 것과 비교하면 이익이 된다. 이게 무역이 주는 이익이다.

선택과 집중

그런데 교환에 참여한 국가 모두 이익이 증가한다면 이런 교환의 이익은 대체 어디서 오는 것인가? 전에는 존재하지 않던 이익이 새로 생겼다면 하늘에서 떨어진 만나인가?

이는 없었던 것이 새로 만들어진 게 아니다. 무역이 각국에 부존된 자원을 좀 더 효율적으로 배분되도록 만든 결과일 뿐이다. 자원 재배분을 통해 서로 비교우위산업에 생산 특화가 일어났기 때문인 것이다. 그래서 두 나라를 합친 전체 생산이 늘어나고, 늘어난 이 이익을 서로 교환을 통해 나눈 결과이다. 각 나라의 부존자원이 보다 더 효율적인 비교우위 분야로 재배분되기 때문에 두 나라 전체적으로 보면 두 상품의 총생산량이 무역 전에 비해 더 늘어나는 것이다.

두 나라가 갖고 있던 자원이 더 효율적으로 배분되면 빵의 크기가 커지게 마련이다. 커진 만큼의 빵은 수출입 상품의 교환비율, 즉 교역조건에 따라 두 나라가 나누어 갖게 되는 것이다. 교환비율에 따라 어느 나라가 더 많은 양의 빵을 갖고 가느냐가 결정되겠지만 각국이 소비할 수 있는 빵의 크기가 커진다는 점에서는 분명하다. 각자 비교우위가 있는 산업에 생산자원을 집중적으로 투입하여 전체적으로 자원배분이 효율적으로 이루어진 결과이다. 국가 간의 분업의 이익인 셈이다.

이것이 200년 전 리카도가 노동가치설에 입각하여 처음으로 설명했었던 '비교우위론'의 요지이다. 그는 이를 통해 무역의 이론적 기초를 제공함으로써 당시 영국의 자유무역정책을 적극 옹호했다. 비교우위론이 우리에게 주는 핵심 메시지는 자유무역은 자원을 보다 더 효율적으로 활용할 수 있는 길을 열어 주기 때문에 교역국 모두에게 이익을 준다는 것이다.

　국가의 산업구조를 합리화하는 M&A(흡수·합병)나 구조조정이라고 말하는 것들도 모두 자원을 효율적으로 재배분하고자 하는 방편이다. 최근에 많이 쓰이는 '선택과 집중'이라는 말도 다름 아닌 자원의 효율적 배분 전략이다. 결국 비교우위론의 원리와 같은 것이다. 비교우위가 있는 분야를 '선택'하여 그곳에 자원을 '집중' 투입하는 특화 전략인 셈이다. 이처럼 비교우위론의 원리는 우리 생활 속에 이미 깊숙이 스며들어 있다.

농업, 개방과 보호의 갈등

농업과 비교우위론 비판

비교우위론의 논리는 명쾌하여 거기서 이론적인 결함을 찾기는 어렵다. 세상에 나온 지 거의 200년이 다 된 지금에도 자유무역을 뒷받침하는 원리로서 그 위치를 굳게 유지하고 있는 이유다. 자유무역을 하면 자원이 효율적으로 배분되기 때문에 교역국 모두의 후생수준이 증가한다는 게 핵심 요지다.

그러나 자유무역이 주는 이익에도 불구하고 한편에서는 보호무역정책도 동시에 계속되어 왔다. 그것은 각 나라가 처한 경제현실이 비교우위론이 상정한 세계와는 큰 괴리가 존재하며, 또 그것이 답해 주지 못하는 내재적 한계도 지니고 있기 때문이다. 비교우위론은 몇 가지 가정을 전제하고 있다. 첫째는 생산요소의 자유로운 이동과 완전고용이다. 비교열위산업에서 풀려난 생산자원이 비교우위산업으로 자유롭게 이동하여 재이용될 때 경제적 효율성이 증대되고 소득이 늘어난다. 앞에서 논의한 한국과 미국 간 교역의 예에서 본다면 한국은 비교열위 쌀 산업의 생산감소로 풀려난 자원이 모두 컴퓨터 산업으로 자유롭게 이동하여 완전히 고용된다는 것이 전제되어 있다. 미국 역시 컴퓨터 산업에서 풀려난 자원이 모두 쌀 산업으로 재투입될 수 있다는 것이 전제되어 있다. 그럴 때만이 두 나라에 무역의 이익이 생긴다.

그러나 현실 경제가 이렇게 이상적으로 움직여 주지는 않는다. 농업의 경우에는 더욱 그렇다. WTO가 출범하고 세계 여러 나라들과 FTA 체결이 확산되면서 전국에 유휴농지가 늘고 농지 이용률도 많이 감소했다. 농지는 고정성이 강하여 다른 용도로 전환이 쉽지 않다. 농업생산에 사용되지 않으면 그냥 황폐화되기 쉽다. 노동력도 마찬가지다. 농업 노동력이 다른 부문으로 이동하여 고용되기는 쉽지 않다. 더구나 고령 인력이 농업 외에 갈 곳은 사실상 전무하다. 그러니 생산성이 낮은 상태로 농업 부문에 그대로 남아 있을 수밖에 없다. 농업 부문은 토지나 노동 모두 구조조정이 쉽게 일어날 수 없다는 의미다. 생산자원이 다른 부문으로 이전하지 못하고 유휴화되거나 아니면 생산성이 매우 낮은 사실상의 실업 상태로 남아 있다면 자유무역이 국가이익을 키워 준다는 보장은 없다. 자유무역은 오히려 손해를 가져다 줄 수 있다.

다음으로 비교우위론이 배경에 깔고 있는 또 하나 중요한 가정은 시장의 완전성이다. 시장은 경제체제가 요구하는 자원배분을 스스로 수행하는 내재적 힘을 지니고 있다. 아담 스미스가 「국부론」에서 말한 '보이지 않는 손(invisible hand)'에 의한 힘이다. 시장에 참여하는 경제주체들은 이기적 동기에 의해 각자의 목적을 극대화하기 위해 경쟁하며 노력한다. 이 과정에서 시장은 자동적으로 이 '보이지 않는 손'에 이끌려 자원의 효율적 배분 상태, 즉 '파레토 최적'을 달성하게 된다. 그런데 이런 상태가 되기 위해서는 시장이 완전하게 움직일 수 있는 환경이 마련되어야 한다. 완전경쟁 상태에 있어야 하고, 외부효과가 존재해서는 안 되며, 또 심각한 거래비용이 존재해서도 안 된다. 이런 조건이 충족될 때 시장은 '보이지 않는 손'에 이끌려 극대 효율과 최적의 자원배분을 달성하게 된다.

그러나 현실적으로 이런 조건을 모두 갖춘 완벽한 시장은 존재하기 어렵다.

시장이 이런 조건을 갖추지 못하면 자원배분은 더 이상 '파레토 최적' 상태에 이르지 못한다. 이른바 '시장의 실패'이다. 시장이 실패했으니 외부의 도움으로 시정조치가 있어야만 자원배분을 좀 더 효율적인 상태로 만들어 놓을 수 있다. 우리들이 시장원리, 시장경제를 늘상 이야기하는 이유는 시장이 본래의 기능을 다하여 효율적 자원배분이 달성될 것을 기대하기 때문이다. 그런데 시장이 제 기능을 못하여 '실패'한다면 자원배분을 시장에만 맡겨 둘 수는 없다. 이것이 정부의 시장간섭 정책이고 보호무역이 필요해지는 이유다.

시장실패가 현저하게 나타나는 대표적인 분야가 농업이다. 우리는 이 책 제1부에서 농업의 다원적 기능에 의한 외부효과를 논한 바 있다. 농업의 다원적 기능으로부터 오는 이런 편익이 이른바 외부효과이다. 외부효과로 인해 시장실패가 초래되면 자유무역의 이익은 생기지 않을 수 있다. 경쟁시장은 농업이 주는 무형의 외부효과를 포착하지 못하기 때문이다. 농산물 수입으로 상실되는 농업의 외부효과가 크다면 국가 전체의 빵의 크기는 작아질 수 있다. 이런 편익은 국내에 일정 수준 이상의 농업생산이 존재할 때에 가능해진다. 수입을 통해 얻을 수 있는 것이 아니며, 따라서 무역의 대상이 될 수 없다. 세계화의 전도자 역을 맡고 있는 WTO도 「농업협정」에서 이것을 비교역적 관심사항(NTC)*이라고 하여 특별 취급을 한 이유가 여기 있다.

식량안보가 완전히 국내자급을 통해서만 확보되는 것은 아니지만 일정 수준 이상의 국내생산이 있어야만 안정적으로 확보될 수 있다. 식량안보는 수입으로만 해결할 수 없다. 한 나라의 국방능력이 비효율적이라 해도 자국 국민으로 구성된 국방인력이 존재해야 하고 자주국방이 필요한 이유와 같다. 식량안보 문제도 이와 다르지 않다. 국민의 식량을 모두 수입에 의존하는 것이 불

---

* 「농업협정」 서문에서는 식량안보와 환경보호의 필요성을 포함하는 비교역적 관심사항(NTC: non-trade concerns)을 고려하여 농업개혁을 공평하게 이행해 나가야 한다고 규정하고 있다. 여기서 말하는 비교역적 관심사항은 농업의 다원적 기능과 거의 같은 개념으로 이해할 수 있다.

가능한 일은 아니다. 그러나 그 방법이 비용이 덜 들고 더 효율적이라 해도 자국의 생명 창고를 모두 남의 손에 맡길 수는 없다. 척박한 이스라엘 땅에서, 산악지대 스위스에서 왜 그들은 값비싼 대가를 치르면서 자국의 농업을 지키려 하는가를 생각해 보아야 한다. 세계 2~3위를 다투는 경제대국 일본이 효율적 방법을 모르고, 수입할 돈이 없어 식량자급률을 높이기 위해 안간힘을 쏟고 있는 게 아니다. 그들이 약소국 중심으로 FTA를 체결하는 것도 취약한 국내농업 때문이란 점을 타산지석으로 삼아야 한다.

비교우위론은 시장의 완전성을 전제로 하지만 농업에서는 시장이 결코 완전하지 않다. 농업에서처럼 시장의 실패가 현저하게 나타나는 경우에는 시장원리에 의한 자유무역은 빵의 크기를 키워 주지 못할 가능성이 높다. 눈에 보이지 않는 진짜 빵의 크기가 계산되지 않기 때문이다.

다음으로 소득 재분배 문제에 관한 비교우위론의 내재적 한계이다. 비교우위론의 소득분배원칙은 능력에 의한 분배이다. 각 생산요소들이 빵을 키우는 데 기여한 분량대로, 즉 각자의 생산성에 따라 분배하는 것이다. 기여한 만큼 가져간다는 것이므로 얼핏 보면 바람직한 분배원칙일 수 있다. 그러나 이런 분배 방식에 따르면 국가 전체의 이익이 증가하는 한 능력 있는 소수가 사회의 부를 모두 가져간다 해도 아무런 문제가 되질 않는다. 이런 소득분배 방식이 형평성이나 사회정의 관점에서 불합리하다는 것은 두말할 나위 없다. 비교열위산업의 노동자들이 사회의 저소득 계층이라면 이들의 소득이 줄어드는 것을 자유무역의 이름으로 정당화할 수는 없다. 시장개방으로 한국의 저소득 농가들의 소득 격차가 더욱 벌어지고 있는 현실을 국가의 GDP가 증가한다는 이유만으로 지나칠 수는 없는 것이다.

비교우위론은 경제적 효율성만이 유일한 기준이 될 때 정당성을 갖는다. 그 나라의 비교열위산업이 농업일 때는 비교우위론은 더 이상 유효하지 않고, 이에 근거한 자유무역 역시 정당성을 갖기 어렵다. 그래서 적어도 한국의 농업

문제에 관한 한 비교우위론을 무조건 받아들일 수는 없는 것이다.

개방할 이유, 보호할 이유

자유무역이 교역국 모두에게 이익이 된다는 점을 인정하면서도 농업에서만은 많은 나라들이 보호주의 정책을 고수해 왔다. 무역확대를 목표로 출범한 GATT에서도 농산물에 대해서만큼은 일정한 예외를 허용했다. WTO 이후 세계 농업개혁이 시작되고, FTA 등 지역무역협정이 확산되고 있는 지금도 농업은 각 나라가 처한 농업환경에 따라 개방과 보호의 경계선상에서 사회적 갈등의 중심에 놓여 있다.

우리나라 농업도 마찬가지다. 한국의 농업은 지난 수십 년 간 높은 보호장벽 속에 안주해 왔던 게 사실이다. 그래서 개방을 주장하는 쪽에서는 농산물 시장개방을 통해 산업 간이나 농업 내의 합리적 자원배분과 효율성 향상으로 국가의 후생수준을 증대시켜야 한다고 말한다. 개방은 국내농업이 국제경쟁에 노출되어 생존을 위해 스스로 치열하게 노력해야 하는 현실에 직면한다는 의미이다. 온실 속 화초처럼 자라온 자에게는 두려울 수밖에 없다. 살아남기 위해서는 새로운 아이디어와 기술개발, 비용절감 노력, 합리적 경영, 마케팅과 정보 능력 함양 등 경쟁력 향상 노력을 할 수밖에 없다. 경쟁하는 환경 속에서 경쟁력이 길러지고 체질이 강화될 수 있다. 개방을 통해 보호 속에 잠자고 있던 내적 잠재능력을 일깨우고 자생력이 길러지는 것이다. 농업의 구조조정도 진행되면서 좀 더 경쟁력 있는 농업구조로 변화될 수 있다. 이런 것들이 보호 속에 안주해 온 우리 농업에 개방이 필요한 이유들이다.

그럼에도 농업은 여전히 보호되어야 할 이유가 있다. 식량안보를 포함한 다원적 기능 유지, 소득분배와 사회적 형평성 확보, 농업의 특수성과 전통농업의 문제, 식품안전과 국민건강의 문제 등이 모두 농업을 일정 부분 보호해야 할 이유들이다. 그렇기 때문에 선·후진국을 막론하고 정도상의 차이는 있지만 각자 처한 환경과 필요에 따라 농업을 보호해 왔다. 어떤 나라는 식량안보 등 다원적 기능을 위해, 스위스와 같이 중립국 지위를 고수하는 나라는 국가안보를 위해 농업을 보호해 왔다. 혹은 정치적 고려에 의해 농업을 보호하기도 했다.

자유무역을 지향하며 세계 농업개혁을 주도하고 있는 WTO도 「농업협정」 서문에서 "식량안보와 환경보호의 필요성 등 비교역적 관심사항(NTC)을 고려하여" 추진한다고 명시해 놓고 있다. 이런 것들은 기본적으로 교역적 관심 또는 교역의 대상이 아니라는 것을 의미한다. 이것은 무역의 영역이 아니며 자유무역으로 해결할 수 있는 게 아니라는 이야기다.

문제는 우리와 같이 경쟁력이 약한 농산물 순수입국들이다. 농업 선진국들은 문제될 게 없다. 세계가 시장개방을 하고 시장원리로 간다면 그들의 농업 생산은 오히려 더 늘어나고 농업 생산기반도 더욱 공고해지기 때문이다. 그래서 그들은 비교우위론을 등에 업고 자유무역을 부르짖고 있는 것이다. 국제사회에서 그들이 농업의 '비교역적 관심사항'의 중요성을 애써 말하지 않는 이유이다. 그것이 중요하지 않아서가 아니라 굳이 그걸 주장하여 상대를 이롭게 할 이유가 없기 때문이다. 상황이 바뀌어 그들이 농산물 순수입국이 된다면 그들도 똑같이 '비교역적 관심사항'을 들고 나올 것이다.

시장은 결코 시장맹신주의자들의 믿음처럼 완전하지 않다. 농업에 있어서 시장에 대한 과신은 오히려 자원배분을 효율적으로 이루어 내지 못한다는 점을 기억하여야 한다. 시장은 식량안보를 보장해 주지 못하고, 다른 비교역적 기능 역시 수행할 수 없다. 정부의 보호와 간섭은 그래서 필요하다. '시장실패'를 교정할 수 있는 범위 내에서 정부의 손은 시장에서 뚜렷이 보여야 한다. 농산물 시장개방은 이런 관점에서 판단해야 하며, 따라서 경쟁력 없는 농업에서 정부의 간섭과 보호가 필요한 것이다.

농산물 시장개방 피해자는 국민

우리나라 같은 농산물 순수입국이 시장을 개방하면 누가 이익을 볼까? 사람들은 소비자인 일반 국민이라고 답한다. 외국의 다양한 농산물을 값싸게 사먹을 수 있고 국산 농산물과 식품가격도 동반 하락하니 소비자에게는 이익이라는 이야기다. 원료 농산물을 수입에 의존하는 식품제조 기업들도 이익이다. 그러면 손해 보는 사람은 누구인가 물으면 사람들은 이구동성으로 생산농가라고 답한다. 생산 농가들이 손해를 본다는 것은 두말할 필요 없지만 이것은 농업의 참 기능을 제대로 이해하지 못한 데서 비롯되는 60점짜리 답이다.

농산물 시장을 개방해서 소비자가 이익이고 농민들만 손해를 본다면 우리는 크게 고민할 이유가 없다. 시장개방으로 늘어난 이익의 일부로 피해 농가에게 보상해 주는 소득재분배 장치만 갖추면 되기 때문이다. 그러나 농산물 시장개방으로 식량안보가 위협을 받고, 자연경관과 환경이 파괴되고, 농촌 지역사회가 붕괴되며, 농경지가 폐허가 되는 등 유휴자원이 늘어나고, 식품안전이 위협을 받는다면 이는 더 이상 농민의 문제가 아니다. 국민의 문제요 국가의 문제이며, 멀리는 우리 후손들의 문제이다. 농업의 시장개방이 간단하지 않은 이유가 여기에 있다.

농산물 시장개방에 대해 농민들만 반대하고 국민 대다수는 침묵하거나 오히려 반기는 것은 농산물 시장개방의 진정한 의미와 그것이 초래할 결과를 제대로 이해하지 못한 데 기인한다. 당장 농산물을 싸게 살 수 있다는 눈앞의 이익만 본 결과이지, 긴 안목에서 국가의 장래에 미치게 될 영향을 이해하지 못하기 때문이다. 먼 미래 우리 후손들에게 어떤 일이 닥치게 될지 알지 못하기 때문이다. 값싼 농산물이 들어오니 당장 식비가 줄고 선택의 폭도 넓어져 이익인 것처럼 느낀다. 그러나 시간이 지나면서 깨닫게 될 것이다. 식량안보를 포함한 다원적 기능의 손실은 그 크기를 화폐단위로 환산하기 어렵다. 구제역, 광우병, 오염된 식품 등 국민 건강을 위협하는 식품위생과 안전 문제 또한 무분별한 시장개방에서 오는 결과이다. 농산물 시장개방, 궁극적으로는 국민과 국가에 손해이다. 이렇게 보면 농업보호정책이 생산자에게만 이익이 되었던 것은 아닌 셈이다.

농업자원과 생산 감소로 상실하는 편익은 농산물 수입으로는 보충할 수 있는 게 아니다. 농업생산기반은 한 번 무너지면 사실상 회복이 어렵다. 공장 설비를 설치했다 없애고, 다시 필요해지면 재설치하는 것과 다르다. 값싼 칠레산 포도를 즐기기 위해 우리의 아름다운 포도밭 경관이 사라지고, 농촌이 피폐화되는 것과 바꿀 수 없는 것 아닌가. 더구나 시장개방의 대상이 식량안보와 직결되는 품목이라면 문제는 더 심각해진다. 소비자들이 다소 비싸도 국산 농산물을 사 먹어야 하는 이유는 어려운 농민들을 위해서만도 아니고 감상적 애국심에 호소하는 것도 아니다. 농업의 가치와 존재 이유에 근거한 국민 모두의 이익을 위한 것이다. 농업은 농민을 위해서가 아니라 국민과 국가를 위해 존재하고 성장·발전해야 한다.

DDA든 FTA든 농산물 시장개방 문제가 생기면 정부와 연구기관에서는 그 경제적 효과를 계량화하여 발표한다. 그런데 여기에는 농민들이 입는 직접적·외형적 손실만 계산될 뿐 다원적 기능의 상실이나 식품안전 문제 등 국민이 보는 피해액은 산정되지 않는다. 그러니 농산물 시장도 개방하는 것이 더 이익이라는 결론에 쉽게 도달할 수밖에 없다. 공산품 시장 개방으로 인한 피해는 그 산업의 생산액 피해로 판단할 수 있지만 농업은 다르다. 농가가 입는 직접적 피해 외에도 다원적 기능 상실로 인해 국민이 입는 공공적·사회적 피해까지 계산에 넣어야 한다. 이로 인해 발생되는 피해는 농민이 입는 피해액과는 비교될 수 없다. 단순히 농민이 입는 피해에 그치는 것이 아니라 농업·농촌이 문제이고, 국가와 국민이 문제가 되는 것이다.

우리 농업은 아직 유치산업

노력해서 키울 수 있는 분야가 있는가 하면 그렇지 못한 분야도 있다. 왜 우리가 미국을 두려워하는가? 그들은 세계 제일의 농경지 자원을 보유한 농업 선진국이기 때문이다. 왜 우리가 중국을 두려워하는가? 그들은 세계 제일의 노동력까지 갖고 있는 농업대국이기 때문이다. 농업 생산물은 거의가 토지를 집약적으로 또는 노동을 집약적으로 투입하여 생산되는 품목들이다. 쌀, 밀, 보리, 옥수수, 콩 같은 곡물 분야는 물론 축산이나 낙농도 마찬가지다. 방목하는 경우가 아니라도 사료 생산비를 고려하면 기본적으로 토지집약 산업이다. 채소류, 과일류는 토지 외에도 사람의 노동이 많이 요구되는 품목들이다. 인구 13억 5천만 명의 중국이 가까이에 있다는 것이 두려운 이유다.

선진 기술은 우리의 머리와 노력으로 따라잡을 수 있다. 하지만 토지집약적 품목들은 원천적으로 한계가 있을 수밖에 없다. 노동력 문제도 여기서 크게 벗어나지 않는다. 한국은 경지면적 순위 세계 95위다. 농가 1인당 면적으로는 거의 꼴찌다. 전체 국토면적으로는 우리의 1/3밖에 안 되는 네덜란드도 경지면적은 우리보다 넓고 농가 1인당 면적은 우리의 4배다. 이런 조건에서 시장개방을 농업 경쟁력을 향상시킬 수 있는 전화위복의 기회로 삼자는 것은 무책임한 정치적 수사에 지나지 않는다. 세계 최강의 농업 선진국 미국과의 FTA를 추진하면서도 똑같은 정치논리로 시장개방을 정당화하려 했다.

우리나라 입장에서 농업은 유치(幼稚)산업이다. 아직 제 힘으로 경쟁하며 살아가기에는 어려 누군가의 보호가 필요한 산업이다. 그리고 아직까지 이 단계를 벗어나지 못하고 있는 것이 농민의 책임은 아니다. 해밀턴(A. Hamilton)과 리스트(F. List)로부터 시작된 유치산업보호론은 일정 기간 보호하면 결국 경쟁력이 생겨 보호에 들어간 비용을 충분히 얻고도 남을 수 있을 정도의 유치산업은 보호되어야 한다고 주장한다. 농업을 이런 의미의 유치산업에 정확히 대입할 수는 없다. 하지만 식량안보와 같은 중요한 다원적 기능을 국가가 필요한 만큼 유지할 수 있을 정도로 경쟁력이 갖추어질 때까지는 농업을 보호해야 한다고 말할 수 있다. 설령 눈에 보이는 국가의 빵의 크기가 작아진다 해도 농업이 스스로 이런 기능을 해낼 수 있는 능력이 키워질 때까지는 보호의 손길이 필요하다.

우리 농업도 개방되어야 할 이유가 분명 있다. 국제사회의 일원으로서 글로벌 시대의 추세를 거스를 수도 없다. 그러나 아직은 기다려 주어야 할 요소들이 더 많다. 우리 농업은 외부의 경쟁을 견딜 만큼 튼튼한 체력을 갖추지 못했다. 아직까지 유치산업의 단계라고 보아야 한다. 빵의 크기가 커지지 않더라도 식량창고의 열쇠를 남의 손에 내주고, 농업의 다원적·공익적 기능이 사라지는 것을 용인할 수는 없는 것이다.

맹목적인 농업보호로 농업 문제가 전체의 틀을 망쳐서도 안 되지만 그렇다고 전체를 살린다는 명분으로 농업의 중요성이 간과되어서도 안 된다. 농업은 분명히 외형적 GDP의 크기로 평가될 수 있는 산업이 아니다. 단순히 농민이 피해를 입는다는 이유에서가 아니라, 국가와 국민을 위해 농업이 이 땅에 존재해야 하는 그 이유 때문에 우리 농업은 경쟁력을 갖출 때까지 좀 더 보호되어야 한다. 한국 농업, 아직은 시간이 더 필요하다.

나누고 배려하는 시장개방

무역의 이익은 나눠야

시장개방을 통한 국제경쟁을 흔히 정글세계에 비유한다. 약육강식의 법칙이 지배하는 정글에서는 강자만이 승리의 전리품을 독점한다. 약자는 자연히 도태될 수밖에 없다. 1980년대 이후 신자유주의적 세계화와 시장개방은 마치 야생의 세계에서 벌어지는 생존경쟁과 같다는 이야기다. 그러니 경쟁력 없는 농가가 필사적으로 시장개방을 반대하는 이유는 생존의 몸부림인 것이다.

자유무역이 국가에 이익을 갖다 준다고 하지만 내부적으로는 손해 보는 그룹이 반드시 생기게 마련이다. 이때 손해를 보는 그룹이 사회적 약자이고 저소득 계층이라면 시장개방의 문제는 경제논리와는 다른 시각에서 접근하여야 한다. 국가 전체적으로 빵의 크기만 커진다고 국민들이 행복해지지는 않는다. 크기 못지않게 중요한 것은 빵을 어떻게 나눌 것인가이다.

기본적으로 빵은 경쟁에서 이긴 자에게 돌아가야 한다는 데 이의가 있을 수는 없다. 하지만 낙오자라고 해서 외면할 수는 없다. 자신의 노력과 능력이 부족해서가 아니라 주어진 조건과 환경 때문이라면 더욱 그렇다. 경쟁에 낙오한

자들이 오히려 빵을 절실히 필요로 하는 사회적 약자이다. 보호에서 개방으로의 정책변화만으로 수혜자와 피해자로 희비가 갈리지만 개방과 보호, 어느 쪽도 절대선일 수는 없다. 개방의 수혜자들은 그래서 나눠야 한다. 국제경쟁에서 승리한 수출산업들, 값싼 수입 농산물의 소비자들 모두 함께 나누는 소득재분배 정책에 기꺼이 참여할 준비가 되어 있어야 한다.

WTO 출범 후 도·농 간 소득 격차가 급격히 벌어져 농가소득은 도시가구 소득의 65%까지 추락했다. 자유무역이 비교열위산업의 저소득 농가들을 더욱 어렵게 만든 것이다. 농산물 시장개방이 부익부 빈익빈의 사회적 양극화 구조를 심화시킨다면 빵이 커진다 해도 이는 사회적으로 결코 바람직하지 못한 것이다. 피해보상 같은 소득재분배 시스템을 갖춰야 하는 것은 이 때문이다. 공평 분배 메커니즘이 잘 작동하지 않는 한 자유무역은 강자를 위한 양날의 칼이 될 수 있다. 무역으로 발생한 이익은 저소득 피해 농가들과 함께 나눠야 한다. 승자 독식이 아닌 배려하고 나누는 윈-윈의 길을 모색해야 한다.

성숙된 자본주의

자본주의는 시장과 함께 발전해 왔다. 시장이 존재하지 않는 자본주의는 생각할 수 없다. 시장의 자원배분 기능 때문이다. 하지만 사회체제는 자원의 효율적 배분 말고도 해결해야 할 중요한 과제를 안고 있다. 자원을 공평하게 분배하는 것, 즉 형평성의 가치이다. 시장은 일정한 조건하에서 자원을 효율적으로 배분할 수는 있어도 공평하게 분배하지는 못한다. 극단적인 경우 1인이 모든 부와 자원을 소유한다 해도 그 결과가 사회 전체에 가장 큰 빵을 가져다 주기만 한다면 그것은 효율적 배분일 수 있다. 그러나 이것이 사회적으로 바람직한 분배가 아닌 건 두말할 나위 없다. 시장은 바람직한 분배에 대해 아무런 답을 제시할 수 없다. 시장은 옳고 그름, 선과 악, 정의와 불의를 판단하지 않는다. 가치판단의 문제는 시장의 영역이 아닌 것이다. 자본주의 시장경제체제가 안고 있는 한계이다.

사랑과 배려, 이타적 정신이 지배할 때에도 시장은 제대로 작동하지 못한다. 생산성이 떨어지는 장애인 노동자 고용을 법제화하면 기업의 이윤이 하락하고 경제적 효율성은 떨어진다. 사회적 약자에 대한 배려가 효율성을 떨어뜨린 것이다. 그러나 경제적 효율성이 떨어진다고 해서 그들을 외면해서는 안 되는 것이 국가와 사회의 책임이다. 사회적 공평성을 위해서는 일정 부분의 효율성을 희생시킬 수밖에 없다. 물질이 인간 생활을 풍요롭게 해 준다 할지라도 공평한 분배나 이타적 정신 또한 인간사회의 중요한 가치이다.

빌 게이츠나 워런 버핏은 세계 제일, 제이의 갑부로 잘 알려져 있다. 그러나 그들이 세간의 관심을 끄는 이유는 엄청난 부를 모아서가 아니라 그것을 나눌 수 있는 남다른 생각을 가지고 있기 때문이다. 시장이 하지 못하는 일, 정부가 분배정책을 통해 해야 할 일을 대신하고 있는 사람들이다. 배려와 나눔의 삶을 실천하는 사람들이 많아질 때 우리 사회는 바람직한, 성숙된 사회가 될 수 있다.

자유무역이 필요한 이유는 그것이 빵의 크기를 키울 수 있기 때문이다. 작은 빵으로는 공평하게 분배한다 해도 행복을 보장하는 데 한계가 있다. 성장은 그래서 중요하다. 그러나 빵의 크기가 커질수록 분배적 정의도 함께 커져야 한다. 돈을 버는 것은 중요한 일이지만 이것을 어떻게 쓰고 어떻게 나누는가는 더욱 중요하다. 경쟁과 시장원리는 자본주의의 핵심 요소이다. 그러나 21세기 자본주의는 무한 경쟁과 정글의 법칙이 지배하는 원초적 자본주의가 아닌 나눔과 배려가 함께 조화를 이루는 성숙된 자본주의여야 한다. 자유무역과 비교우위론은 이런 범위에서만 지속 가능하고 빛을 발할 수 있다.

'정글의 법칙'은 말 그대로 정글 속에나 있어야 하는 동물 세계의 룰이다. 시장개방은 승자 독식의 정글법칙이 아닌 배려하고 나누는 '인간의 얼굴을 한'

개방이 되어야 한다. 이익을 본 자가 손해를 본 자에게 나누어 주고, 피해를 본 농가와 무역의 이익을 함께 나눌 수 있어야 한다. 시장경제와 효율성의 원리에는 어긋나더라도 이것이 사람 사는 세상의 법칙이다.

빵을 키우기만 하고 나누는 법칙이 없다면 이건 정글의 세계다. 키우는 것은 본능적 욕구로도 가능하지만 나누는 건 이성적 판단과 따뜻한 감성을 지닌 인간만이 할 수 있는 일이다. 시장개방은 정글의 법칙이 아니라 나눔과 배려가 있는 성숙된 인간사회의 법칙 속에서 이루어져야 한다. 모두가 승자가 되는 윈-윈의 농산물 시장개방, 그것이 공정사회요 복지사회로 가는 길이다.

세계의 농업보호와 개혁 성과

농업보호에 사용되는 정책수단

농업보호를 위해 세계 여러 나라들이 사용하는 정책수단들은 매우 다양하고 복잡하다. 그러나 이를 큰 틀에서 정리해 보면 국경을 통과하는 농산물을 대상으로 한 무역정책과 국내농업을 대상으로 하는 국내지지정책으로 구분할 수 있다. 그리고 무역정책은 다시 수입제한정책과 수출촉진정책으로 나뉜다.

수입제한정책은 농업 경쟁력이 약한 국가들이 일반적으로 가장 많이 이용하는 농업보호조치이다. 외국 농산물의 국내시장 진입을 제한하는 조치로 보통 수입관세를 부과한다. 관세가 부과된 만큼 수입 농산물이 비싸지므로 국산 농산물이 상대적으로 가격경쟁력이 생기게 되는 것이다. 종가세 방식이나 종량세 방식으로 부과하기도 하고, 또는 양자를 혼합한 방식으로 관세를 부과하기도 한다. 국제가격이 변하는 상황에서 종가세와 종량세는 서로 수입제한 효과가 달라진다.[*]

---

[*] 종가관세(ad valorem tariff)는 수입가격을 과세표준으로 하여 부과하는 관세이다. 예컨대, 쇠고기의 수입가격이 $100/톤이고 관세율이 40%라면 이때 종가관세는 $40/톤이 된다. 종량관세(specific tariff)

관세 외에도 다양한 형태의 비관세조치들이 수입제한을 위해 사용되어 왔다. 직접 수입을 금지한다거나, 아니면 수입 총량을 사전에 정하여 그 이상은 수입할 수 없도록 제한하는 수입쿼터제가 일반적이다. EU에서는 가변수입부과금제나 최저가격제를 사용했다. 또 수입쿼터와 실질적으로는 같으면서도 GATT 규정을 피해 가기 위해 사용되었던 수출자율규제(VER)나 시장질서유지협정(OMA)과 같은 회색지대조치도 있다.[*] 그러나 이런 방식으로 수입수량을 제한하는 조치들은 WTO 「농업협정」에 의해 모두 관세로 전환되었다. 따라서 WTO 체제하에서는 수량제한에 의한 수입제한정책은 원칙적으로 금지되어 있는 셈이다.

이 밖에 비관세조치로는 수입수량을 직접 규제하는 방식은 아니지만 통관이나 행정절차를 까다롭게 하여 수입을 제한하거나 동·식물 위생검역, 환경기준, 표준 등 기술장벽에 의해 수입을 제한하기도 한다. 농산물에 대해 관세화 조치가 이루어진 지금은 이런 유형의 비관세조치들이 중요한 국내농업 보호장치로서의 역할을 하고 있다.

수출을 촉진하는 정책 역시 농업보호를 위해 사용되는 중요한 무역정책이다. 수입제한정책이 경쟁력 약한 국산 농산물을 외국 농산물과의 경쟁으로부

는 수입량을 과세표준으로 하여 부과하는 관세로 수입 물품의 단위 물량당 일정 금액을 관세액으로 정하는 방식이다. 이 쇠고기 수입의 예에서 국제가격과 관계없이 톤당 일정 금액(예. $40)을 부과하는 방식이다. 종가관세는 관세율이 변하지 않더라도 수입가격이 변하면 관세도 변한다. 수입가격이 오르면 동일한 관세율에서도 수입관세는 증가하기 때문에 국제가격이 상승할 때는 종가방식의 관세가 보호효과가 크다. 이에 비해 종량관세 방식은 국제가격의 움직임과 관계없이 일정 관세가 부과되므로 국제가격이 하락할 경우에는 종가방식보다 국내산업 보호효과가 더 크다.

[*] 수출자율규제(VER: voluntary export restraints)는 수출국과 수입국 간 자율적인 협정에 의해 수입국에 대한 특정 상품의 수출량을 일정 수준 이하로 제한하는 수입수량 제한조치이다. 보통 정부 간 협정으로 이루어지는데, 이것이 민간기업 간에 이루어질 때 이를 시장질서유지협정(OMA: orderly marketing agreement)이라고 한다. 이들 조치는 당사국 간 자율적인 합의라는 형식을 빌어 수입수량 제한조치를 금지하고 있는 GATT 조항(제11조) 위반을 피하고 있지만 실질적으로는 수입국 산업을 보호하는 수단으로 활용되어 왔다. 이런 의미에서 이를 회색지대조치(grey area measures)라고 부른다.

터 막아 주는 수동적·방어적 정책이라면, 수출촉진정책은 반대로 국산 농산물의 경쟁력을 인위적으로 향상시켜 세계시장에서 경쟁할 수 있도록 장려하는 능동적·공격적 농업보호정책이다. 보통은 농산물 수출에 대해 보조금을 지급하는데, 그러면 보조금이 지급된 만큼 국산 농산물의 국제가격이 싸져 수출이 증가하는 것이다. 동시에 국내가격은 상승하면서 국내생산도 늘어나게 된다.[*]

직접 수출보조가 지급되는 것은 아니더라도 해외 시장개척 활동을 지원한다거나 마케팅비용이나 운송비 지원, 그리고 수출신용이나 수출신용보증, 수출보험 등을 통한 지원도 모두 수출촉진을 통해 국내농업을 보호·육성하는 수단들이다.

무역정책은 그것이 수입제한 방식이든 수출촉진 방식이든 대부분 국내농업을 보호하는 대가로 세계 농산물 시장을 왜곡하게 되어 있다. 국내 농산물 가격이 지지되고 생산이 늘어나지만 세계 농산물 시장에서는 공급이 늘어나고 가격이 침체된다. 특히 수출보조가 세계시장가격과 무역왜곡에 미치는 효과는 매우 크다. 재정능력이 미치지 못해 보조금으로 대응할 수 없는 농산물 수출 개도국들에게는 더 큰 타격을 준다. 수출보조는 시장 지향성뿐 아니라 공정한 경쟁을 정면으로 위배하는 조치이다. WTO에서 2013년까지 모든 수출보조를 철폐하기로 합의했던 것에는 이와 같은 배경이 있다.

농업보호를 위한 국내지지정책 역시 다양하다. 최종 산출물을 대상으로 시장가격을 지지하는 방식이 일반적이나 이외에도 투입요소 시장에 대한 지원방식도 이용된다. 또 정부재정으로부터 직접지불 방식으로 지원하기도 한다. 우리나라 쌀에 도입되었던 약정수매제는 가격지지의 대표적인 예다. 현재 직

---

[*] 수출보조 지급은 국산 농산물의 세계시장 가격을 그만큼 낮춰 수출증대 효과로 이어진다. 수출이 증가하면 국내공급이 줄면서 국내시장에서는 가격상승과 생산증대 효과가 생기는 것이다.

불제란 이름으로 시행되고 있는 것도 실은 목표가격이 설정되어 농가수취가격이 여기에 연계되어 있기 때문에 일종의 가격지지이다. 미국에서 사용했던 결손지불제(deficiency payments program)같이 정부의 재정지출이 수반되는 정책, 아니면 휴경제도, 생산감축조정제도 등도 모두 국내가격을 지지하기 위한 국내 농업보호정책들이다.

각국이 사용하는 국내지지정책들을 여기서 모두 열거할 수는 없다. 중요한 것은 국내지지정책이 국내농업을 대상으로 한 정책이긴 하지만 이것도 무역과 세계시장을 왜곡하여 국제무역규범의 규율 대상이 된다는 점이다. 폐쇄경제하에서는 아무리 강한 국내농업 지원정책을 시행한다 해도 그것이 국제시장에 영향을 미치지는 못한다. 그러나 시장을 개방하면 국내시장과 세계시장이 연계되어 국내시장은 세계시장의 일부가 되는 것이다. 그렇기 때문에 세계시장에서의 변화가 국내시장으로 파급되고, 동시에 국내정책은 세계시장에 영향을 주게 된다. WTO「농업협정」에서 국내정책에 대해 총AMS 감축의무를 규정한 것은 이런 이유다.

보호수준은 어떻게 측정하나

농업보호조치가 전혀 없다면 동질의 동일 품목의 국내가격은 국제가격과 일치하게 되어 있다. 완전한 자유무역이 이루어지고 있는데 국내·외 가격차이가 생길 이유는 없는 것이다. 이때 농업보호조치가 시행되면 국내가격은 세계시장가격과 분리되면서 상승하게 된다. 그래서 한 나라의 농업보호수준은 기본적으로 생산농가가 받는 농산물 가격이 국제가격과 비교하여 얼마나 높은지를 기준으로 측정된다. 국제가격이 개별 국가의 농업보호 정도를 평가하는 기준이 되는 것이다.

그렇다고 해외시장에서 형성되는 국제가격이 경쟁시장가격이란 의미는 아니다. 국제가격도 얼마든지 왜곡되어 있을 수 있다. 오히려 현실의 국제시장은 개별 국가들의 농업보호정책들로 인해 상당히 왜곡되어 있다. 어느 나라가 수입제한정책이나 수출보조정책을 시행하면 국제가격은 하락한다. 이 나라의 교역량이 세계시장에서 차지하는 점유율이 클수록 국제가격은 더 크게 하락한다. 어쨌거나 국제가격이 왜곡된 것이든 아니든 개별 국가의 농업보호수준은 이 국제가격을 기준으로 평가되는 것이다. 개별 농산물 또는 전반적인 농산물의 국내가격이 국제가격에 비해 높을수록 그 나라의 농업보호수준은 강한 것으로 평가된다.

농업보호 정도를 알 수 있는 가장 간단한 지표는 국내·외 가격비로 표시되는 이른바 명목보호계수(NPC: nominal protection coefficient)다. 이 값이 1이면 국내·외 가격이 같다는 의미이므로 1보다 클 때 보호조치가 있다고 해석한다. 특정 품목의 NPC에서 1을 빼면 명목보호율(NRP: nominal rate of protection)이 되는데 이를 백분율로 나타내 주면 관세율과 같아진다.* 그래서 관세율 역시 농업보호수준 측정방법으로 자주 사용되는 것이다. 하지만 앞서 논의한 대로 관세 이외에도 수많은 비관세 방법으로 국내농업이 보호되고 있기 때문에 이것만으로는 그 나라의 농업보호수준을 정확히 알기는 어렵다. 포괄적 관세화 조치가 이루어진 WTO 체제에서도 평균적 관세수준만으로는 농업보호 수준을 정확히 알 수는 없다.

여기서는 경제협력개발기구(OECD)에서 사용하고 있는 방식을 간단히 살펴보자. OECD는 1987년부터 회원국들의 농업보호(지지) 수준을 측정하고 농업정책을 평가하기 위해 몇 가지 지표를 개발하여 사용해 오고 있다. PSE(producer support estimate), GSSE(general service support estimate), CSE(consumer

---

* 예컨대, 쇠고기의 국제가격이 1,000원/kg이고 국내가격이 3,000원/kg이라면 NPC는 3, NRP는 2가 된다. 이를 상응하는 수입관세로 전환하면 200%가 된다.

support estimate), 그리고 TSE(total support estimate)가 그것이다. 이들 지표를 이용하여 각국의 농업정책의 변화와 보호수준을 종합적으로 평가하고 있다.

'생산자지지추정치'로 번역되는 PSE는 농업지원정책으로 소비자나 납세자(정부재정)로부터 농업생산자로 연간 이전된 총금액이다. 시장가격지지를 통해 지원된 금액뿐 아니라 정부재정에서 지출되는 모든 유형의 지불이 여기에 포함된다. 실제 재정지출이 이루어진 경우는 물론 세금이 감면된 경우까지 포함된다. 시장을 왜곡하는 지불은 물론 왜곡하지 않거나 왜곡을 최소화하는 지불까지 여기에 들어간다. 그러니까 PSE는 생산농가를 지원할 목적으로 시행되는 모든 형태의 농업정책으로 말미암아 농가에게 연간 이전된 총액이다. 이때 시장가격지지 부분은 생산자 수취가격과 국제가격(border price)의 차이에 생산량을 곱하여 계산된다. 따라서 국내·외 가격 차이가 클수록 PSE 값은 비례적으로 커지게 되어 있다. 관세와 같은 국경조치나 국내가격지지정책이 시행되면 자연히 PSE는 커진다. 그러나 PSE의 절대값만으로는 그 나라의 농업규모에 대한 상대적인 보호 정도를 평가할 수 없다. 따라서 PSE를 농업총수입에 대한 비중으로 표시한 %PSE 지표를 활용하여 국가 간 농업보호 정도를 비교하는 데 사용한다.

그런데 국내·외 가격차이는 농업정책 이외의 다른 요인에 의해서도 나타날 수 있다. 예를 들면 품질이나 신선도, 위생 등으로 소비자의 차별 인식이 생기면 농업정책이 없어도 동일 농산물의 국내·외 가격차이는 생길 수 있다. 이런 경우에도 PSE를 계산하면 국내·외 가격차이만큼 높게 나타나 실제 보호수준을 왜곡하게 된다. 그렇기 때문에 OECD의 PSE가 널리 사용되고 있긴 해도 이것이 항상 각국의 농업보호수준을 정확히 나타내 주는 것은 아니다. 우리나라 쇠고기가 좋은 예이다. 수입관세 40% 외에 별다른 보호정책이 없는데도 쇠고기의 국내·외 가격차이가 커 PSE가 매우 높게 나타나고 있다. 또한 PSE는 재정지출에 의한 지불과 가격지지에 의한 부분이 모두 포함되기 때문에 이것이 곧 정부의 보조액 규모를 나타내 주는 것은 아니다.

'일반서비스지지추정치' GSSE는 개별 생산농가가 아닌 농업 전반을 대상으로 한 지원정책으로 연간 이전된 총금액을 나타내 주는 지표이다. 여기에 들어가는 정책으로는 연구·개발투자, 교육·훈련서비스, 검사서비스, 농업 인프라, 마케팅과 판매촉진, 공공비축사업 등이다. 이들은 모두 WTO 체제에서 농업개혁을 위해 지향하고 있는 정부서비스 정책들이다. 따라서 시장 지향적 농정으로 갈수록 GSSE는 커지게 되어 있다. 이것을 TSE에 대한 상대적 비중으로 나타낸 것이 %GSSE이다.

농업 생산자에 대한 지원조치는 그 비용의 상당 부분이 소비자들의 주머니에서 나오기 때문에 농업정책은 소비자들의 소득에 직접 영향을 미치게 마련이다. 이 효과를 지표로 나타내 준 것이 '소비자지지추정치', 즉 CSE다. 농업을 지지하기 위한 정책으로 농산물 소비자로(부터) 연간 이전된 총금액이다. 농업정책으로 농업생산자에게 소득이 이전되었다는 것은 대부분의 경우 소비자의 소득은 감소했다는 의미이다. 시장가격을 지지하면 소비자들은 더 높은 가격으로 구매할 수밖에 없기 때문이다. 따라서 CSE 값은 보통 마이너스로 나타난다. 그러나 경우에 따라서는 농업지원을 위한 정책으로 말미암아 소비자들이 이익을 보는 경우도 생긴다. 예를 들면 미국에서 시행했던 결손지불제나 영양프로그램 같은 것들이다. 이때는 소득이 납세자로부터 소비자로 이전된다. PSE와 마찬가지로 상대적 비중을 보이기 위해 CSE를 소비자지출총액으로 나누어 %CSE를 계산하여 국가 간 비교를 가능케 하고 있다.

'총지지추정치' TSE는 농업지원정책으로 발생한 연간 이전액의 총합이다. 그러니까 PSE, GSSE, CSE를 모두 합한 순이전총액이다. 그 나라 경제규모에 대한 농업보호 정도를 표시하기 위해 이를 GDP로 나눈 %TSE를 이용해 국가 간의 비교지표로 사용하고 있다.

세계 농업개혁의 성과

1990년대 이후 WTO를 중심으로 한 시장 지향적 농업개혁이 추진되고, 동시에 지역무역협정을 통한 농산물 시장개방도 급속히 확산되고 있다. 최근 발간된 OECD 보고서를 보면 그동안 있었던 농산물 시장개방을 포함한 세계 농업개혁의 성과를 확인할 수 있다.

OECD 국가 전체의 PSE는 1986~1988년 평균 2,387억 달러였다. 이것이 20여 년이 지난 최근(2009)에는 2,525억 달러로 미세하게 증가했다. 절대액으로 쳐도 20여 년 동안 거의 변화가 없다고 할 수 있지만, 그동안의 인플레율과 농업성장을 감안하면 PSE는 사실상 감소한 것이나 진배없다. 농업총소득에 대한 비중으로 표시한 %PSE는 같은 기간 37%에서 22%로 크게 하락했다. 생산자의 명목보호계수(NPC)는 같은 기간 1.49에서 1.13까지 하락했다. 세계 농업개혁의 효과가 나타나고 있음을 명확히 알 수 있다.

PSE 구성에 있어서도 큰 변화를 보이고 있다. 시장을 왜곡하는 시장가격지지는 1,958억 달러에서 1,217억 달러로 대폭 줄어들고, 대신 생산과 연계되지 않은 지불은 크게 늘었다(21억→586억 달러). %CSE도 30%에서 11%까지 하락하여 농업지원을 위한 소비자들의 부담 몫이 그만큼 감소했다. 주로 시장가격지지가 줄어들었기 때문이다. 생산자에 대한 소득이전 부담을 소비자로부터 납세자(재정)로 전환하려는 농업개혁의 성과를 여기서도 엿볼 수 있다.

농업개혁이 진행되고 있는 가운데 쌀, 우유, 쇠고기, 돼지고기, 닭고기 등에 대한 지원은 아직 상당한 보호조치가 이루어지고 있다. 특히 쌀은 단일 품목 중에서도 가장 강한 지원조치를 받고 있는 품목이다. 조수입 중 지원비율이 53%이고 국내·외 가격비율도 2.09에 이르고 있다. 쌀에 대한 지원조치가 완전히 사라진다면 쌀로부터 오는 수입 중 53%가 줄어든다는 의미가 된다. 주로 일본과 한국의 쌀 산업에 대한 강한 보호조치와 이로 인한 큰 국내·외 가격차이가 반영된 결과일 것이다.

농업개혁의 변화는 GSSE가 같은 기간 400억 달러에서 953억 달러로 증가한 것으로도 확연히 나타난다. 개별 농업생산자에 대한 지원은 줄었지만 농업 전반에 대한 지원은 크게 늘어난 것이다. 그 결과 %GSSE는 13.4%에서 24.8%로 크게 높아져 총농업지원액 중에서 정부의 일반서비스에 의한 지원이 늘어나고 있는 추세를 보여 주고 있다. GDP에 대한 농업 총이전액의 비중인 %TSE 역시 같은 기간 2.25%에서 0.93%로 크게 하락했다. 경제규모는 계속 커지지만 농업지원은 상대적으로 작아지고 있음을 알 수 있다.

OECD 국가들의 이런 변화를 통해 세계 농업정책의 두 가지 커다란 변화를 읽을 수 있다. 하나는 농업보호(지원)조치가 크게 약화되고 있다는 점이고, 또 하나는 지원방식이 시장을 왜곡하지 않는 방식으로 변하고 있다는 사실이다. 정책비용을 소비자 부담으로부터 정부재정, 즉 납세자가 부담하는 방법으로 전환하고 있는 추세이다. 이 모두가 1990년대 WTO 출범을 계기로 시작된 시장 지향적 농업개혁 조치, 그리고 지역주의적 시장개방의 성과라고 평가할 수 있다.

나라별로 보아도 거의 모든 국가들의 %PSE가 크게 줄었다. 2009년 현재 뉴질랜드와 호주의 %PSE는 각각 0%, 3%로 거의 모든 농업지원조치가 철폐되었음을 알 수 있다. 그만큼 이들 국가의 농업은 국제경쟁력을 갖추고 있다는 의미가 된다. 반면 노르웨이(66%), 스위스(63%), 아이슬란드(48%), 한국(52%), 그리고 일본(48%)은 여전히 OECD 평균(22%)의 2~3배에 이르고 있다.

한편, 이 보고서에 나타난 미국의 %PSE는 10%이다. 그런데도 NPC는 1.02로 국내·외 가격 차이가 거의 없는 것으로 나타났다. 이는 농업 생산자에 대한 지원이 주로 가격지지가 아닌 재정지출에 의해 이루어지고 있음을 의미한다. GSSE는 총이전액(TSE)에서 거의 절반(48.2%)을 차지할 정도로 높은 비중을 차지하고 있다. EU의 %PSE는 24%로 OECD 평균보다 약간 높다. 하지만 생산자 NPC는 1.08로 역시 국내·외 가격차이가 거의 없다. 20여 년 전 1.71이었던 것과 비교하면 괄목할 만한 변화이다. 그만큼 가격지지가 크게 줄고 시장을 왜곡하지 않는 지불로 변화되었다는 것을 뜻한다. 그러나 미국과는 달리 일반서비스 지원 비중 %GSSE는 낮은 수준(11.7%)이다. 일본은 %PSE가 48%로 상당히 높을 뿐 아니라 NPC도 1.8로 국내·외 가격 사이에 큰 차이가 존재한다. 그만큼 시장을 왜곡하는 가격지지 방식의 농업정책이 여전히 많다는 의미다. %GSSE는 18.2%로 낮은 편이다. 일본 농정은 개별 농가에 대한 지원이 주를 이루고 있음을 반영한 것이다. 나라별로 차이는 있지만 미국, EU, 일본 등 선진국들도 농업 생산자 지원은 크게 줄고, 시장을 왜곡하지 않는 직불제와 일반서비스를 늘리고 있음을 관찰할 수 있다.

한국의 농업개혁과 보조금 오해

농산물 시장개방과 농업개혁 성과

우리나라도 세계 농업개혁 추세에 부응하여 그동안 꾸준히 농정변화를 시도해 왔다. 쌀을 제외한 모든 농산물에 남아 있던 수입수량제한조치를 관세로 전환하고, 농산물 관세를 평균 24% 감축했다. 주요 품목들에 대해서는 10%만 감축했지만, 전체 농산물 관세는 2004년까지 평균 24%가 인하된 수준에서 국제사회에 양허되어 있다. 또 현행시장접근(CMA)이나 최소시장접근(MMA)에 의해 일정량 이상의 시장접근을 허용했다. 그리고 여기에 해당하는 품목들에 대해서는 낮은 관세율을 적용하는 이른바 관세할당제(TRQ)*에 의해 수입을 보장했다.

쌀은 관세화 조치에서 유예되었지만 대신 최소시장접근(MMA)에 의해 의무

---

* 관세할당제(TRQ: tariff rate quota)는 일정한 수입량(예, CMA나 MMA 쿼터량)까지는 저율 또는 무관세로 수입하고 그 이상의 수입에 대해서는 본래의 고율관세를 부과하는 조치이다. 이렇게 동일 농산물에 대하여 이중의 관세율을 적용하는 것은 국내수급의 원활화와 농업보호를 동시에 추구하기 위함이다.

수입량이 부과되었다. 당초 협상결과는 2004년까지 국내 소비량의 4%에 해당하는 20만 톤을 수입하기로 했다. 이행기간이 종료되던 해 재협상에 의해 쌀 관세화 유예조치를 다시 2014년까지 10년 간 연장했다. 대신 의무수입량을 대폭 늘렸는데, 소비량의 7.96%인 40만 8,700톤을 수입하되 이 중 30%는 식용으로 유통시키도록 했다.

한편, 우리나라는 그동안 GATT 제18조 국제수지(BOP) 조항에 근거해 수량제한을 해 오던 이른바 BOP 품목을 갖고 있었다.[*] 쇠고기, 돼지고기, 닭고기, 유제품, 버터류, 오렌지, 고추, 마늘, 양파, 참깨 등이다. 국가의 무역수지가 1980년대 중반 이후 흑자로 전환하면서 1989년 10월 BOP 조항을 졸업하고 이들 품목에 대한 수량제한조치가 철폐되기 시작했다. 우루과이라운드 협상과 관계없이 우리나라 농산물 수입개방은 사실상 이때부터 본격화된 셈이다. 이들 품목에 적용되던 수량제한조치는 2000년까지 대부분 철폐되었다.

WTO에 의한 시장개방 외에도 앞에서 이미 언급한 것처럼 우리나라는 동시 다발적인 FTA 체결을 통해 농산물 시장개방을 확대해 왔다. 세계 최강의 농업 선진국 미국, 그리고 EU와의 FTA도 이미 발효되었다. 농산물 시장개방은 WTO 체제의 다원적 틀에서는 2004년 수준이 아직 유지되고 있지만 FTA 체결국들과는 그 이상으로 시장이 개방되고 있는 것이다.

국내 농업정책에서도 많은 변화가 있었다. 「농업협정」 국내지지분야 감축의무에 따라 10년 동안 총AMS를 13.3% 감축했다. 그 결과 1조 7,186억 원이었던 한도액이 1조 4,900억 원으로 줄었다. 그만큼 국내지지정책을 시행할 수 있는 여지가 크게 제한을 받게 된 것이다. 총AMS가 감소함에 따라 2005년에는 쌀 약정수매제를 폐지하고 대신 직접지불제와 식량안보 목적의 공공비축

---

[*] GATT 제18조는 국제수지(BOP: balance of payments)의 균형을 유지하기 위해서는 수입제한조치를 취할 수 있도록 규정하고 있는데, 이를 BOP 조항이라고 부른다.

제를 도입했다. 한국 농정사로 보면 획기적인 농업개혁이라 할 수 있다. 그러나 직불금을 목표가격에 연계하고 생산을 전제로 지급되는 변동직불 부분 때문에 새로 도입한 쌀 직불제는 성격상으로는 여전히 WTO 국내지지 감축 대상이다. 그럼에도 고정직불 부분이 시장 지향성에 가깝게 설계되었다는 점은 진일보한 것이다.

쌀 직불제 외에도 친환경농업직접지불, 조건불리지역직접지불, 경관보전직접지불, 경영이양직접지불, FTA피해보전직접지불 등 다양한 직불제를 속속 도입하고 있다. 동시에 연구개발, 교육훈련, 검사서비스 등「농업협정」부속서가 정하는 시장을 왜곡하지 않는 정부서비스 정책도 확대해 왔다.

지금까지 우리나라의 농업보호는 국내정책보다는 주로 수입을 제한하는 국경조치에 의해 이루어졌다. 예컨대, 국내의 쌀 가격이 높게 유지될 수 있었던 것은 수매정책 때문이라기보다 수입을 제한했기 때문이다. 설령 수매제나 다른 국내조치를 폐지한다 해도 수입제한조치를 없애지 않는 한 높은 국내가격은 그대로 유지된다는 이야기다. 그렇기 때문에 관세를 감축·철폐해 나가는 세계 농업개혁은 한국 농업에는 큰 충격이 된다.

그동안 시행된 한국의 농업개혁 성과는 OECD의 지표변화로 확인할 수 있다. 1986~1988년 68%이던 우리나라의 %PSE가 2009년에는 52%까지 줄었다. 같은 기간 생산자 NPC도 3.1에서 1.98로 하락했다. 국제가격의 3배가 넘던 농가수취가격이 이제는 2배가 채 안 되는 수준까지 내려온 것이다. 농업지원을 위한 소비자 부담도 크게 줄었다. 같은 기간 64%이던 %CSE가 46%로 감소하고, 소비자 지불가격도 국제가격의 2.76배에서 1.87배로 하락했다. 소비자의 부담이 이렇게 줄었다는 것은 그만큼 시장 지향적 농정체제로 접근했다는 의미이다. 개별 농가에 대한 직접 지원이 줄어드는 대신 농업 일반에 대한 정부서비스 지원은 크게 늘어 %GSSE가 8.3%에서 13.0%로 증가했다. 경제규모에 대한 농업지원 비중을 표시하는 %TSE(TSE/GDP)도 같은 기간 8.75%에서

2.4%로 대폭 줄었다. 이런 지표변화를 통해 한국의 농업정책도 지난 20여 년 동안 시장 지향적으로 상당히 접근해 갔다는 것을 알 수 있다.

보조금에 대한 오해

그럼에도 앞서 살펴본 것처럼 OECD 지표의 국제비교에 의하면 우리의 농업보호수준은 여전히 세계 최상위 그룹에 속한다. 우리의 농산물 양허관세는 평균 60% 수준으로 노르웨이, 스위스 등과 함께 세계적으로 가장 높은 나라에 속한다. 고추, 우유, 마늘, 인삼, 대두 등 주요 품목들이 100% 이상이고, 심지어는 800%가 넘는 품목도 있다. 지난 우루과이라운드에서 당시의 국내·외 가격차만큼을 관세로 전환한 결과이다. 이들은 대부분 국내생산이 많고 농가소득에 영향이 큰 품목들이다. 반면 관세수준이 상대적으로 낮은 품목들도 적지 않다. 채소류와 과일류 그리고 쇠고기, 돼지고기, 닭고기 등 축산물이 여기에 속한다. 대부분이 50% 이내이다.

아무튼 어떤 기준에 의하든 우리나라는 여전히 세계적으로 농업을 강하게 보호하고 있는 나라임에는 틀림없다. 그러나 농업을 강하게 보호한다고 해서 이것이 곧 농업에 대한 보조를 그만큼 많이 주고, 따라서 국가 재정을 농업 부문에 많이 투입하고 있다는 의미는 아니다. 우루과이라운드 협상이 시작되면서 농산물 시장개방 문제는 항상 논쟁의 중심에 서 왔다. 농산물 시장개방을 적극 주장하는 개방론자들은 농업 부문에 사용되는 엄청난 보조로 인해 경제적 비효율과 낭비를 초래한다는 점을 지적하곤 했다. 그러나 이는 사실을 잘못 이해하고 있는 것이다.

우리나라의 농업보호지수가 높게 나타나는 것은 국내보조가 많아서가 아니라 국경보호조치 때문이다. 국내·외 가격차를 유발시키는 요인은 주로 국경보호조치이다. 국내보조를 지급하지 않아도 높은 수입관세를 부과한다거나 수입쿼터를 도입하면 국내·외 가격차는 자연히 확대되고, 따라서 PSE가 높아지고 또 WTO의 국내지지조치 감축대상인 총AMS도 커진다. 이런 지표들은 모두 국제가격을 기준으로 산정되기 때문이다.

실제 미국, EU, 일본 등 선진 외국들과 비교할 때 우리나라의 보조 수준은 미미하다. WTO「농업협정」에 의해 감축해야 하는 총AMS 한도가 현재 1조 4,900억 원이다. 하지만 이 총AMS는 보조가 아니다. 가격지지 효과가 있는 보조가 여기에 포함되어 있지만 그렇다고 모두가 보조는 아니다. 보조를 전혀 지급하지 않고도 이만큼의 총AMS는 얼마든지 가능하다. 왜냐하면 이것은 국내가격과 국제가격의 차이에 지지물량을 곱하여 계산되기 때문이다. 실제 우리나라 총AMS 중에서 정부의 재정지출이 수반되는 보조금액은 이보다 훨씬 적다.

AMS 산정시 감축대상이 되는 정책은 '보조(subsidy)'가 아닌 '지지(support)'이다. 그런데도 많은 사람들은 이를 재정지출에 의한 보조로 해석하여 대폭 줄여야 한다고 말해 왔다. 비농업계로부터 이런 오해와 비판을 받고 있는 것은 용어 사용을 잘못한 데서 비롯된다. DDA 협상이 진행되고 있는 지금도 여전히 보조금 감축이란 말을 사용하고 있다. WTO에서 국내정책과 관련하여 감축 대상이 되고 있는 것은 '보조'가 아니라 '지지'이다.

실제 보조액은 낮은데도 불구하고 강한 농업 보호국으로 비난받고 있는 이유는 국경조치에 의한 보호 때문이다. 다시 말하면 높은 관세나 비관세 국경조치로 국내가격이 국제가격보다 훨씬 높기 때문이라는 이야기다. 쌀이 한 예이다. 국내 쌀 가격이 국제가격에 비해 훨씬 높은 이유는 보조금 때문이 아니라 수입을 원천적으로 제한하고 있기 때문이다. 한국의 %PSE가 높게 나타나는 이유도 이런 사정 때문이다. 현재 우리나라의 쌀 가격은 국제가격의 4~5배에 이른다. 이처럼 큰 국내·외 가격차가 크게 유지될 수 있었던 것은 쌀 산업에 보조금이 지급되어서도 아니고, 또 과거 약정수매제와 같은 가격지지정책이 주요 원인도 아니다. 국경조치로 쌀 수입을 원천적으로 막아 왔기 때문이다. 마치 우리 농업에 보조를 많이 주어 보호수준이 높은 것으로 이해하는 것은 잘못이다.

또 한 가지는 OECD에서 사용하는 PSE가 농업보호 수준을 정확히 반영해 주지는 않는다는 사실이다. PSE는 보조와는 다른 개념이다. %PSE가 높다고 해서 보조금을 그만큼 많이 주고 있는 것은 아니다. PSE는 국내·외 가격차이를 기초로 계산되기 때문에 가격차가 클수록 PSE 값도 커지고 농업보호 수준도 크다고 해석한다. 하지만 국내·외 가격차이가 발생하는 원인은 정책에만 있지 않다. 농업정책으로는 설명할 수 없는 가격차이가 존재한다. 모든 농업 정책을 폐지한다고 해도 여전히 국내·외 가격차이가 크게 벌어질 수도 있다.

예를 들자면, 우리나라 쇠고기의 경우 수입관세는 40%이고 그 외에 다른 국경 또는 국내정책은 없다. 그런데도 국내 쇠고기 가격은 국제가격보다 3~4배 비싸게 유통되고 있다. 정책에만 원인이 있다면 이렇게 큰 차이가 날 수는 없는 것이다. 40%의 관세를 철폐한다면 국내·외 가격차이는 원칙적으로 사라져야 맞지만 그럴 가능성을 믿는 사람은 없다. 여전히 국산 쇠고기 가격은 수입산보다 높게 유지될 것으로 예상된다. 국산 쇠고기와 수입산 쇠고기 간 품질이 다르든, 위생이나 식품안전상의 차이가 있든, 광고효과가 나타난 것이든, 아니면 보이지 않는 애국심이 작용한 것이든 소비자들 사이에는 여전히 차별화 인식이 존재하고 있기 때문이다. 동일 상품으로 보지 않을 뿐 아니라 대체효과도 그리 크지 않을 정도로 차별화 인식이 강하게 나타나고 있다. 사실상 별개의 시장으로 인식되고 있는 것이다. 그러니 국내·외 가격차이가 나는 것은 당연한 일이다. 하지만 PSE 계산에서는 동일한 쇠고기로 취급하여 계산하니 그 값이 크게 나타나 사실과 다르게 쇠고기에 대한 보호가 매우 큰 것으로 오인되고 있는 것이다. 쇠고기뿐 아니라 비슷한 사정이 존재하는 품목은 많이 있을 수 있다.

한국은 국제기준으로 볼 때 세계적으로도 강한 농업보호국인 것을 부인할 수는 없다. 그렇다고 농업 부문에 보조를 많이 지급하는 나라는 결코 아니다. 농업보호와 보조금의 크기는 별개이다. DDA 협상이나 FTA 협상에 의한 시장개방에서 총AMS 감축보다는 관세감축이 훨씬 더 한국 농업에 민감한 부분이 되는 이유이다.

한국의 농업개혁은 여전히 진행형이다. 그리고 앞으로도 그런 방향으로 계속 나아갈 것이다. WTO에 의한 다자주의적 개혁이든, FTA에 의한 지역주의적 시장개방이든 우리 농업은 시장 지향적 개혁의 물결에 따라갈 것이다. 그러나 한 가지, 우리 농업이 보조금을 많이 받고 있다는 인식을 바탕에 깔고 농업개혁이 추진되고 있다면 이는 분명 잘못된 것이다.

우리나라의 농업개혁은 국제기준에 비추어 볼 때 아직 미흡하지만 나름대로 많은 노력을 해 왔다. 세계적인 농업 보호국이 일거에 농업개혁을 이루기는 불가능한 일이다. 더욱 중요한 것은 농업개혁의 추진 방식이다. 개별 국가의 농업개혁은 그 나라의 국내농업 여건과 농정목표에 따라 주체적 판단으로 추진해 나가야 한다. 개혁의 속도도 따라서 그에 따라 다를 수 있는 것이다. 국제사회와 조화를 이루되 우리나라의 농업·농촌 현실이 감내할 수 있는 속도와 방식으로 농업개혁을 추진해 나가야 한다.

한국 농업, 성장을 멈추다

WTO 이후 장기 정체기로 진입

1995년 WTO 출범 당시 우리나라 농업 GDP는 경상가격으로 약 20조 원이었다. 그 10년 전 1985년의 8조 7천억 원에 비하면 연평균 8.6% 속도로 2.3배나 늘어난 것이다. 그런데 WTO 이후 같은 10년 기간이 지난 2005년에는 21조 7천억 원으로 연간 0.9%밖에 증가하지 못했다. 거의 제자리인 셈이다. 최근(2009)까지도 21조 9천억 원으로 거의 같은 수준이다. 경상가격으로 평가한 한국의 농업 GDP는 WTO 출범과 함께 사실상 성장을 멈춰 버린 것이다.

불변가격으로 평가한 실질 성장률도 마찬가지다. WTO 출범 전 10년간 농업의 실질 성장률은 연 2%였지만, 그 후 10년 동안에는 1% 성장에 그쳐 이전 성장률의 절반 수준으로 급격히 떨어졌다. 최근 몇 년 사이 실질 GDP가 다소 증가추세를 보이고 있긴 하지만 전반적인 정체 국면에는 변함이 없다. 사실 WTO 출범 이후 농산물 가격이 장기 하락추세로 접어든 상황에서 농업부문 GDP 디플레이터를 이용한 실질 GDP 추계는 무의미하다. 농가소득과 직결되는 농업소득(경상)은 하락 또는 둔화하여 농민은 빈곤해지는데 농업은 오히려 성장하는 모순 현상이 생기기 때문이다. 현 상황에서 이런 모순을 피하기 위해서는 농업의 부가가치 성장을 명목가격으로 추계하는 것이 필요하다.

부가가치가 아닌 농업 총생산액으로 본 사정도 크게 다르지 않다. 1995년 농업 총생산액은 26조 원(경상)이었다. 10년 동안 연평균 7.7% 증가했다. 그런데 그 후에는 같은 10년 동안 연 3.1% 증가하는 데 그쳐 2005년에는 35조 원으로 늘었다. 2007년에는 34조 원대까지 줄었다가 증가추세로 돌아서 최근(2010)에는 41조 원 수준에 머무르고 있다.

우리 농업은 WTO 체제 출범 이후 성장이 사실상 정지해 버렸다. 아주 빠른 속도는 아니었지만 꾸준히 성장 경로를 밟아 오던 농업이 WTO 출범을 계기로 갑자기 멈춰 선 것이다. 15년 이상이 지난 지금까지도 부가가치 21~22조 원 수준의 함정에서 벗어나지 못하고 있다. WTO의 출범은 우리 농업에 엄청난 충격을 안겨 준 것이 틀림없다. 부문별로 보면 축산업은 그런 가운데서도 어느 정도 성장세를 유지해 왔으나 재배업이 크게 위축되었다. 좀 더 토지집약적인 재배업이 특히 큰 영향을 받은 것이다.

농업성장의 정체 현상은 다른 부문과 비교해 보면 더욱 명확히 드러난다. 국가 전체의 경상 국민총소득(GNI)은 WTO 이후 최근까지 2.5배 증가했다. 국민총소득의 대부분을 차지하는 광공업과 서비스업은 같은 기간 3배 가까이 증가했다. 장기간 성장이 멈춰선 농업 부문과는 좋은 대조를 이루고 있는 것이다.

농업의 갑작스런 정체로 인해 국가경제에서 차지하는 농업의 GDP 비중도 2.0%까지 하락하여 이제는 미국이나 유럽의 선진국 수준까지 접근했다. 경제성장 과정에서 농업이 차지하는 비중은 점차 줄어드는 것이 일반적이지만 한국의 경우는 선진 외국과 비교해 볼 때 비정상적으로 빠른 변화이다. 한국 경제가 선진국 대열에 진입하기 위해서는 아직 몇 년이 더 걸려야 할지 알 수 없는데도 농업비중으로 보면 이미 선진국 수준에 와 있다. 한국 농업이 세계에서 전례를 찾아볼 수 없을 정도의 빠른 속도로 축소되고 있다는 사실을 보여주는 것이다.

WTO 이후 농업 GDP의 정체 현상은 농가소득에도 그대로 반영되었다. 농가의 농업소득 증가 추세가 급격히 둔화되고, 도·농 간 소득 격차가 크게 벌어지는 결과를 초래했다. 농가소득 구조도 농업소득 비중이 더욱 낮아지는 방향으로 변화되었다.

농가의 농업소득은 WTO 출범 전까지만 해도 10년 동안 연평균 11.0%의 높은 증가세를 보였다. 하지만 그 후에는 증가 속도가 급격히 둔화되어 WTO 출범 첫해에 1,050만 원 수준이었던 농업소득은 10년이 지난 후에도 1,180만 원으로밖에 증가하지 못했다. 연평균 1.2% 증가한 셈이다. 소비자물가지수를 고려한 농가의 실질소득은 오히려 크게 감소한 것이다. 그나마 이것도 최근에는 감소추세로 돌아서 이제(2009)는 970만 원까지 줄었다.

농업소득, 농외소득, 그리고 이전소득을 모두 포함한 농가소득은 1995년 2,180만 원에서 10년 후 2005년 3,050만 원으로 870만 원 증가했다. 2010년까지도 고작 3,210만 원으로밖에 증가하지 못했다. 농업소득이 늘지 않아 아직까지도 3천만 원대 초반 수준을 벗어나지 못하고 있는 것이다. 농업소득 비중은 WTO 이전 50% 수준에서 지금은 31%까지 큰 폭으로 하락했다. 농외소득과 이전소득의 비중이 69%까지 급상승한 것이다. 농업여건이 우리와 비슷한 이웃 일본이나 대만은 WTO 출범 이후에도 여전히 농업소득 비중이 줄지 않아 우리와 좋은 대조를 이루고 있다. 오히려 이 두 나라의 경우에는 80%를 상회하던 농외소득과 이전소득의 비중이 77% 수준까지 줄었다. WTO의 충격이 특히 우리나라에 컸다는 것을 확인할 수 있다.

이와 같은 변화는 도·농 간 소득 격차를 더욱 심화시켰다. WTO 출범 당시 농촌과 도시의 평균 가구소득은 거의 같은 수준을 유지하고 있었다. 1985년에는 농가소득이 도시가구소득을 13%나 상회하기도 했다. 하지만 비슷한 수준에서 균형이 유지되고 있던 도·농 간 소득구조는 WTO 출범 이후 급격히 변했다. 출범 5년 후 농가소득은 도시가구소득의 80%까지 하락했고, 지금은 65%까지 추락했다. 농업소득의 급격한 둔화로 인한 결과이다. 도·농 간 소득 불균형구조는 아주 심각한 국면으로 들어선 것이다. 농가소득의 둔화는 자연히 부채의 증가로 나타났다. 1995년 9백만 원 정도였던 가구당 농가부채는 2007년에는 3천만 원까지 증가했다. 이는 최근 다소 둔화되고 있지만 여전히 2천 7백만 원이 넘는다.

도·농 간 소득 격차뿐 아니라 농업 내에서도 농가 간 소득의 양극화 현상이 심화되고 있다. 대규모 부농과 영세 소농 간의 부익부 빈익빈의 소득 격차가 점점 벌어지고 있는 것이다. 통계는 농업 내에서 농가 간 양극화 현상이 국가 전체의 양극화 추세보다 빠르게 진행되고 있음을 보여 주고 있다. 재작년 (2010) 농가 상위 20%의 평균소득은 하위 20%의 평균소득의 11.7배였다. 도시 근로자의 경우 상하위 평균 소득차가 4.5배인 것과 비교하면 농가소득의 양극화 현상이 매우 심하다는 것을 알 수 있다. 또 상위 20% 구간에서의 도시 대비 농가소득비율은 88%인데 비해 하위 20% 구간에서는 34%이다. 저소득 계층일수록 도·농 간 소득 격차가 심화되고 있는 것이다. 이 같은 농업 부문의 소득 양극화 현상 심화는 소농과 빈농의 비중이 높은 한국의 농업·농촌 현실이 반영된 결과이다.

원인은 해외 부문에

빠르게 증가하던 경상 GDP가 장기 정체국면에 들어선 것이나 실질 GDP 성장률이 절반 수준으로 뚝 떨어진 것이 1995년을 기점으로 시작되었다는 것은 우연한 현상이 아니다. 1995년은 WTO 「농업협정」에 따라 농산물 시장개방과 국내지지감축 등 농업개혁 이행이 시작된 첫해이다. 마치 큰 지진으로

126

단층 현상이 생긴 듯 성장곡선에 단절이 생긴 것은 WTO 출범이 한국 농업에 쓰나미 같은 엄청난 충격파를 주었다는 증거다. 이때 농산물 시장이 일거에 개방된 것은 아니지만 그만큼 농가들이 받은 심리적 충격과 농업 시스템에 가해진 충격이 컸다는 이야기다. 결국 WTO 출범에 따른 농산물 시장개방이 문제였다.

거시적 관점에서 국민소득계정의 총수요는 민간부문의 소비와 투자, 정부지출, 그리고 해외부문의 수출·입으로 구성된다. 이 총수요 구성요소들을 살펴보면 농업성장을 멈추게 한 요인을 쉽게 찾아낼 수 있다. 시장개방으로 가격이 싸져 개인의 농산물 소비는 더 늘어났을 것이다. 인구와 소득증가를 감안하면 국내 민간소비 부문의 농산물 총수요는 WTO 이후에도 계속 커졌다는 이야기다. 같은 맥락에서 민간 식품기업의 농산물 수요도 계속 늘었다고 보아야 한다. 정부부문에서의 농산물 수요도 큰 변화가 없다고 보면 농업성장이 멈춘 원인을 여기서는 찾을 수 없다.

문제는 해외 부문에서 생긴 것이다. WTO 출범 후 10년 동안의 상황을 보면 농산물 수출은 정체되거나 오히려 줄었다. 그런데 수입은 반대로 대폭 늘었다. 이것이 한국의 농업성장의 발목을 잡은 주원인이다. 소비자들의 수요, 식품기업을 포함한 식품산업의 수요 등 민간부문에서 늘어나는 농산물 수요를 국내생산이 아닌 해외 수입으로 충당한 결과이다. 정부부문의 수입수요도 늘었을 것으로 추정된다. 이런 상황에서 농업생산이 둔화되고, 농민들이 영농 의욕을 상실하고, 투입요소가격은 계속 오르는데 농산물 가격까지 침체된 것이 원인이었다. 국내로 귀속되어야 할 농업 부문의 소득이 해외로 유출되고만 것이다.

WTO 출범 전 10년 동안 농림수산물 수출은 연평균 8.4%의 빠른 속도로 증가했다. 1985년 15억 달러였던 수출액이 1995년에는 35억 달러까지 늘었다. 그런데 이런 증가 추세가 WTO 출범을 기점으로 감소 국면으로 돌아섰다. 수출 감소 추세는 2000년대 초까지 이어져 2002년에는 28억 달러까지 떨어졌다. 2007년이 되어서야 겨우 WTO 출범 당시의 수출액 수준을 회복했다. 반면 수입은 WTO 출범 이후에도 증가세를 지속적으로 유지했다. 1997년 말 외환위기 이후 경기침체로 인해 일시적인 하락을 보이긴 했으나 그 후 빠른 속도로 수입이 회복되어 2005년에는 143억 달러까지 증가하고, 2008년부터는 200억 달러를 넘어서기 시작했다.

더욱 중요한 것은 수출입의 내용이다. 최근 수출이 증가하고 있다고는 하지만 그 내역을 들여다보면 절반 이상이 농업성장이나 농업소득과는 무관한 수입 원료농산물을 이용한 가공식품이다. 반면 수입은 대부분이 국내 농업에 직접 영향을 주는 1차 농산물이다.

그 결과 농업 분야 무역수지는 급격히 악화되었다. WTO 출범 직전 1994년에는 농림수산물 무역수지 적자가 57억 달러였다. 하지만 2004년부터는 100억 달러가 넘기 시작하여 2008년에는 188억 달러까지 폭증했다. 이제 농림수산물 무역수지 적자 200억 달러 시대에 바짝 다가선 것이다. 이 적자 규모는 농업 GDP 규모와 거의 맞먹는 엄청난 수준이 되었다. 농산물 수요는 앞에서 언급했다시피 소득 증가에 큰 반응을 보이지 않는다. 가뜩이나 수요증가가 느린 판에 수입 농산물에 대한 소비로 엄청난 달러가 지출되었으니 농업성장이 멈춰 설 수밖에 없는 것이다.

우리 국민의 늘어나는 농산물 수요의 상당 부분을 국내 농업생산으로 충당할 수 있었다면 우리 농업은 WTO 이후에도 과거의 성장 속도를 유지할 수 있었을 것이다. 그리고 농가소득도 계속 늘어 도·농 간 소득 격차가 이렇게 벌어지지는 않았을 것이다. 국내 농산물 시장 규모는 확대되고 있지만 밀려 오는 외국 농산물에 자리를 내주고 만 것이다. 게다가 농산물 가격이 침체되어 농가교역조건까지 지속적으로 악화되었다. 바로 여기에 한국 농업성장 정체의 원인이 있다. 농림수산물 무역수지 적자 200억 달러 시대의 개막, 농업성장의 장기 정체, 도시 대비 농가소득 65%로 추락. 이것이 세계화 바람 속에 맞은 우리 농업의 성적표다.

어쨌든 거시적으로 농업의 성장 정체를 보나 개별 농가의 소득을 보나 원인은 농산물 시장개방의 확대이다. WTO 출범 이후 다자적 또는 지역적인 FTA 시장개방이 우리의 농업과 농촌, 그리고 농민의 생활을 피폐화시킨 것이다. 세계화 속의 한국 농업, 결국 성장을 멈추고 말았다.

한국농촌경제연구원의 암울한 전망

한국농촌경제연구원(KREI)은 우리나라 농업, 농촌, 농민 문제를 연구하는 국책연구기관이다. 이 연구원이 예측한 한국의 10년 후 장기 농업전망은 매우 비관적이다. 최근 발간된 연구보고서[*]에 의하면 10년 후 2021년의 농업부문 명목 부가가치는 18조 5천억 원으로 하락한다(그림 1). 2010년보다 4조 원이나 감소한 수치다. 보고서는 또 농업총소득은 11조 9천억 원 수준에서 2021년에는 9조 7천억 원까지 감소할 것으로 예측했다. 또 수산과 임업을 뺀 농업 부문 무역수지 적자는 같은 기간 133억 달러에서 153억 달러로 확대될 것으로 전망하고 있다.

개별 농가소득에 대한 장기전망은 더욱 암울하다. 현재 도시근로자 가구소득 대비 65.0%인 농가소득이 2016년에는 50.4%로 떨어지고, 다시 2021년에는 43.2%까지 하락할 것으로 전망했다(그림 2). 10년 후 농가소득은 도시의 절반에도 훨씬 못 미치게 된다니 사실상 한국 농업의 사망선고나 다름없다. 이렇게 참담한 수준의 불균형이 예상된다는데 어떻게 젊은 인력을 유치하며, 또한 어떻게 활기찬 농촌을 만들겠다는 것인지 모를 일이다. 이런 암울한 전망이

[*] 한국농촌경제연구원, 「KREI 농업경제전망」, 2011. 11.

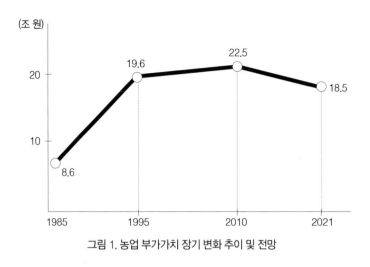

(조 원)

20

10

8.6
19.6
22.5
18.5

1985   1995   2010   2021

그림 1. 농업 부가가치 장기 변화 추이 및 전망

나오고 있는데 다른 한편에서 정부는 국민을 향해 농촌으로 돌아오라고, 귀농하라고 말하고 있다.

같은 대한민국 안에 살면서 도·농 간 이렇게 엄청난 소득격차가 벌어지는 현실을 받아들일 수 있는 것인가. 농촌에 사는가 도시에 사는가에 따라, 농업을 주업으로 하는가 아니면 다른 직업을 갖고 있는가에 따라 소득 격차가 이렇게 절반 이상으로 날 수 있다면 이는 정책을 포함한 어딘가에 잘못된 부분이 있다고밖에 설명할 수 없다.

한국농촌경제연구원의 전망만 보면 우리나라 농업·농촌의 미래에 대한 희망이 전혀 보이지 않는다. 농업 현실을 둘러싼 모든 조건들이 변화 없이 현재대로 간다면 이렇게 될 수밖에 없을지 모른다. 한국농촌경제연구원의 장기 예측은 현재의 농업생산구조가 그대로 유지되고, 기술혁신도 일어나지 않고, 농정의 패러다임도 그대로 가고, 별다른 변화 없이 현재의 시장개방 진행상황을 전제로 그렇게 갈 것으로 전망하고 있는 것이다.

그러나 이것은 틀려야 할 전망이다. 한국농업을 이렇게 가도록 내버려 둘

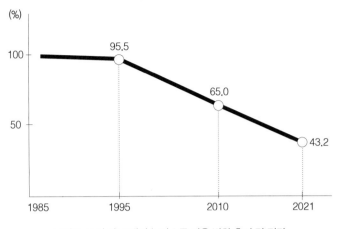

그림 2. 도시 가구 대비 농가소득 비율 변화 추이 및 전망

수는 없다. 그렇기 때문에 이제 획기적인 종합대책이 나와야 한다. 정책 구상에서 발상의 대전환과 국민 모두의 농업·농촌에 대한 인식의 변화가 절실히 필요한 것이다.

위기의 한국 농업, 이제 어디로

한국전쟁으로 폐허가 된 나라를 재건하기 위해 지난 반세기 동안 우리는 전속력으로 달려왔다. 이제는 세계 13위의 경제 대국, 무역 강국을 이루었다. 불과 반세기 만에 이루어 낸 이 경제성장의 기적을 세상 사람들은 '한강의 기적'이라고 부르며 칭송한다. 그 짧은 기간 동안 폐허와 굶주림의 나라를 선진국 문턱까지 올려놓은 것은 분명 기적이다. 제2차 세계대전 이후 많은 신생국가들이 독립했지만 우리만큼 급성장한 나라는 없다. 한참 앞서간 선진국들도 마찬가지다.

그러나 이 압축성장의 이면에는 어두운 그림자가 깊게 드리워져 있다. 농업·농촌의 문제가 그것이다. 우리가 농업의 위기를 본격 거론하기 시작한 것은 1980년대 중반 우루과이라운드가 시작되면서부터이지만 사실 농업의 위기는 그보다 훨씬 전 1960년대부터 잉태되기 시작했다. 공업 위주의 불균형 경제성장정책으로 이미 시작된 것이다. 농업이 다른 부문과 병행하여 균형적으로 발전되고, 경쟁력을 착실히 키워 왔다면 농산물 시장개방이 지금처럼 위기로 다가오지는 않았을 것이다. 오히려 우리에게는 더 넓은 세계시장으로 진출할 수 있는 기회가 될 수도 있었을 것이다. 블루오션의 대양에서 우리 농업의 미래를 펼쳐나갈 수 있었을지도 모르는 일이다. 압축성장은 농업의 희생 위에 가능했던 것이다. 한국 농업, 그것은 경제 대국을 꿈꾸는 대한민국의 어두운 그림자이다.

아무리 우리 농업이 어렵다 해도 지금처럼 15년 이상 장기 정체의 늪에 빠져 본 적이 없다. 도·농 간 소득 격차가 이렇게까지 벌어진 적도 없다. 사람들이 떠나 텅 빈 농촌에는 노령화 현상이 심화되고 농촌 사회가 날로 활기를 잃어가고 있다. 이 암울한 장기 정체 국면을 시급히 벗어나지 못하면 우리 농업·농촌의 미래는 없다. 시장 개방이라는 커다란 벽에 부딪혔지만, 농업 부가가치가 25년 이상 제자리걸음하다 결국 감소하고, 도시 대비 농가소득이 43.2%까지 추락하는 이 현상을 어떻게 설명할 수 있을까. 이런 참담한 전망을 아무런 정책적 대안 제시 없이 국민 앞에 그대로 내놓을 수 있다는 현실이 기막힌 것이다. 위기를 위기로 인식하지 못하고 모두가 체념한 듯 무기력증에 빠져 있다.

우리는 지금 대한민국 농업·농촌의 명운이 걸린 중대한 기로에 서 있다. 더이상 지체할 시간이 남아 있지 않다. 이 마(魔)의 정체국면을 뚫고 나갈 것인가, 아니면 한국농촌경제연구원의 암울한 전망대로 흘러가는 걸 보고만 있을 것인가? 다시 성장곡선을 위로 유턴시킬 수 있는 방안은 없는 것인가? 이제 한국 농업은 어디로 가야 하나?

3
한국 농업의 길

"한국농촌경제연구원이 전망한 대로라면 한국의 농업·농촌은
몰락의 길로 가는 것이나 진배없다. 국가 존립의 기초인 농업을
그렇게 가도록 놔둘 수는 없다. 우리가 지금 모든 걸 새롭게 정비
하고 새로운 출발을 다짐해야만 하는 것은 이 때문이다. 이제는
새 길, 새 방법, 새 패러다임을 찾아 나서야 한다."

본문 중에서

새로운 출발: 다시 성장의 길로

성장 없는 발전은 사상누각

지금까지 보아 온 우리 농업·농촌의 모든 문제들은 결국 성장이 멈춰 섰다는 데서 비롯된다. 농업이 더 이상 성장하지 않는데 농업소득이 늘어날 수 없고, 도·농 간 소득 격차가 심화되지 않을 수 없으며, 젊은이들이 올 리 없고, 농촌 사회가 활력을 잃고 침체되지 않을 수 없다. 과거 WTO 체제 출범 이전처럼 한국 농업을 성장의 길로 되돌려 놓아야 한다. 15년 이상 계속되는 마(魔)의 성장정체 구간을 탈피하지 못하면 우리 농업·농촌은 희망이 없다.

한국농촌경제연구원이 전망한 대로라면 한국의 농업·농촌은 몰락의 길로 가는 것이나 진배없다. 우리 농업을 그렇게 가도록 내버려 두어서는 안 된다. 과거의 방식과 과거의 틀, 그리고 과거의 의식대로라면 우리 농업은 이 연구원의 예상처럼 침몰의 길로 갈 것이다. 우리는 지금까지 한국 농업은 어렵다, 안 된다는 패배의식과 체념 속에 살아 왔다. 변화와 혁신, 창의와 도전정신으로 할 수 있다는 진취적인 생각을 하지는 못했다. 농림수산물 무역수지 적자가 감당하기 어려운 수준까지 와 있는데도 그저 바라만 보는 현실이 되었다.

그러니 WTO 충격이 시작된 후 25년 이상이 지나는 2021년까지도 여전히 농업성장은 뒷걸음질만 치고, 농가소득은 도시의 43.2%까지 추락한다는 전망이 나오는 것이다. 어려운 여건 속에서도 꿈과 희망, 비전을 갖고 대안을 찾으려는 노력보다는 현실의 주어진 조건 속에 스스로를 묶어 놓고 있는 것이다. 국가 존립의 기초인 농업을 그렇게 가도록 놔둘 수는 없다. 우리가 지금 모든 걸 새롭게 정비하고 새로운 출발을 다짐해야만 하는 것은 이 때문이다. 이제는 새 길, 새 방법, 새 패러다임을 찾아 나서야 한다.

돌파구는 한국 농업을 다시 성장의 본궤도로 진입시켜 놓는 일이다. 농업성장을 통해 농가소득이 늘어나고, 농업성장을 통해 젊은이들이 돌아와 농촌에 희망과 활력이 살아나고, 농업성장을 통해 농촌의 삶의 질을 향상시킬 기초를 마련해야 한다. 농업·농촌 발전 선순환 구조의 단초를 농업성장에서 시작해야 한다. 성장이 동반되지 않는 발전은 신기루를 좇는 것이다. 국가재정으로 농업, 농촌, 농민의 문제를 해결할 수는 없다. 성장이 전제된 농업·농촌의 종합적 발전이 되어야 한다. 세계화와 시장개방 상황에서 어쩔 수 없지 않느냐는 체념의식에서 벗어나야 하고, 농업도 고부가가치 산업이 될 수 있음을 보여 주어야 한다.

많은 사람들은 한국 농업의 성장의 한계를 이야기한다. 하지만 이는 정책실패의 결과이지 우리 농업이 내재적 성장의 한계점에 와 있는 것은 아니다. 갑작스럽게 농업성장이 정체된 직접적인 원인은 신자유주의적 세계화와 시장개방에 있지만, 더 중요한 것은 이 외부적 환경변화에 효과적으로 대응하지 못한 정책실패에 있다. 그리고 농민들의 패배의식과 국민의 농업경시 의식이 부른 결과이다. 뿌리를 찾아 더 먼 과거로 가 보면 공업 중심의 수출주도형 불균형 경제성장정책과 맞닿아 있다. 그런데 이를 농업의 내재적 성장의 한계로 치부하는 것은 정책실패에 대한 자기 합리화이다. 한국 농업은 안 된다고 말하는 냉소적 체념주의자들의 넋두리일 뿐이다. 또 농업의 가치에 대한 몰이해와 농업 문제를 가볍게 보는 시장만능주의적 경제정책의 결과이다.

우리가 보유한 농업자원과 기술수준, 우수한 인력, 농업관련 조직 등 인프라를 고려할 때 한국 농업은 앞으로 계속 성장할 수 있는 잠재력이 충분하다. 농업성장이 농업·농촌 발전의 모든 걸 해결해 주는 건 아니지만 이것이 전제되지 않고는 다른 것이 이루어질 수 없다. 농업성장을 동반하지 않는 농촌 발전과 농가소득 향상 노력은 모래성을 쌓는 것이다. 정부재정만으로는 해결할 수 없다. 다시 모든 걸 재정비하고 잠재력을 일깨워 한국 농업을 장기 성장정체의 늪으로부터 건져내야 한다.

새로운 농업성장 전략

그럼 15년 이상 정체된 농업을 어떻게 성장의 궤도로 다시 진입시킬 것인가? 1980년대 농산물 시장개방이 본격화되면서 중점적으로 추진해 온 농정시책은 공급 측면에서의 경쟁력 향상이다. 기술개발, 경지정리, 인력양성 등 각종 생산비 절감과 구조개선정책 등이 그 예다. 한국 농업 스스로 '농업 수레'를 끌고 갈 수 있도록 자생력을 기르고자 하는 정책들이다. 궁극적으로는 이렇게 되는 것이 이상적인 방향이다. 하지만 경쟁력 향상이란 것이 아직 유치단계에 있는 우리 농업으로서는 결코 쉽지 않은 길이다. 20여 년 이상 노력해 왔어도 농업부문 무역수지 적자 폭은 계속 확대일로에 있다. 경쟁력이 향상되지 않았다는 증거다. 치열한 국제경쟁 속에서 자생력을 길러 '농업 수레'를 끌고 간다는 것은 이렇게 힘든 일이다.

이제는 새로운 성장전략, 새로운 접근이 필요하다. 국산 농산물에 대한 수요를 획기적으로 진작시켜 주는 전략이다. 공급 사이드에서 경쟁력 향상으로 끌고 가는 '농업 수레'를 뒤에서 수요진작으로 힘껏 밀어 주는 '빅 푸시(big push)' 정책이 시행되어야 한다. 소비자의 최종수요, 식품산업의 중간재 수요,

정부의 재정지출 수요, 그리고 해외수요 등 국산 농산물 총수요 진작을 위한 정책이 필요하다. 이름을 붙이자면 국산 농산물 시장에서의 케인지언(Keynesian)식 유효수요 확대정책인 셈이다. 농업·농촌이 피폐화되고 도시 대비 농가소득이 43.2%로 추락하는 극심한 소득 불균형 상황에서까지도 모든 걸 시장원리에 기댈 수는 없다. 이것은 정책의 손을 빌어 시정되어야 할 시장의 실패이다. 지금까지 해 왔던 경쟁력 향상 노력을 계속하면서 동시에 수요 측에서도 국산 농산물 수요 진작을 위한 통 큰 지원 '빅 푸시'가 더해져 다시 한국 농업의 성장엔진을 가동시켜 나가야 한다.

수입 농산물에 빼앗긴 국내시장을 되찾는 일은 쉬운 작업이 아니다. 그렇다고 불가능한 것은 분명 아니다. 공급 측에서 경쟁력 향상에만 매달리고 있다면 잃어버린 시장을 영영 찾지 못하고, 시간이 흐르면서 국내농업은 완전히 붕괴될 수 있다. 앞에서 보았던 한국농촌경제연구원의 장기전망은 이런 우려를 뒷받침하고 있다. 그만큼 국내농업 현실은 절박하다. 국산 농산물에 대한 총수요를 진작시키는 대대적인 '빅 푸시' 정책이 절실히 필요하다. 뒤에서 밀어 주는 '빅 푸시' 정책이 경쟁력 향상 노력에 더해지면 한국의 '농업 수레'는 다시 자생적 동력을 얻어 앞으로 나아갈 수 있을 것이다. 자연히 농가소득이 증대되고 도·농 간 소득균형을 회복하면서 농촌이 활성화되는 선순환 구조를 회복하게 될 것이다. 깊은 곳 지하수가 절로 솟아오를 수 있을 때까지는 이 '빅 푸시'로 마중물을 계속 퍼부어야 한다.

성공은 희망을 노래하는 자에게 찾아오는 것이다. 우리 농업은 분명 잘 될 수 있다. 최근 억대 수입을 올리는 농가들이 늘어나고 있다. 환경 변화에 능동적으로 대처하고 끊임없이 노력한 농가들에게는 위기가 오히려 기회라는 것을 증명해 주고 있다. 이제 희망을 이야기하자. 생산 주체인 농민이 변해야 되고, 농업을 바라보는 국민의식이 변해야 되고, 정부가 변해야 된다. 한국농촌경제연구원의 암울한 전망, 그 기막힌 현실의 도래를 앉아서 기다리고 있을 수는 없는 일 아닌가. 사람이 바뀌고, 제도가 바뀌고, 농정 틀이 바뀌고, 의식이 바뀌어야 한다. 도시와 소득이 균형을 이루어야 하고, 농촌에 젊은이들이 돌아와 새 생명이 태어나야 한다. 수입 농산물과 당당히 맞서 이길 수 있어야 한다. 정부의 지원이 없이도 꿋꿋이 설 수 있어야 하고, 시장개방이 두려워 거리의 시위를 벌일 필요가 없어져야 한다. 하드웨어와 소프트웨어를 총체적으로 재구성하고 업그레이드해야 한다. 농업성장이 멈춘 지금 모두가 새로 태어나야 한다.

한국의 농업성장을 장기 정체의 덫에서 건져내고 살기 좋은 발전된 농촌을 만들기 위해 우리는 무엇을 어떻게 해야 하고 또 어디로 가야 하는가? 새로운 출발선에서 농업·농촌 발전을 위한 큰 밑그림을 다시 그려 나가야 한다. 한국 농업의 길, 그 길을 찾아 이 책의 제3부를 할애하고자 한다.

경쟁력 향상, 그 끝없는 여정

피할 수 없는 국제경쟁

한국 농업을 이야기하면서 경쟁력이란 단어만큼 자주 들어본 말도 드물다. 세계가 모두 시장을 개방하고 경쟁하는 시대로 접어들었으니 그럴 법도 하지만 이제는 귀에 딱지가 생길 정도가 되었다. 그러나 어쩌랴, 경쟁의 시대인 것을. 경쟁력이 있었다면 아무리 시장개방이 되었다 해도 우리 농업과 농촌이 이렇게 어려움을 겪지는 않았을 테니까 말이다. 한국이 강한 농업 보호국이란 것은 그만큼 국제 경쟁력이 약하다는 반증이다. 경쟁력이 있는데 굳이 가격지지를 위해 재정지출을 하고 무역장벽을 높이 쌓을 이유는 없는 것이다.

무역장벽이 무너지고 있는 상황에서 경쟁이라고 하면 당연히 국제경쟁을 말한다. 국내시장에서 국산 농산물끼리 경쟁하는 것을 의미하지는 않는다. 국내시장에 들어온 외국 농산물과 경쟁해야 하고 국산 농산물이 세계시장에도 나가 경쟁해야 한다. 수입장벽이 남아 있는 한 어느 정도 안전판 역할을 할 수 있긴 하지만 점점 심화되는 경쟁을 피할 수는 없다. 그나마 이것도 시간의 문제일 뿐 결국에는 완전한 경쟁에 노출될 가능성이 점점 높아지고 있다. 국내에 가만히 있어도 국제경쟁은 불가피하게 되었다. 대문을 열어 놓았으니 내 집 앞마당에서도 경쟁을 해야만 하는 상황이 된 것이다.

원하든 원하지 않든, 좋든 싫든 우리는 지구촌 곳곳에서 생산되는 외국산 농산물과 경쟁을 벌일 수밖에 없다. 미국산 쇠고기, 칠레산 포도, 덴마크산 돼지고기, 프랑스 와인, 뉴질랜드에서 온 치즈, 중국산 마늘 등, 이들이 모두 우리가 극복해야 할 경쟁 상대들이다. 보다 더 적극적인 의미에서의 경쟁은 국산 농산물이 해외시장에 나가 세계의 농산물과 경쟁하여 수출을 확대하는 것이다. 국내시장에서 수입산 농산물과 경쟁을 하든 아니면 세계시장에서 외국 농산물과 경쟁을 하든 이제는 치열한 국제경쟁을 피할 수 없는 현실이 되었다. 피할 수 없다면 경쟁력을 길러 정면으로 대응하는 수밖에 없다. 우리 농업을 국제경쟁력 있는 산업으로 다시 태어나게 해야 한다. 문제는 어떻게 할 것인가이다.

경쟁력을 키우는 요소들

상품의 경쟁력은 시장에서 소비자들의 선택에 의해 결정된다. 가격, 품질, 식품안전과 위생, 편리성, 건강 기능성, 신선도 등이 소비자들의 농산물 선택에 영향을 미치는 요소들이다. 같은 품질이라면 값이 싸야 하고, 같은 가격이라면 품질이 좋아야 한다. 식품안전과 위생, 신선도, 기능성, 편리성 등에서도 우위에 있어야 한다.

그렇다면 어떻게 해야 소비자들의 선택을 받을 수 있는 경쟁력 있는 농산물을 생산해 낼 수 있는 것인가? 우선은 거시적 관점에서 국가의 농업구조가 효율적이어야 한다. 효율적인 생산구조는 모든 조건과 상황에 공통된 구조가 있는 것은 아니고, 그 나라의 농업 여건에 따라 다르게 마련이다. 우리에게는 우리의 농업 부존자원과 지형, 기후조건에 맞는 효율적인 생산구조가 있다. 여기에 부합하는 방향으로 농업 구조조정이 이루어져야 한다.

농업생산에 필요한 물적 투입요소는 토지, 노동, 자본이다. 여기에 물적 요소는 아니지만 기술 또한 결정적으로 중요한 역할을 한다. 이들 물적 투입요소의 부존상태와 기술수준이 국제경쟁력을 결정하는 핵심 요소가 된다.

스웨덴의 경제학자 헥셔(E. Heckscher)와 오린(B. Ohlin)은 국가 간 생산요소의 '상대적 부존도'의 차이가 비교우위를 결정한다고 설명했다. 그 나라에 '상대적'으로 풍부한 자원을 집약적으로 투입하여 생산한 재화에 비교우위가 생긴다는 설명이다. 국가마다 생산요소의 부존 상태는 천차만별이다. 광활한 토지 자원을 보유하고 있는 나라가 있는가 하면 10억이 넘는 인구로 값싼 노동력이 넘쳐나는 나라도 있다. 선진화된 금융시장에 자본이 넘쳐나는 나라가 있는가 하면 기술력이 뛰어난 나라가 존재한다. 이도 저도 갖지 못한 나라들도 얼마든지 있다.

우리 농업을 헥셔-오린 정리에 대입해 보면 주요 교역 상대국인 미국이나 중국에 비해 우리가 상대적으로 더 많이 갖고 있는 자원은 토지보다는 자본과 기술일 것이다. 설령 미국에 비해 자본이 부족하고 기술력도 떨어진다 해도 토지보다는 자본이나 기술력을 '상대적'으로 더 많이 갖고 있다고 말할 수 있다. 중국과 비교해도 노동이나 토지보다 자본과 기술력이 '상대적'으로 앞서 있다고 말할 수 있다. 따라서 토지 집약적 품목, 예를 들면 곡물 분야에서는 이들과 경쟁해서 이기기 쉽지 않다는 이야기가 된다. WTO 출범 후 재배업 성장이 특히 정체된 것은 이를 실증적으로 말해 준다.

우리가 경쟁국들에 비해 상대적으로 더 풍부하고 우위에 있는 자본이나 기술 집약적인 품목에서 이들을 이길 가능성이 높다. 노동이나 토지 집약 농업보다는 기술농업, 지식과 아이디어 농업, 자본집약 농업에서 성공 가능성이 더 크다는 이야기다. 가공식품산업 육성이 필요한 이유도 여기서 찾을 수 있을 것이다.

경지면적이나 노동력은 노력을 한다고 쉽게 늘어나는 자원이 아니다. 간척 사업으로 경지를 늘린다고 하지만 한계가 있다. 동남아 지역으로부터 농업 노동력이 많이 유입되고 있어도 이 또한 국가의 이민정책이나 사회정책과 맞물려 있다. 토지자원은 원천적으로 늘리는 데 한계가 있고, 노동력의 국가 간 이동 역시 자본이나 기술력처럼 용이하지 않다. 특히 농업의 중심적 투입요소인 토지는 그 고정성이 매우 강하다.

광활한 경지면적을 갖고 있는 나라들이 이미 세계의 곡물시장을 선점하고 있다. 미국, 캐나다, 러시아, 호주 등이다. 또 13억이 넘는 인구 대국 중국이 바로 옆에 있다는 게 우리 농업에는 위협이다. 곡물은 물론 풍부한 노동력을 무기로 채소류를 중심으로 한 노동 집약적 농산물을 대량으로 생산해 내고 있다. 인구 11억이 넘는 인도의 부상도 우리의 여건을 어렵게 만들고 있다.

지피지기면 백전백승이라고 했다. 상대를 알고 우리의 형편을 잘 파악해야 한다. 우리는 미국이나 중국, EU 등 경쟁국들에 비해 상대적으로 무엇이 강하고 약한지, 무엇이 유리하고 불리한 조건인지를 알아야 한다. 우리는 그들에 비해 상대적으로 토지와 노동력 부존 조건이 불리하다. 장기적 시각에서는 좀 더 기술 및 자본집약적인 농업 생산구조로 바꿔 나가야 한다는 의미다. 경지 면적이 협소한 네덜란드가 토지집약형인 곡물 중심의 농업생산구조를 일찍이 바꾸지 않았다면 오늘날 세계 2~3위의 농산물 수출을 자랑하는 농업 선진국이 되지 못했을 것이다.

경지면적은 절대적 크기보다 농가당 면적이나 총인구 대비 면적과 같이 상대적 크기가 중요하다. 벨기에나 덴마크와 같은 작은 규모의 나라들이 농업 선진국으로 발전할 수 있었던 것도 상대적 경지규모가 크기 때문이다. 총인구도 적은 데다가 농가당 경지면적은 우리나라에 비해 각각 10배, 20배 이상 큰 덕분이다.

그러나 우리가 경쟁국들에 비해 토지집약형 농업이 비교열위에 놓여 있다고 해서 이것을 포기할 수는 없다. 주식인 쌀을 생산하지 않고 수입에 의존할 수는 없다. 축산이 좀 낫다고 축산에만 특화할 수도 없다. 사실 농산물은 축산물이나 낙농품까지도 거의 모두가 토지 집약적이다. 그렇기 때문에 토지집약형 농업에 비교열위가 있다는 것은 결국 전체 농업의 경쟁력이 떨어진다는 이야기와 같다. 토지자원이 부족한 나라의 한계이다. 비교열위에 놓여 있어도 식량안보와 직결된 곡물은 생산해야만 한다. 뿐만 아니라 농업의 다원적 기능은 대부분이 토지 집약적 농산물 생산으로부터 온다. 그래서 우리 농업의 고민이 더욱 큰 것이다.

  생산구조 외에 농업 경쟁력 향상에 중요한 또 다른 요소는 기술이다. 토지자원으로 상대가 되지 않으면 우리는 기술로 승부를 걸어야 한다. 기술은 가격경쟁력이 약한 우리에게 품질경쟁력, 비가격경쟁력의 가능성을 열어 주는 열쇠다. 국내·외 가격차가 몇 배씩 나는 상황에서도 우리가 경쟁력을 말할 수 있는 것은 이런 기술력에 의한 차별화 전략을 믿기 때문이다. 새로운 종자개발, 품질 고급화와 다양화, 안전한 농산물, 건강 기능성 식품, 조리에 편리한 식품을 개발하여 소비자들의 기호와 눈높이에 맞는 맞춤형 명품 농산물을 만들어 내야 한다. 농민 스스로도 새로운 아이디어로 기술개발 노력을 해야 한다. 기술집약적 품목의 또 다른 장점은 부가가치가 높다는 것이다. 창의력과 아이디어의 대가이기 때문이다. 끊임없는 기술혁신과 창의적인 아이디어 개발로 농업 생산성을 향상시켜 나가야 한다. 토지자원에서 열세에 놓인 우리가 나아갈 방향은 농업기술 강국이다. 이를 위해 지속적으로 연구·개발 투자를 늘려야 함은 물론이다.

  영세 소농구조와 노령 농민에 의한 비효율적 생산구조를 규모화하고 효율화하는 구조조정도 병행해 나가야 한다. 지역적으로 규모화가 가능하고 또 자본능력이 허락한다면 우리나라 여건에 가장 적합한 크기로 규모화를 추진해 나가야 한다. 농가 1인당 경지면적으로 세계 최하위 수준(52.3a)인 우리가 수십

ha가 되는 북미나 유럽, 오세아니아 국가들을 당해낼 재간은 없어도 규모화는 반드시 필요하다.

투입요소 시장에서도 변화가 일어나야 한다. 비료, 농약, 농기계, 종자대, 사료비, 토지용역비, 임금 등 요소가격 안정화를 위한 노력이 경주되어야 한다. 특히 노동력의 생산성 향상은 대단히 중요하다. 노령화가 깊어 가고 있는 상황에서 젊은 농업 노동력 중심의 후계인력 확보는 향후 한국 농업의 미래를 결정하는 중요 변수가 될 것이다. 노동 생산성을 높이기 위해 젊은 영농 인력을 유치하고, 교육과 훈련으로 새로운 기술과 지식을 익혀 나가야 한다. 전문적이고 기업가적인 경영마인드를 갖춘 농업인력을 길러야 한다.

개별농가 입장에서는 조직화가 필요하다. 뭉치면 살고 흩어지면 죽는다는 말처럼 자본, 기술, 정보, 교섭력, 마케팅 능력이 부족한 개별농가들은 서로 힘을 합쳐야 불리한 조건을 극복해 나갈 수 있다. 품목별 조직화를 통해 생산비용을 절감하는 규모의 경제가 일어날 수 있고, 마케팅과 판매에 있어서도 교섭력을 강화할 수 있는 이점이 있다. 결국 조직화하고 네트워킹을 구축해 농가의 경쟁력을 향상시킬 수 있다는 이야기가 된다. 농업·농촌 관련 행정 및 연구기관 등 지원 기관과 농협조직을 잘 활용해야 한다.

이 밖에도 농업의 정보화와 유통혁신 또한 중요한 경쟁력 강화 요소이다. 친환경 지속가능 농업으로의 변화도 새로운 경쟁력 요소이다.

경쟁력 향상, 끝없는 동태적 과정

농산물 시장개방이 본격화되면서 그동안 우리도 농업 경쟁력 향상을 위해 많은 투자와 노력을 기울여 왔다. 42조 원 구조개선사업, 119조 원 투융자계획 등 생산비를 줄이고 경쟁력을 향상시키기 위한 각종 사업을 시행해 왔다. 하지만 아직까지도 큰 성과를 거두지 못하고 농업성장은 정체국면에서 허덕이고 있다. 투자와 노력이 충분하지 못했을 수도 있고, 방법이 효과적이지 못했을 수도 있다. 그렇다고 실망할 것은 없다. 경쟁력 향상이란 게 그렇게 쉽게 달성할 수 있는 거라면 모든 나라들이 – 이미 농업 선진국에 진입한 나라들조차도 – 경쟁력 향상에 목을 매지는 않을 것이다. 한–EU, 한–미 FTA가 발효된 지금도 역시 정부가 내세우고 있는 핵심대책은 경쟁력 향상이다.

경쟁력은 다양하게 정의될 수 있는 개념이지만, 그 특징적 요소는 '상대성'과 '동태성'이다. 경쟁력은 상대적이며 동시에 동태적이기 때문에 열심히 노력한다고 해서 쉽게 달성될 수 있는 것이 아니다.

첫째로, 경쟁력은 상대적인 개념이다. 서로 비교하고 겨루는 상대가 있다는 이야기다. 다른 경쟁국들이 두 손 묶어 두고 있었다면 우리의 농업 경쟁력 향상 노력은 분명 결실을 거두었을 것이다. 그러나 경쟁국들도 같이 노력했다. 우리의 생산성이 높아져도 경쟁국들의 생산성이 더 빨리 향상되면 우리의 국제경쟁력은 노력에도 불구하고 더 떨어지는 것이다. 경쟁력은 상대적인 것이기 때문이다. 그래서 어려운 것이다. 노력에 비해 크게 나아지지 않았다고 실망할 필요가 없는 이유가 여기에 있다. 경쟁력은 상대적인 것이기 때문에 정해진 목표지점 없이 끊임없이 전진해 가야 하는 힘든 과정이다.

경쟁력은 또 동태적인 과정이다. 우리가 현재 경쟁에 뒤지고 있다고 해서 고착된 것은 아니다. 시간의 흐름에 따라 때로는 우위에 설 수 있고 그러다가 다시 뒤로 밀릴 수도 있다. 경쟁력의 우·열위 관계는 끊임없이 변하는 동태적 과정이다. 당장 기대한 만큼의 성과가 나오지 않는다고 실망할 필요도 없고, 잠시 경쟁 우위에 있다고 해서 자만해서도 안 되는 이유다. 가시적인 성과가 나오지 않는다고 해서 방향을 바꿔 경쟁력 향상 노력을 게을리 하는 것은 더더욱 문제다. 여기서 멈추면 완전히 낙오된다. 그래서 농업의 경쟁력 향상 노력은 끊임없이 가야 하는 힘든 여정이다. 아주 오랜 기간 꾸준히 내공을 쌓아야만 생기는 것이다.

국제경쟁, 우리 입장에서는 피할 수만 있다면 피하고 싶은 대상이다. 그러나 글로벌 스탠더드는 산업으로서의 농업은 완전히 경쟁과 시장 원리에 맡길 것을 요구하고 있어 국제경쟁을 피할 수 없는 시대에 우리가 살고 있다. 그렇다면 농정의 궁극적인 목표와 방향을 어디에 두든 농업의 경쟁력 향상은 항상 기본정책으로 깔고 가야 하는 것이다. 혹자는 신자유주의적 경쟁력 지상주의라고 비판을 가하기도 하지만 경쟁력 향상의 문제는 이념적 색깔을 입힐 수 있는 부분이 아니다. 경쟁을 피할 수 없는 현실에서는 여전히 경쟁력 향상 노력과 정책을 우선순위에 놓아야 한다.

우리가 지금 이야기하는 경쟁력은 당장 세계시장에 나가 외국 농산물과 겨루는 경쟁력을 의미하지 않는다. 현재의 경쟁력 수준만 놓고 본다면 한국 농업은 거의 포기해야 할지 모른다. 우리에게 중요한 것은 현재가 아니라 미래의 잠재 경쟁력이다. 당장은 경쟁력이 없더라도 일정 기간이 지난 미래에는 세계시장이든 국내시장이든 외국 농산물과 경쟁하여 충분히 겨룰 수 있는 품목을 길러내야 한다. 모든 품목을 대상으로 똑같이 투자하고 경쟁력을 키울 수는 없다. 우리의 농업 여건에서 잠재적 경쟁력이 높은 품목들을 선정하여 집중적인 투자와 육성으로 경쟁력을 향상시켜 나가고 농업생산구조도 변화시켜 나가야 한다.

농업 경쟁력 향상, 그 성과가 언제 나타날지 기약도 없는 힘든 과제이다. 하지만 200억 달러에 육박한 농림수산물 무역수지 적자를 줄이고 농업성장을 깊은 정체의 수렁에서 건져내고자 한다면 계속 그 길을 갈 수밖에 없다. 끊임없이 긴장하며 가야 하는 힘들고 어려운 여정이다. 결코 단기간에 승부가 가려지는 게임이 아니다. 힘들고, 지치고, 비용이 많이 들어도 한국 농업의 미래를 위해서는 계속 가야만 하는 길이다.

기술혁신과 신농업혁명

농업 분야의 기술진보

　기술진보는 물적 투입요소의 양을 늘리지 않고도 농업생산을 증대시켜 준다. 다시 말해 동일한 양을 생산하기 위해 필요한 투입요소의 양을 줄일 수 있다. 그러니 기술진보는 생산자원의 유한성을 극복해 주는 지름길인 것이다. 기계화와 자동화 기술진보는 부족한 노동력을 절약해 주고, 신품종 우량종자의 개발은 희소한 토지자원을 절약할 수 있다. 기술진보는 또 생산성만 증대시키는 데서 그치는 것이 아니라 새로운 품질과 기능성, 신선도와 안전성 향상, 새로운 모양과 색깔의 농산물을 생산해 고급화·다양화되는 소비자 욕구를 충족시켜 준다. 이 모든 것들이 물적 투입요소 대신 창의적 아이디어로 만들어낸 정신적 노력의 결과이다. 그렇기 때문에 기술진보 결과로 생산된 농산물은 부가가치가 높아지게 마련이다.

　획기적인 기술진보가 일어나 그것이 사회·경제적으로 막대한 영향을 미칠 때 그것은 기술혁신이 되고 혁명이 된다. 역사적 흐름에 빅 점프가 일어나는 기술진보인 것이다. 18세기 유럽의 산업혁명을 일으킨 기술혁신이 그런 예다.

1960년대 있었던 '녹색혁명(Green Revolution)'은 농업 분야에서 일어난 획기적인 기술진보의 결과이다. '기적의 씨앗'을 만들어 낸 생물학적 기술과 인공 비료를 만들어 낸 화학적 기술이 결합되어 단번에 기아와 빈곤으로부터 수많은 사람들을 구해 냈다. 1970년대 초 통일벼를 개발해 낸 기술혁신 역시 보릿고개로 찌든 우리 국민의 굶주림을 해결하고 주곡 자급을 달성해 준 한국형 녹색혁명이었다. 기상조건과 관계없이 연중 신선 채소를 소비할 수 있도록 해 준 이른바 '백색혁명' 역시 비닐하우스 기술 개발로 가능한 것이다. 이런 기술들이 우리 농업성장에 빅 점프를 만들어 준 대표적인 기술혁신이다.

최근 들어 농업 분야의 기술진보는 더욱 첨단화되고 있다. 생명공학기술, 정보·통신기술, 나노기술, 그리고 환경기술이 발달하면서 농업에 응용되거나 농업과 융·복합하여 획기적인 생산성 향상과 새로운 형태의 농업을 만들어 내고 있다. 유전자를 변형하는 GMO(genetically modified organism) 기술, 각종 기능성 식품 개발기술, 동물복제를 응용한 우량가축 복제기술이 개발되고 있다. 또한 농업용 로봇이 개발되어 힘들고 위험한 농작업을 위해 인간을 대신하고 있다. 누에에서 인공고막과 인공뼈를 개발하고, 복제돼지에서 바이오장기를 생산해 내는 등 농업생물자원이 의료용 생산소재로 사용되는 새로운 고부가가치 농업분야의 출현 가능성도 열어 놓았다. 기후변화에 대응하는 농업기술의 개발, 친환경 안전 농산물과 식품 개발, 친환경 에너지 생산기술개발 등 녹색성장을 이끌 새로운 기술들이 속속 나오고 있다.

토지자원의 제약과 기후조건을 극복할 수 있는 식물공장이 시작된 지는 꽤 오래되었다. 이런 기술 덕에 남극 세종기지에서도 신선한 채소를 직접 생산해 먹는 시대가 되었다. 이제는 여기서 더 발전하여 고층빌딩에서 대량으로 농사를 짓는 버티컬 팜(vertical farm) 기술이 등장하면서 토지 없는 농업생산을 꿈꾸는 단계까지 왔다.

이처럼 최근 농업과 관련하여 개발되는 신기술들은 가히 기술혁명이라고

할 만큼 첨단을 달리고 있다. 이들 첨단기술이 농업과 융·복합하면서 신농업 혁명의 시대를 향해 나아가고 있는 것이다.

한국형 기술농업으로 승부해야

토지자원이 턱없이 부족하고 농업 현장에 노령화가 급진전되고 있는 우리 나라는 기술혁신으로 이를 극복해 나가지 않을 수 없다. 빠르게 변화하는 소비패턴과 식품안전에 대한 욕구, 환경과 기후변화에 대한 대응 역시 기술혁신으로 풀어나가야 할 중요 과제다. 품질, 친환경, 건강 기능성, 편리성, 신선도 유지, 식품위생과 안전, 이 모두가 기술혁신을 통해 이루어야 할 부분들이다.

기술은 역사에 큰 획을 긋는 혁명적 이노베이션도 있지만 작은 기술개발도 많이 있다. 이들이 하나하나 모여 작게는 개별 농가, 크게는 국가 농업의 경쟁력을 향상시키는 토대가 된다. 억대 소득을 올리는 성공한 농업인들을 보면 그들만의 영농 기술과 노하우를 갖고 있다. 기술개발이란 게 특별한 것은 아니다. 보다 창의적인 새로운 아이디어로 생산성을 향상시키고 차별화할 수 있는 것은 모두 넓은 범위의 기술개발이다. 농업 현장에서 도전정신으로 늘 새로운 것을 창안해 내려는 고민과 노력이 필요하다.

WTO 이후 장기 침체의 늪에 빠진 한국 농업을 건져낼 수 있는 핵심 키워드 중 하나가 기술혁신, 기술농업이다. 탁월한 천재 한 명이 십만 명을 먹여 살린다는 어느 대기업 회장의 말처럼 기술농업은 미래 한국 농업과 5천만 국민의 식량안보를 책임질 수 있는 토대이다. 토지자원에서는 경쟁국들을 따라갈 수 없어도 과학·기술에서 뒤져서는 안 되는 것이다. 새 시대의 요구에 맞는 환경 친화적 기술혁신으로 신농업혁명의 시대를 앞서 열어야 하며, 과학·기술농업으로 승부를 걸어야 한다. R&D 투자확대를 포함한 강력한 정책적 지원이 뒤따라야 하는 것은 물론이다. 이명박 정부 들어서 수시로 첨단기술을 이야기하면서 과학기술부를 폐지해 버린 것은 자기모순이자 시대와 역사를 역행하는 것이다.

생산단계는 물론 전 유통과정에서 비용절감과 생산성 향상으로 가격을 낮출 수 있는 것은 기술의 힘이다. 품질을 고급화하고 소비자들의 변화하는 식품소비 트렌드에 부응할 수 있는 원동력 역시 기술이다. 토지자원을 포함한 물적 투입요소의 유한성을 극복할 수 있는 힘도 기술이고, 기후변화에 따른 위기에 대처할 수 있는 방안 역시 기술이다.

수자원이 절대 부족하고 국토의 절반이 사막인 척박한 땅 이스라엘은 이렇다 할 농업자원이라고는 찾아볼 수 없는 나라다. 이런 악조건 속에서 국민이 먹는 식량을 거의 자급하고, 품질 좋은 과일과 채소를 세계로 수출할 수 있는 힘은 어디에서 나오는 것인가? 그들의 강인한 국민정신을 바탕으로 일찍이 기술농업을 지향했기 때문이다.

기술농업으로 마(魔)의 성장정체 구간으로부터 한국 농업을 구출해 내야 한다. 우리 땅과 기후에 맞는 새로운 종자를 개발하고, 우리 지형과 생산구조에 맞는 새로운 영농기술을 개발하며, 소비자들의 기호에 맞는 농산물과 식품을 개발해 내야 한다. 농업현장의 농민, 대학과 연구소의 노력, 제도와 정책으로 연구개발 투자를 지원하는 정부의 노력, 농업관련 식품회사들의 노력이 모두 합해져 시너지 효과가 일어나야 한다. 기술농업이 생활 속에 깊이 뿌리내려 기술농업 강국으로 만들어 나가야 한다. 농업에서 새로운 성장동력을 솟구치게 할 수 있는 것은 결국 기술의 힘이다. 기술농업을 통해 한국 농업의 성장엔진을 다시 가동시켜 나가야 한다.

방정식을 푸는 농부

이윤 마인드

20여 년 전 미국 유학시절. 대학원 강의자료를 읽다가 흥미로운 논문 제목을 발견했다. "방정식을 푸는 농부에 관하여". 농부들이 방정식을 다 풀다니 호기심을 자극했다. 선진국은 농부들도 다르다 싶었다. 대체 어떤 농부들이 얼마나 어려운 방정식을 풀기에….

논문의 내용은 농민들이 이윤극대화 원리에 따라 의사결정을 한다는 신고전학파 주류 경제학의 오래된 가정이 옳은지에 관해 비판하는 글이었다. 농가가 이윤극대화를 목표로 생산의사결정을 한다고 가정하면 복잡한 최적화 방정식을 풀어야 답을 얻을 수 있다. 가령 10톤의 쌀을 생산하는 농가가 있다고 할 때, 이 농가는 생산요소들을 얼마나 투입해야 최대의 이윤을 얻을 수 있는가를 고민해야 한다. 투입요소들을 사용할 수 있는 조합은 무수히 많이 있을 수 있지만, 그중에 이윤을 극대화시킬 수 있는 특정의 투입요소 조합이 존재한다. 생산농가는 이것을 찾아내야 하는데 이때 최적화 방정식을 풀어야 그 값을 찾아낼 수 있다. 필요한 농지는 얼마나 임차해야 되고, 인부는 몇 명이나 고용해야 되며, 비료와 농약은 얼마나 투입해야 되는지. 그 해답은 복잡한 최적화 방정식 — 때로는 풀리지도 않는 — 을 풀어야 나온다. 저자는 이런 주류 경제학의 전통에 대해 비판을 가하고 있는 것이었다.

현실 세계에서 어느 나라 농민도 최적의 생산요소 투입량을 결정하기 위해 어려운 방정식을 풀지는 않을 것이다. 미국의 농민들이라고 다를 리는 없다. 어려운 방정식을 풀 수 있는 능력을 갖춘 사람이라면 아마도 다른 직종에서 일하는 게 개인으로나 사회적으로 더 나을 것이다.

농민들이 실제로 복잡한 최적화 방정식을 풀어서 투입요소의 양을 결정하지는 않는다. 하지만, 경험적으로 관찰되는 자료를 분석한 결과는 마치 방정식을 풀어서 나온 것과 같은 결과를 보인다는 사실이다. 그들은 실제로 방정식을 푸는 수고를 하지는 않는다. 또 그럴 능력을 갖고 있지도 않다. 그러나 그들은 경험에 의한 것이든 직관에 의한 것이든 '마치 방정식을 푸는 것처럼' 행동한다는 것이다. 그 결과 자원이 효율적으로 배분되어 이윤 극대화를 달성하고, 아니면 적어도 극대화 수준에 가깝게 접근한다는 것이다.

1979년 루이스(W. A. Lewis) 경과 함께 노벨 경제학상을 공동 수상한 미국의 슐츠(T. W. Schultz) 교수는 저개발국 농민들의 생산활동도 효율적이라는 연구 결과를 발표한 적이 있다. 그들도 비록 가난한 영세농이긴 하지만 이윤극대화 원리에 합당하게 생산요소를 합리적으로 배분하는 의사결정을 한다는 것이다. 그렇다고 그들이 실제 복잡한 방정식을 풀어서 효율적인 생산을 할 수 있었던 것은 아닐 것이다.

농민들이 '마치 방정식을 푸는 것처럼' 행동한다는 것은 그만큼 이윤 마인드를 갖고 전문적 사고를 한다는 의미일 것이다. 또 그들은 정부의 지원에 의존하기 전에 주어진 자원으로 어떻게 이익을 조금이라도 더 얻을 수 있을까, 그 방법을 찾아 스스로 고민하고 노력한다는 의미다. 이런 고민과 노력의 결과는 마치 방정식을 풀어 나온 것처럼 효율적인 자원배분과 최대의 이윤으로 이어지고 농가의 경쟁력으로 나타나는 것이다.

세상을 바꾸는 것은 사람

그런데 한국의 현실은 어떤가? 지금까지 우리 농민들은 '마치 방정식을 푸는 것처럼' 행동할 필요가 없었다. 스스로 극대 이윤 달성을 위한 치열한 노력을 소홀히 해 왔다는 것이다. 정부가 어떤 품목을 생산할 것인지 지도·간섭하고 가격지지정책을 통해 일정 수준의 수익을 보장해 주었기 때문이다. 한국 농가들은 이렇게 버텨 왔다. 정부의 보호정책의 온실 속에서 그런 노력에 대한 동기 유발의 기제를 상실하고 있었다.

'마치 방정식을 푸는 것처럼' 행동하는 농가가 그렇지 않은 농가에 비해 더 효율적으로 자원을 이용하게 되고, 더 큰 수익을 보장받는 것은 당연하다. 가격이 지지되는 상황에서도 '마치 방정식을 푸는 것처럼' 행동하는 농가는 더 큰 이윤을 얻을 수 있다. 지금까지 지원정책 하에 이런 노력을 하지 않아도 지낼 수 있었던 것은 극대는 아닐지라도 적당한 수익이 보장될 수 있었기 때문이다.

그러나 개방화 시대 우리의 농업환경은 많이 변했다. 비료대, 종자대, 사료비, 토지용역비, 임금은 계속 오르는데 생산한 농산물 가격은 잘 해야 게걸음 정도다. 여기에 정부의 지지정책은 사라지고 있다. 이제 어떻게 할 것인가? '마치 방정식을 푸는 것처럼' 합리적인 의사결정 노력을 하지 않는 농가는 살아남기 어렵게 되었다. 가격지지와 같은 보호정책이 사라진 경쟁 상태에서는 '마치 방정식을 푸는 것처럼' 고민하고 행동하지 않으면 곧 농가의 손실로 이어진다. 손해를 보면서 농사에 매달릴 수는 없는 노릇이다. 이제 한국 농가도 이윤 마인드를 갖고 '마치 방정식을 푸는 것처럼' 고민하고 행동해야 한다.

세상을 바꾸는 것은 결국 사람이다. 조직을 움직이는 것이나 산업을 일으키는 것도, 크게는 국가를 경영하는 데서부터 한 가정을 변화시키는 것까지도 결국은 그 안에 있는 사람이 누구인가에 따라 결과에 엄청난 차이가 생긴다. 농업을 바꾸는 것도 예외가 아니다. 첫째는 사람이다. 사람이 바뀌어야 한다. 이제 농민들 스스로 방정식을 푸는 노력을 해야 한다. 아니 '마치 방정식을 푸는 것처럼' 사고하고 행동해야 한다. 외국의 농산물이 홍수처럼 밀려오고, 세계 시장을 무대로 치열한 경쟁을 해야 하는 시대에는 그래야만 성공할 수 있다. 합리적 의사결정을 위한 전문적 지식과 기술, 기업가적 이윤 마인드, 창의적 정신으로 효율적으로 농업 경영을 해야 한다. 영농규모가 크든 작든, 영농 형태가 가족농이든 아니면 다른 유형이든 이윤 마인드를 갖고 효율적으로 생산해야 살아남을 수 있다는 데는 이견이 있을 수 없다.

스스로 의식을 바꾸고 또 실력을 길러야 한다. 세계무대에 내놓아 어느 나라의 농민과도 경쟁해서 이길 수 있는 실력을 길러야 한다. 하늘은 스스로 돕는 자를 돕는 법. 정부의 시장 간섭이 적어질수록 농민은 생존을 위해, 이기기 위해 방정식을 푸는 고민과 노력을 해야 한다. 그래야 우리 농업이 바로 설 수 있다. 정부에 의존하지 않고 농민 스스로가 자기 책임하에 마치 방정식을 푸는 심정으로 영농을 할 때 그것이 가능해지는 것이다.

소비 트렌드를 읽어라

지나간 판로법칙

공급은 스스로 그 수요를 창출해 낸다는 세이(J. B. Say)의 '판로법칙'은 시장
의 자율적 기능을 중시하는 고전학파 경제사상의 근간을 이루었다. 공급만 하
면 시장은 '보이지 않는 손'에 이끌려 자동으로 청산된다고 믿었기 때문에 수
요를 걱정할 필요는 없었다. 수요에 비해 공급능력이 부족했던 그 시대에는
생산만 하면 시장이 알아서 판로를 개척해 나갔던 것이다.

이 판로의 법칙은 1930년대 초 세계 대공황을 맞으면서 종언을 고하게 된
다. 공급이 자동으로 수요를 창출하기는커녕 생산된 상품이 팔리지 않아 기업
들이 속속 도산하고 대량 실업 사태가 발생하면서 불황의 골만 깊어갔다. 문
제는 수요였다. 그러자 수요창출을 위해 정부의 적극적인 시장개입이 필요하
다는 케인즈 이론이 주류 경제학의 위치를 대신하게 되었다.

농업 부문에서 공급이 수요를 창출하는 시스템은 더 오랫동안 작동했다. 물
론 고전학파 시대처럼 '보이지 않는 손'에 의한 것만은 아니었다. 때로는 정부
의 적극적인 시장개입으로 수요를 창출했다. 적어도 한국에서는 지난 세기 말

까지도 그랬다. 이때까지만 해도 농가는 생산만 신경 쓰면 팔리는 것은 문제가 아니었다. 시장에서 팔리지 않으면 남는 물량을 정부가 알아서 사 주었기 때문이다. 그들에게 소비자들이 무엇을 원하는지, 시장이 어떻게 변해 가고 있는지는 그리 중요한 일이 아니었다.

그러나 시대는 변했다. 이제 농업에도 더 이상 판로의 법칙은 작동하지 않게 되었다. 생산만 한다고 농산물이 자동으로 팔려 나가는 시대는 지났다. 과잉공급이 되면 정부가 알아서 수매해 주는 시대도 점차 사라지고 있다. 국제사회가 그렇게 변하고 있고, 우리 농업도 그런 방향으로 가고 있다. 생산자 스스로 수요를 예측하고 시장의 변화에 민감해지지 않으면 경쟁력을 갖출 수 없게 되었다. 어쨌든 이제는 수요가 문제이지 공급만 하면 자동으로 판로가 해결되는 시대는 지났다. 농가 스스로 사전에 수요를 예측해서 생산 계획을 세우고 판로를 개척해 나가야 한다. 정부를 바라보지 말고 지구촌의 소비자를 바라보아야 한다.

식품소비 트렌드의 변화

세계의 식품소비 트렌드도 변하고 있다. 농산물과 식품에 대한 소비자들의 욕구는 다양화·고급화되고 있다. 농산물이나 식품은 단순히 생리적 욕구를 충족하는 수단이 아니라 거기서 건강과 멋을 찾고, 문화를 발견하는 더 나은 품격 있는 삶을 위한 수단이 되고 있다. 품질, 위생과 안전, 건강 기능성, 편의성을 넘어 환경이나 공정성에 이르기까지 식품 소비에서 찾는 소비자들의 콘텐츠와 가치가 변하고 있다. 소득이 늘어나고 교육과 문화수준이 향상되면서 이런 경향은 더욱 심화될 것이다.

이렇게 소비자들의 욕구가 다양하게 변하고 눈높이가 고급화되고 있는데 그저 생산만 한다고 팔리지 않는 것은 자명한 이치다. 더구나 개방화 시대에 공급능력이 수요를 초과하는 상황이 되어서는 더욱 그렇다. 이제는 소비자를 만족시키고 나아가 감동시킬 수 있는 명품 농산물과 식품을 만들어 내야 한다. 이런 식품소비 트렌드 변화는 표준화된 대량생산 방식보다는 소량 다품종 시대로 변하고 있음을 의미한다. 공급자 중심에서 수요자 중심으로 인식의 틀을 전환해야 성공할 수 있다. 국내뿐 아니라 세계 소비자들의 소비 트렌드 변화를 읽고 그들이 원하는 것을 효율적으로 생산해 낼 수 있는 방법을 찾아야 하는 것이다.

세계의 소비자 계층은 매우 다양하다. 소득과 교육수준, 문화, 종교, 인종적 관습 등에 따라 다양한 계층의 소비자들이 지구촌 70억 인구를 구성하고 있다. 세계 70억의 소비자 중 어느 지역 어느 계층의 소비자에게 코드를 맞출 것인가를 생각해야 한다. 타기팅할 틈새시장을 찾아 그들이 원하는 맞춤형 명품 농산물을 생산해 내야 한다.

농산물 시장개방이 한국 농업에 많은 시련을 가져다 준 것은 사실이지만, 거꾸로 생각하면 기회이기도 하다. 한국 농산물이 나아갈 세계시장도 같이 넓어진 것이다. 이런 환경 변화를 적극적인 긍정의 기회로 활용하여야 한다. 국내 시장만 보지 말고 세계의 넓은 시장으로 눈을 돌려야 한다. 세계의 인구 대국 중국이 지척의 거리에 있고, 또 다른 인구 대국 인도 역시 그리 먼 거리가 아니다. 이 두 나라만 해도 어마어마한 시장이다. 이들뿐 아니라 가까운 거리에 있는 동남아시아의 많은 나라들도 중국이나 인도처럼 경제성장과 함께 식품수요가 빠르게 증가하고 있는 개도국들이다. 우리의 국내시장을 내주기도 했지만 반대로 우리의 해외시장 여건도 좋아졌다. 국내는 물론 세계의 소비자들이 무엇을 원하는지, 그들의 식품소비 트렌드가 어떻게 변하고 있는지를 읽고 판로를 개척해 나가야 한다.

농가가 바라볼 곳은 소비자들이다. 정부가 나를 위해 무엇을 해 주기를 기대하지 말고, 내가 지구촌 소비자들을 위해 무엇을 할 수 있는가를 생각해야 한다. 그들이 원하는 게 무엇이며 이를 어떻게 생산해 낼 것인지를 고민해야 한다. 그러면 머지않아 그들은 농가소득 증대라는 선물로 보답할 것이다. 소비자가 원하는 명품 농산물을 만들어 내면 주문은 자동으로 밀려오고, 공급이 스스로 수요를 창출하는 새로운 판로법칙의 시대도 함께 도래할 것이다.

농사는 아무나 하나

아무나 할 수 있었던 농업

"할 것 없으면 농사나 하지."

우리 사회에서 자주 들어오고 있는 말이다. 도회지에서 변변한 직장을 구하지 못할 때 자위 삼아 내뱉는 말이다. 금융위기 사태처럼 경제가 어려워 실업자들이 양산되었을 때도 그랬다. 자식이 공부를 못하여 대학 진학에 실패해도 "시골에 가 농사나 짓게 하지"라는 말을 하곤 했다. 여기에 우리 국민이 농업을 바라보는 시각이 가감 없이 그대로 녹아 있음을 볼 수 있다.

지금까지 사람들의 눈에는 농업은 아무나 마음만 먹으면 언제라도 할 수 있는 것쯤으로밖에 보이지 않았던 것이다. 할 일 없는 백수들이 마지막으로 선택하는 것쯤으로 우습게 생각했다. 농사를 짓는 데는 아무런 전문지식도, 기술도, 학력도 필요 없이 단순 노동력만 들이면 저절로 되는 걸로 생각했다. 낫 놓고 기역 자도 모르는 사람들도 오랫동안 해 오던 농삿일이고 보니 그렇게 생각하는 것도 무리는 아닌 듯싶다.

우리 농업이 낙후되고 시장개방과 경쟁의 시대를 맞아 어려움을 겪고 있는 배경도 여기에 맞닿아 있다. 농업을 아무나 손쉽게 할 수 있는 직업으로 인식하고 있으니 전문 인력이나 젊은이들이 기피하고 자연히 낙후될 수밖에 없었다. 그러니 변화된 시대에 우리 농업은 위기에 직면할 수밖에 없다. 아무나 할 수 있는 정도의 보잘것없는 농업으로 인식하고 있는데 국제 사회에서 경쟁력을 가질 수 없는 것은 너무도 당연하다. 전문지식과 기술로 무장한 사람들이 생산해 낸 선진 외국의 농산물과 비교될 수 없는 것이다.

이제 농업은 전문 직업

사실 돌아보면 20세기 중·후반까지만 해도 우리나라에서 농사는 아무나 할 수 있는 직업이었다. 대부분이 생계농으로 온 식구가 먹고 살 수만 있으면 그걸로 족했기 때문이다. 그러나 상업농 시대, 글로벌 시대에 농업은 결코 아무나 할 수 있는 직업이 아니다. 전문적 지식과 기술을 갖고 전문가적 경영기법으로 농업을 영위해야 성공할 수 있는 전문 직업이 되었다. 영농규모가 크든 작든 또 무슨 품목을 하든 마찬가지다. 농민은 자기 분야에서 전문적 지식과 기술로 무장한 프로정신, 장인정신을 갖춰야 한다. 그래야만 한국 농업이 선진화되고 국제 경쟁에서 이겨 나갈 수 있다.

농업 분야에는 우리들이 보통 생각하는 것 이상의 수많은 종류의 품목들이 생산되고 있다. 매일 밥상에 올라오는 아주 친숙한 농산물로부터 듣도 보도 못한 생소한 이름의 농산물에 이르기까지 다양한 품목들이 생산되고 있다. 농산물이라고 하면 크게는 곡물류, 원예작물, 축산과 낙농, 특용작물 등으로 나뉜다. 쌀, 보리, 밀, 옥수수, 콩, 팥, 녹두, 귀리, 수수, 조 등이 곡물류의 대표 품목이다. 원예작물은 다시 과실류, 채소류, 화훼류로 분류된다. 과실류 중에는 잘 알려진 것들만 쳐도 사과, 배, 복숭아, 포도, 감, 귤, 한라봉, 대추, 자두 등을 들 수 있다. 채소류는 어떤가. 배추, 무, 상추, 시금치, 당근, 고추, 마늘,

양파, 파, 파프리카, 가지…. 채소라고 하기에는 과일에 가까운 듯하고 그렇다고 딱히 과일이라고 할 수도 없는 과채류란 것도 있다. 수박, 참외, 딸기, 토마토, 오이, 호박 등이다. 구황작물로 이용되었던 감자나 고구마 같은 서류(薯類)도 있다. 소, 돼지, 닭, 양, 염소, 말, 오리, 사슴, 토끼 등이 대표적인 축산물이고 우유, 치즈, 버터 등은 낙농품이다. 그리고 참깨, 들깨, 인삼, 홍삼, 녹차, 목화, 담배, 각종 약초 등은 특용작물로 분류된다. 여기에 밤, 도토리, 버섯, 고사리 등 임산물에 이르기까지 이 모두가 농업 생산물이다. 여기에 열거되지 않은 농산물도 수없이 많다.

이렇게 보면 우리가 흔히 '농산물'이라고 하는 것이 그렇게 간단한 게 아니라는 걸 알게 된다. 옛날 생산만 하면 팔리던 시절에는 이것저것 가리지 않고 다 생산해 냈다. 그래도 팔리는 데 별 어려움이 없었다. 농사지을 품목들이 이렇듯 널려 있겠다, 대충 해도 팔리는 데 문제없겠다, 그러니 할 것 없으면 농사나 하겠다고 만만하게 보았는지 모른다.

다양한 품목들만큼이나 생산방법과 특성, 필요로 하는 생장조건도 품목마다 다 다르다. 생산 후의 국내·외 시장여건과 유통 인프라, 그리고 소비자들의 특성 또한 모두 다를 것이다. 그러니 전문가가 되지 않고 어떻게 국제경쟁을 견딜 수 있겠는가. 이제는 전문가가 되어야 한다. 생산기술뿐 아니라 유통과 마케팅, 경영, 국내·외 시장정보 등 자신의 분야에서 전문가적 식견과 신기술, 신지식으로 무장되어야 한다. 과거의 틀에 박힌 기계적 영농방식이 아니라 생각하는 농업, 창의적인 농업이 필요하다. 농업관련 첨단기술들이 속속 개발되고, 기후변화와 환경문제, 식품안전과 위생의 문제, 가축질병의 문제도 등장하면서 농업은 더욱 더 복잡하고 전문적인 분야로 진화해 가고 있다. 세계의 시장상황과 정책변화도 분석할 수 있어야 한다.

관건은 사람이다. 농업 인력을 어떻게 양성하는가에 달려 있다. 사람 경쟁력이 농업과 국가 경쟁력이다. 그래서 농민들에 대한 교육과 훈련이 중요하고, 시대에 뒤쳐지지 않는 최신의 농업전문 교육·훈련 프로그램을 계속 시행해 나가야 한다. 젊은 인력이 필요한 것도 이런 이유다. 전문적 지식과 기술이 특히 요구되는 분야에서는 자격증제도의 도입도 필요하다. 복합영농이든 단작이든 전문화는 더욱 심화되어야 하며, 농민은 '전문 농업경영인'이 되어야 한다.

성공한 농업인은 모두가 전문가

최근에는 억대 농부, 성공한 농업인들에 대한 소개가 심심찮게 신문 지상을 장식해 눈길을 끈다. 다른 산업에 비해 상대적으로 부가가치가 낮은 농업분야에서 억 원대 또는 수억 원대의 연 매출을 올린다는 것은 결코 쉬운 일이 아니다. 과거에는 아마도 상상하기 어려운 일이었을 것이다. 이들의 공통된 특징을 보면 모두가 자기 분야에서 철저한 전문가가 되어 있다는 점이다. 다른 사람들이 넘볼 수 없는 자신만의 전문지식과 영농기술, 경영노하우가 있었던 것이다. 그러니 이들에게 DDA든 FTA든 시장개방이 두려울 리 없다. 전문가적 탄탄한 실력을 갖추었는데 세계 어느 누구와의 경쟁도 두려워할 이유가 없는 것이다.

수박 농사를 지어 한해 2억 원의 매출을 올린다는 전북 정읍의 어느 농민은 수박 박사다. 그는 작물과 대화를 한다고 하여 '수박과 대화하는 농부'로 통한다. 자신이 재배하는 수박이 무엇을 원하는지 척 보면 안다고 하니 보통의 전문가가 아니다. 이 정도의 전문가가 되어야 성공할 수 있는 것이다. 경북 영주의 한 농민은 고구마 빵을 개발하여 큰 소득을 얻고 있다. 옛날에는 구황식품으로 이용되었던 고구마가 요즘 웰빙 붐을 타고 고구마 빵으로 새롭게 고부가가치 상품으로 태어난 것이다. 표고버섯을 재배하여 2억 원 가까운 소득을 올리는 경북 구미의 어느 농민, "표고농사는 과학"이라고 말하는 그는 "30년 표고 재배를 했지만 아직도 배울 것이 많다"라고 했다. 한평생 표고농사 외길도 모자라 배워야 할 게 많다고 말하는 그 역시 진정한 전문가다. 경기 용인에서 쌈채소를 주 종목으로 하여 연 10억 원의 매출을 올린다는 농민 K씨는 성공의 비결을 실패를 두려워하지 않고 끊임없이 시험하고 연구하는 데서 찾는다. 전문가만이 할 수 있는 장인정신이고 도전정신인 것이다.

자신이 생산하는 품목에 관한 한 최고의 전문적 지식과 재배 기술을 갖추고 있어야 한다. 친환경 농사기술을 익히고 마케팅에도 익숙해 있어야 한다. 세계 최고라는 프로정신, 장인정신이 있어야 한다. 끊임없이 자기계발을 위해 노력하고, 새로운 아이디어와 기술을 개발하고, 고부가가치 친환경 농산물을 발굴해 내야 한다. 인터넷이나 스마트폰 같은 정보기술을 이용한 첨단 마케팅 전략과, 변화에 능동적으로 대처할 수 있는 열린 마음과 식견도 갖추어야 한다. 역경과 실패에도 좌절하지 않는 불굴의 의지와 도전정신도 있어야 한다. 그러면 결국에는 성공하는 것이다. 그러나 아무나 그렇게 될 수는 없다. 스스로 깨우치고 목표를 향해 끊임없이 공부하고 노력한 농민만이 그런 경지에 도달할 수 있다.

농촌에는 누구나 들어와 살 수 있다. 그러나 농업은 아무나 할 수 있는 것이 아니다. 취미삼아 하는 게 아니라면 말이다. 전업농, 프로페셔널 농업은 아무나 할 수 있는 게 아니다.

철저한 장인정신을 갖고 프로가 되지 않으면 글로벌 경쟁의 시대에 성공할 수 없다. 취미농이나 은퇴 후 소일거리 삼아 농사짓는 사람들, 이들이 한국 농업의 주역이 되어서는 안 된다. 전후 베이비 붐 세대들이 나이 들어 인생 2모작을 시작한다고 귀농하지만, 그들 역시 전문가가 되지 않는 한 한국 농업을 끌고 갈 주역이 될 수는 없다. "농사는 천하를 경영하는 것인 만큼 아무나 할 수 있는 일이 아니다"라고 포도 농사로 연 1억 5천만 원 수익을 올리는 어느 농민이 한 말은 오랜 경험에서 우러나온 농사철학인 것이다. 그는 "전원생활을 꿈꾸며 귀농하려는 사람들은 반드시 철저한 준비가 필요하다"라는 충고를 덧붙이고 있다.

한국의 농업이 아무나 할 수 있는 단순노동 수준이라면 한국 농업과 농촌의 미래는 없다. 그런 농업의 결과는 글로벌 시대, 국제경쟁에서 백전백패가 될 게 뻔하다. 농사는 아무나 할 수 있는 게 아니어야 하고 "할 것 없으면 농사나 짓는다"라는 말이 우리 사회에서 사라질 때에 한국 농업은 다시 성장의 길로 들어설 수 있다.

젊은이를 돌아오게 하라

농업 기피증

사람들에게 농업이 중요한가 물어보면 모두가 그렇다고 대답한다. 왜냐하면 먹고 살아야 하기 때문에. 그럼 농업 분야에 종사하는 것은 어떻게 생각하느냐고 다시 묻는다면, 이제는 거의 모두가 한 발 물러선다. 중요하긴 하지만 나의 직업으로 삼진 않겠다는 이야기다. 농업의 중요성을 단순히 먹고 사는 문제가 아니라 좀 더 깊이 이해하고 있는 사람들도 농업을 직접 하지는 않겠다는 대답이 다수일 것이다. 나 역시 자식을 농업에 종사시킬 수 있느냐는 질문을 받는다면 자신 없으니 여기서 자유롭지 못한 것은 마찬가지다. 국민 대다수가 너나없이 농업 기피증에 걸려 있는데 젊은이들이 오지 않는다고 탓할 수는 없는 노릇이다.

우리나라 국민의 교육열은 세계 최고다. 고등학교 졸업생의 대학 진학률이 84%나 된다니 요즘 젊은 세대들은 거의 모두가 전문대학 이상의 고등교육을 받고 있다는 이야기다. OECD 평균의 두 배가 넘는 수준이다. 적성이나 소질, 실력이야 어찌 되었든 대학 졸업장은 따고 보자는 주의다. 대학진학률이 이렇게 높다는 것이 과연 사회적으로 바람직한 것인지는 큰 의문이다. 속사정을 아는지 모르는지 미국의 오바마 대통령도 우리 국민의 이런 열공(?) 분위기를 미국이 배워야 한다고 말한다. 그러나 이것은 교육열이라기보다는 자격증만 남발하는 사회적 거품이다. 어쨌든 대학 졸업장을 땄으니 옛날 기준으로 말하면 신세대 젊은이들은 거의가 고등교육을 받은 현대판 '지성인'인 셈이다. 겉무늬만 보면 지성인들이 넘쳐나는 나라다.

농촌에서 젊은이들을 찾아보기 어려운 것은 농업에 대한 잘못된 인식과 함께 이렇게 우리 사회에 거품이 끼었기 때문이다. 대학까지 졸업했는데 대도시에서 직장생활을 해야지 농촌에서 농업을 할 수 있느냐는 생각이다. 부모된 입장도 자식을 대학까지 공부시켰는데 농사를 짓게 할 수는 없다는 생각이다. 이 모두가 교육 인플레와 농업 경시 풍조에서 온 사회적 거품이다. 농업 관련 전공자들 중에서도 농업 분야에 취업하는 이들은 고작 5%에 불과하다. 적성이나 소신과는 관계없이 돈벌이 잘 되고 남들이 좋다고 말하는 곳만 찾아간다. 자연히 농업과 농업 관련 직업은 맨 뒷전으로 순위가 밀린다.

대학생 숫자가 고등학생 수와 비슷하다 보니 졸업과 동시에 많은 젊은이들이 백수 신세가 되는 것은 당연한 일이다. 대학 졸업장은 곧 산업예비군 입학허가증이 되는 셈이다. 대학마다 취업률 높이기에 열을 올리지만 넘쳐나는 인력이 갈 곳은 별로 없다. 그런데도 농업 쪽에는 일할 사람이 없다. 한쪽에서는 인력이 넘쳐나 수십, 수백 대 일의 경쟁이 벌어지는데도 다른 한쪽에서는 노동력 부족과 노령화의 골만 깊어가고 있다. 인력수급의 사회적 불균형 현상이다. 남아도는 이 산업예비군들을 농업과 농촌 현장으로 끌어들일 수 있는 방안은 없는 것인가. 한우 200마리를 키우는 축산농의 아들도 농장을 물려주겠다는 부모의 제의를 마다하고 도시의 중소기업행을 택하는 세상이다. 연봉 2천만~3천만 원 도시 월급쟁이 삶이 10억 원 자산을 가진 농부 사장님의 삶보다 낫단 말인가.

노령화와 침체되는 농업·농촌

　젊은이들이 더 이상 수혈되지 않아 우리 농촌은 이미 오래 전(2000)에 초고령사회로 접어들었다. 이때 21.7%이던 농가인구 중 65세 이상 고령인구 비중이 10년이 지난 재작년(2010)에는 35%가 되었다. 말 그대로 농촌은 자연 양로원이 되어 가고 있다. 이런 노령화 추세는 앞으로 더욱 심화될 것이다. 10년 후에는 46%까지 증가할 것으로 한국농촌경제연구원은 전망하고 있다. 다른 분야에서는 이미 퇴직할 나이가 훨씬 지난 노인들이 농업생산 현장에서는 주류를 이루고 있는 것이다. 대법원은 농민의 정년을 65세로 판시한 적이 있다. 법적으로 보더라도 정년이 지난 노령자들이 우리 농업의 주역으로 일하고 있는 현실이다.

　노령화 현상은 우리 농업의 경쟁력을 약화시키는 주요 원인이다. 농가인구는 전체의 6.2%인데 농업 GDP 비중은 2.0%다. 6.2% 인구가 2.0% 부가가치밖에 만들어 내지 못하니 농업의 노동생산성이 매우 낮다는 의미가 된다. 노령화가 농업의 생산성을 떨어뜨리고 경쟁력을 약화시키는 원인이 되고 있는 것이다. 게다가 노동력 부족으로 농촌 노임은 지속적으로 올라 생산비 부담을 가중시키고 있다.

　노령화 문제는 규모화·효율화를 위한 농업 구조조정의 지연과 직결되어 있다. 영세 소농의 고령 농민들은 다른 데 갈 곳이 없으니 수익성이 낮아도 계속 영농을 할 수밖에 없다. 농업생산 활동의 기회비용이 거의 0에 가까운 사람들이다. 농지를 임대하여 얻을 수 있는 소득이 충분하다면 문제는 달라지겠지만 그렇지 않은 한 스스로 농사지어 낮은 소득이라도 올리는 편이 더 낫다. 농지에 대한 애착, 오랜 세월 살던 고향 마을에 대한 애착 또한 수익성 여부를 떠나 쉽게 영농을 포기하지 못하는 원인이다. 이래저래 영세 고령 농민들은 생존해 있는 한 스스로 영농을 포기하기는 어려운 게 우리의 답답한 현실이다. 영세 고령 농가들의 문제는 여기서 그치지 않는다. 끊임없이 새로운 기술과 지식, 정보가 나오고 있는 상황에서 이들이 신기술을 쉽게 도입하고 창의적인 영농을 할 것이라고 기대할 수 없다.

이런 요인들로 인해 농업의 경쟁력이 저하되고, 도시 대비 농가소득 비율을 크게 떨어뜨리는 주요 원인이 되고 있다. 또 노령화가 깊어가면서 농촌은 급속히 활력을 잃고 텅 빈 유령의 땅이 되어 가고 있다. 농촌의 공동화(空洞化) 현상은 농촌 지역사회의 붕괴로 이어지고, 나아가 국토의 황폐화로 진행되게끔 되어 있다. 결국 젊은이들이 오지 않아 생기는 노쇠화는 농업과 농촌 지역에 심각한 경제·사회적 문제를 일으키고 있는 것이다.

우리나라에서 농가인구가 감소하기 시작한 시기는 1970년대 중반이다. 경제발전 과정에서 농업이 상업화(commercialization)되는 전환점을 맞은 시기가 이때인 것이다. 이때를 시작으로 우리 농업이 전통적 생계형 농업으로부터 근대화 단계로 접어들었다고 말할 수 있다. 이농 현상이 시작되기는 그 이전부터이지만 이농 속도가 전체 인구증가 속도를 능가하여 농가인구가 줄어들기 시작한 시기가 이때이다.

수출 주도적 공업중심의 불균형 경제성장정책으로 이농 러시는 더욱 빠르게 진행되었다. 이농은 어느 나라나 경제발전 과정에서 겪는 필수과목과 같은 것이지만 우리는 압축성장의 신화가 말해 주듯이 이농 현상 역시 다른 나라에 비해 빠르게 진행되었다. 이농의 주체는 젊은층과 상대적으로 교육을 잘 받은 사람, 그리고 여자보다는 남자들이 주류를 이룬다. 도시와 산업화 현장으로 나가 일할 기회를 얻을 가능성이 높은 사람들이다. 자연히 이농이라는 사회적 현상의 결과는 농촌 사회의 노령화와 부녀화, 그리고 농업의 경쟁력 하락으로 이어지게 되는 것이다. 우리 농업이 선진 농업으로 발전하기 위해서는 영농의 규모화가 이루어지면서 농가인구와 농가구수도 적정 수준으로 조정되어야 한다. 이렇게 본다면 이농 자체가 문제가 아니라 젊은 층만 떠나고 노령층은 그대로 남는다는 데 문제가 있는 것이다.

젊은이들이 도시의 현란한 불빛을 찾아 모여드는 사이 우리의 농업과 농촌은 병들어 가기 시작했다. 곧이어 1980년대 불어닥친 우루과이라운드와 본격적인 농산물 시장개방은 한국 농업을 결국 벼랑 끝으로 몰아넣었다. 성장이 멈춰서고 도·농 간 소득 격차는 급격히 확대되었다. 교육, 의료, 문화 등 복지 인프라와 삶의 질 수준도 함께 저하되었다. 소비할 사람들이 없으니 필요한 연관 산업과 서비스업도 들어오지 않는다. 따라서 농외소득 기회도 늘지 않는다. 빈곤과 공동화의 악순환이 계속되고 있는 것이다.

획기적인 대책 필요

그러나 사람들이 머리로는 생각하고 있듯이, 농업은 반드시 있어야 하는 중요 산업이고 농촌 사회 또한 반드시 존재해야 하는 국토 균형발전의 핵심이다. 누군가는 그 일을 해야 하고, 또 누군가는 그곳에서 삶을 영위하며 지역사회를 꾸려 나가야 한다.

문제는 사람이다. 사람이 다시 돌아와야 한다. 새 생명이 태어나지 않는 그곳에 다시 젊은 사람들이 돌아와야 한다. 생산성을 높여 농업 경쟁력을 향상시키고 농촌 사회에 다시 활력과 희망이 솟구치게 해야 한다. 한국농촌경제연구원은 지금부터 10년 후 2021년 농가의 65세 이상 고령인구 비중이 거의 절반이 될 것으로 전망했다. 이런 전망대로 진행된다면 우리 농업·농촌에서 희망을 찾기는 어렵다. 젊은이들이 농업현장과 농촌으로 돌아온다는 것은 농업의 규모화·조직화가 가능해지면서 농업의 구조조정과 경쟁력이 살아나게 된다는 의미다. 사람들이, 아니 젊은이들이 기피한다면 그 원인이 있을 터인데, 그것을 찾아 하나하나 해결하고 그들을 오게끔 만들어야 한다.

이해가 부족한 측면도 있을 것이다. 농업이라고 하면 땀 흘려 농사짓는 것

만 생각하기 때문에 그렇다. 영화 '워낭소리' 속의 장면이 지금의 우리 농업·
농촌의 현실을 제대로 반영하고 있는 것은 분명 아니다. 농업 생산방식은 점
점 과학화되어 가고 있다. 기계화되고, 자동화되고, 컴퓨터화되어 있다. 사람
대신 로봇이 농사를 짓고, 스마트폰을 이용해 실시간 시장정보를 얻어 마케팅
을 한다. 첨단 정보·통신혁명이 농업 현장에 그대로 응용되는 시대다. 안방에
앉아서 세계 곳곳의 시장정보를 한눈에 보고 모니터링할 수 있지 않은가.

농업은 또 소득이 낮다는 선입견이 가득 차 있지만 지속적인 기술혁신으로
농업도 점차 부가가치가 높은 산업으로 변모하고 있다. 실제로 연간 소득 억
원대 또는 수억 원대를 버는 농가도 속속 생기고 있다. 또 농업이라고 하면 생
산만 있는 것도 아니다. 식품가공, 유통, 무역, 금융 등 관련 2·3차 산업으로
외연이 크게 확대되고 있다. 그리고 농촌진흥청과 그 산하기관, 농협, 농수산
식품유통공사, 농어촌공사와 같은 농업 관련 정부기관과 단체들도 전국의 지
방과 농촌 지역 곳곳에 있다. 이것들이 모두 젊은이들의 손을 필요로 하는 농
업 분야다. 농촌 지역의 학교, 문화와 복지시설, 기타 공공 서비스 기관들도
모두 패기 넘치는 젊은이들을 기다리고 있다.

현재의 고령 농민들이 자연 퇴장하는 시점 이후의 공백을 서둘러 준비해야
한다. 젊은 인력을 농업과 농촌으로 끌어들일 수 있는 획기적인 대책이 강구
되지 않으면 안 된다. 지금까지 영농 후계자 양성 사업들이 많이 있었지만 성
공하지 못했다. 퇴임하고 귀농하겠다는 사람들이나, 마지못해 귀농하는 자들
을 위한 소극적 인력정책에 그쳐서는 안 된다. 이제는 미래 한국 농업의 주역
이 될 N세대 젊은이들을 타기팅한 혁신적 방안이 국가적 차원에서 시행되어
야 한다.

중요한 것은 농업과 농촌이 젊은이들의 꿈과 인생의 목표를 실현할 수 있는
장이 될 수 있어야 한다는 점이다. 농업도 젊음을 불태워 도전할 충분한 가치
가 있는 것이 되어야 하고, 농촌이 도시 못지않게 삶의 질이 보장되고 그들의

172

자아실현의 목표를 이룰 수 있는 기회의 땅이 되어야 한다. 획기적이고 혁신적인 조치가 있어야만 가능할 것이다.

우선 한국 농업의 미래에 대한 비전과 희망이 명확히 제시되어야 한다. 농업도 미래 발전 가능성이 충분한 산업이라는 인식이 뿌리내려야 하고, 이를 위한 장기적인 정책목표와 실행방안에 대한 청사진이 제시될 수 있어야 한다. 젊은이들이 보람을 갖고 일할 수 있는 일자리와 소득원이 있어야 하고 거기서 도시 못지않은 소득을 올릴 수 있어야 한다. 농업은 미래 신성장동력 산업이고 첨단생명산업이며 녹색성장산업이라고 하면서 다른 한쪽에서는 10년 후 농가소득이 도시의 43%로 추락할 것이라는 전망을 내놓고 있다. 사람들을 농업·농촌으로부터 쫓아버리고 있는 셈이다. 먼저 미래에 대한 밝은 비전이 구체적이고 실현 가능한 정책과 함께 제시되지 않으면 안 된다.

현재의 영세 소농 규모의 농가구조로는 젊은이들을 끌어들이는 데 한계가 있다. 그런 곳에서 21세기를 살고 있는 N세대, 스마트세대 젊은이들의 꿈을 펼쳐보라고 하면 어불성설이다. 소규모 영세 개별농가들을 조직화하고 규모화하면서 구조조정이 일어나야 한다. 사실 구조조정과 젊은 인력 유입은 닭과 달걀의 관계라서 동시적으로 추진되어야 하는 과제이다. 여기에 기술과 자본, 정보력을 갖춘 경영체가 되면 젊은이들이 보람을 갖고 일할 수 있을 것이다. 이를 바탕으로 생산뿐 아니라 가공, 포장, 저장, 수송, 유통과 판매, 나아가 해외 수출까지 영역을 넓혀 나갈 수 있는 체제를 갖추어야 한다. 그러면 뜻 있는 젊은이들이 찾아들 것이다. 개별 농가단위에서 이것을 하기는 어려울 것이다. 지역을 중심으로, 품목단위로 조직화하거나 일정 형태의 영농조합이나 회사를 만들 수 있을 것이다. 농협이 역할을 할 수도 있을 것이다. 젊은이들은 각자의 소질과 전문 분야에 따라 생산 현장에, 유통과 마케팅 분야에, 혹은 해외 수출업무에 종사할 수 있을 것이다.

다음으로 농업고등학교와 전문 농업아카데미를 체계적으로 육성하여 졸업

후 이들이 생산현장의 핵심 선도 농업경영인이 되도록 해야 한다. 현재의 농수산대학과 같은 농업전문대학을 각 도 또는 몇 개 도에 하나씩 확대 설치하여 각 지역의 특성에 맞는 농업전문가들을 키워내는 것도 필요하다. 대폭적인 장학제도와 졸업 후 영농을 위한 재정·금융지원, 안정적인 소득보장, 병역혜택, 각종 의료와 연금 혜택 등 전폭적인 지원을 통해 이들을 한국 농업의 주역으로 키워나가야 한다.

대학의 농업관련 전공자들이 그들의 분야에 쉽게 취업할 수 있는 길도 열어주어야 한다. 전문대학을 포함해 대학 전공자의 5%만 농업 관련 분야에 취업하는 현실은 국가적으로도 손실이다. 농수산식품유통공사, 농어촌공사 등 농업관련 공기업은 물론 농협이나 농·식품회사 채용시 가산점 부여나 할당제와 같은 농업관련 전공자들을 우대할 수 있는 제도가 정책적으로 시행되어야 한다. 국가가 지원하는 인턴제도를 농업·농촌 지역으로 확대할 수 있는 방안을 강구할 필요도 있다. 그러면 청년 실업문제를 해소할 수 있는 길이 열릴 수도 있다. 특히 생산 현장에 종사하는 젊은이들을 위해서는 대체복무와 같은 병역혜택 조치도 필요하다.

농가의 자녀교육 문제 또한 매우 중요하다. 한국의 부모들에게 자녀교육은 다른 무엇과도 바꿀 수 없는 것이다. 교육 문제는 농촌을 기피하는 이유 중 큰 부분을 차지한다. 농촌에서 자라 학교를 다녀도 얼마든지 본인이 원하는 좋은 대학에 입학할 수 있어야 한다. 농촌 지역이나 지방 중·소도시에 기숙사는 물론 장학금을 지원하여 지역 명문고를 육성하고, 농촌 고등학교 졸업자들이 대학 입시에서 불리하지 않도록 전국 국·공립 및 사립대학에서 농촌 지역 출신 할당제를 대폭 확대해 나가야 한다. 뿐만 아니라 농촌 지역 중·고등학생들에게는 저소득 농가 지원 차원에서 파격적인 장학제도와 무상급식을 실시할 필요도 있다.

좀 더 장기적 관점에서는 농촌의 지역사회 발전이 함께 이루어져야 젊은이들을 끌 수 있다. 농촌이 도시 못지않게 문화와 복지시설이 골고루 갖추어지고 편하게 살 수 있는 곳이 되어야 한다. 농촌과 인근 중·소도시 간 유기적인 연계망을 구축하여 도·농 복합 전원도시, 도시와 농촌의 각각의 장점을 가진 퓨전도시를 만들어 매력 있는 삶의 공간이 되어야 한다. 농업관련 정부기관과 공기업들을 수도권 이외의 농촌 지역 또는 중·소도시로 이전시켜야 한다. 식품가공회사, 농산물 유통관련 회사, 농업관련 연구소와 식품클러스터도 농촌 지역에 설립하고 이전해야 한다.

올바른 농업관 정립

또 하나 빼놓을 수 없는 것은 농업·농촌에 대한 올바른 이해와 인식 전환이다. 젊은이들이 올바른 농업관을 갖고 농업·농촌의 중요성과 가치를 깊이 이해할 때 그들이 농업 현장과 농촌문제에 대해 관심을 갖고 발걸음을 옮길 것이다.

자라나는 젊은 세대들에게 우리의 농업·농촌은 어떤 모습으로 비춰지고 있을까? 한때 '워낭소리'라는 영화가 많은 사람들에게 감동을 주었다고 하지만, 우리의 농업·농촌 현실을 지나치게 어둡게 묘사했다. 그런 농업과 농촌의 모습이 기성세대들의 감상적 동정이나 향수를 유발할 수는 있었을 것이다. 하지만 최첨단 디지털 환경 속에서 자란 신세대들에게는 어디 먼 딴 세상의 이야기일 뿐이다.

이들에게 농업과 농촌의 중요성에 대한 올바른 이해와 올바른 가치관을 형성시켜 주어야 한다. 농업과 농촌이 인간 삶의 필수 부분이라는 것이 어려서부터 깊이 각인되어야 한다. 농업·농촌이 왜 필요하고 그 중요성과 가치는 어떠한지 유치원, 초등학교 때부터 교과서 내용으로 수록하여 제도권 내에서 교육이 이루어져야 한다. 현장 체험학습, 도·농 간 교류 활성화, 도시농업 등으로 농업과 농촌이 항상 가까이에 있도록 생활화해야 한다. 범국민적·범사회적 농업·농촌 사랑운동이 확산되어야 한다.

하루 세끼 밥을 먹고 살면서도 쌀이 쌀나무에서 열리는 줄 알고 자라 온 신세대들에게 어떻게 농업과 농촌을 이해시키고 이들이 농업·농촌을 위해 일할 수 있는 동기를 부여하느냐는 어려운 문제다. 젊은이들을 어떻게 농업 부문으로 끌어들이느냐에 따라 한국의 농업 경쟁력과 농촌 활력에 미치는 영향은 절대적이다. 한국 농업의 백년대계가 여기에 달렸다. 지금의 노령인구들이 모두 떠나는 날 농업과 농촌마을도 그들과 함께 사라질지 모른다. 더 늦기 전에 젊은이들이 찾아들게 해야 한다. 젊은 영농세대가 원활히 유입되어 농업 노동의 세대교체가 자연스럽게 그리고 연속적으로 이루어져야 한다. 이 문제를 풀지 않고는 한국 농업·농촌의 미래는 없다.

유통을 혁신하라

농산물 유통업, 필요악인가

농산물이 생산농가의 문을 떠나 최종 소비자의 식탁 위에 올려질 때까지는 여러 유통단계를 거친다. 이 과정은 하루나 며칠 만에 끝나기도 하지만 1년 이상 장기간이 걸리는 수도 있다. 목적지가 국내인 경우도 있고 해외의 먼 곳까지 가는 경우도 많다. 수확 당시의 원형을 그대로 유지하면서 장소와 소유주만 이전되는 경우도 있지만 가공을 거쳐 새로운 상품으로 탄생하기도 한다. 많은 사람들의 손을 거치면서 수집, 선별, 등급화, 가공, 포장, 저장, 수송 등 다양한 처리과정을 통과해야 한다.

이 과정에서 소비자에게 효용을 더해 주는 가치가 새롭게 창출되어 나간다. 동시에 단계를 거칠수록 가격도 불어나 소비자의 손에 들어올 때는 눈덩이처럼 커진다. 유통마진 때문이다. 새로운 기능들이 추가되면서 유통비용이 발생하고, 중간상인들의 이윤, 여기에 감모와 소실되는 부분까지 모두 유통마진으로 붙어 나간다.

유통기능 자체는 대부분 소비자를 위해 필요한 것들이다. 하지만 그것이 수행되는 유통체계나 상거래 관행에 있어서는 적지 않은 구조적 문제점을 안고 있어 농업발전의 큰 걸림돌이 되고 있다. 복잡한 유통구조, 농가판매가격과 소비자가격 간의 비상관성, 그리고 이로 인한 시장왜곡과 자원배분의 비효율성 등이 유통체계상 발생하는 문제들이다. 또한 중간 상인들에 의해 자행되는 매점매석 행위, 자라기도 전에 미리 사 놓는 이른바 포전매매(밭떼기), 각종 경매부정과 불공정 거래행위, 대형 소매업체들의 우월적 지위를 이용한 횡포 등 잘못된 유통관행들도 많다.

그 결과 농가는 농가대로 소비자는 소비자대로 모두 손해를 본다. 소비자는 턱없이 높은 가격을 지불하지만 농가는 턱없이 낮은 가격을 손에 쥔다. 더 큰 문제는 이것이 우리 농업성장에 큰 걸림돌이 되고 있다는 점이다. 시장개방 시대에 값싼 수입 농산물이 밀려드는 상황에서 국산 농산물이 가격 경쟁력을 잃어가고 있는 주원인이 되고 있다.

재작년 가을 전국을 뒤흔들었던 배추 파동은 좋은 사례다. 이상 기후에 의한 영향에 유통문제까지 겹치면서 배추 한 포기가 15,000원까지 치솟았다. 가격이 천정부지로 올랐지만 정작 생산농가들에게 돌아온 몫은 얼마 되지 않았다.

신선 상태로 거래되는 배추의 유통마진이 70%가 넘는다. 별다른 마케팅 기능이 추가되는 것도 없이 단순히 수집하여 소비자에게 갖다 파는데도 중간 유통마진이 이 정도다. 배추만 그런 게 아니다. 대부분의 농산물이 농가의 손을 떠나 소비자에게 전달될 때는 몇 곱절이 되는 게 현실이다. 이것이 모두 중간 상인들의 이익으로 돌아가는 건 물론 아니다. 유통과정에서 추가되는 기능에 따라 많은 비용이 발생하고, 또 농산물 속성상 중간 과정에서 부패로 인한 손실도 있다. 그렇다 해도 몇 곱절 이상으로 가격이 폭등한다는 것은 무언가 유통상의 문제가 있다고밖에 생각할 수 없다.

농산물 유통구조 개선을 내세우며 정책을 추진하기 시작한 지 수십 년이 지났어도 현실은 여전히 답보 상태다. 유통과정에서 발생하는 다양한 마케팅 기능들은 대부분 누군가가 해야 하는 것들이다. 더구나 소비자들의 욕구가 다양화·고급화되면서 유통과정에서 새로운 소비자 가치 창출이 필요해진다. 그래서 무조건 줄이고 없앨 수만은 없다. 문제는 소비자 가치에 이르지 못하는 기능들과 필요 이상의 복잡한 구조로 인한 비효율, 그리고 중간 상인들의 불공정 상거래와 횡포다. 여기에 이를 관리·감독해야 할 정부기관의 철저한 책임의식 부재도 문제다. 한국 농업의 고질병이자 성장의 큰 걸림돌이다.

유통혁신과 발상의 전환

수십 년 농산물 유통구조 개선과 유통질서 합리화를 이야기하고 또 노력해 왔지만 시장개방이 확대되고 있는 지금만큼 그 필요성이 절실하게 요구된 적은 없다. 생산비용은 계속 오르는데 농산물 가격은 둔화 혹은 하락하는 추세에서 '비용-가격 압착현상'이 심화되고 있다. 시장가격의 하락 압력이 생산농가로 전가되는 걸 최소화하기 위해서는 중간 유통단계에서 이를 흡수해 주는 길밖에 없다. 국산 농산물 시장을 수입 농산물에 빼앗기지 않기 위해서도 유통과정에서 해결의 단초를 찾아야 한다. 유통혁신이야말로 지금과 같은 농산물 시장개방 시대에 절체절명의 과제인 것이다.

유통혁신은 크게 두 줄기로 진행되어야 한다. 하나는 구조적 측면, 즉 유통의 기본 틀을 혁신하는 것이고 다른 하나는 불공정 유통관행을 바로잡는 일이다. 이 과정에서 불필요한 유통비용도 과감히 줄여야 한다.

우리나라의 농산물 유통은 대부분의 품목들이 매우 복잡한 단계를 거친다. 품목에 따라 차이는 있겠지만 보통 '생산농가→산지유통인→도매시장경매→중간도매상→소매상→소비자' 과정을 거친다. 축산물도 마찬가지다. 쇠고기의 경우에는 보통 '생산농가→우시장→산지상인→도매상→소매점→소비자'로 이어진다. 성격이 다르긴 하겠지만 현대의 자동차나 삼성의 컴퓨터가 이렇게 복잡한 중간 단계를 거친다는 이야기를 들어본 적이 없다.

농·축산물은 왜 이렇게 복잡한 유통과정을 거쳐야만 하는가. 불변의 황금률이라도 되는 것인 양 수십 년 동안 이런 틀에서 벗어나지 못하고 있다. 산지 유통인, 도매시장경매, 중간도매상, 소매상을 한데 묶어 통합하는 방안은 불가능한 일인가? 이렇게 복잡한 유통조직과 틀을 그대로 둔 채 개선책을 찾는 것은 연목구어다. 과중한 유통비용은 물론 고질적인 농산물 수급 및 가격 불안정에서 벗어날 수 없다. 기존의 유통구조의 틀을 총체적으로 새로 짜는 유통혁명이 있어야 한다.

핵심은 유통단계를 줄이고 통폐합하여 생산농가와 최종 수요처를 최대한 직접 연결시키는 직거래 시스템을 갖추는 것이다. 최종 소비자, 음식점, 단체급식업체, 식품가공회사, 소매유통업체 등을 농가와 바로 연결시킬 수 있어야 한다. 이를 위해 전국의 일정 규모 이상의 생산농가와 농산물 수요처를 직접 연결시키는 (가칭) '통합 농산물 직거래 유통망'을 구축하는 방안을 생각할 수 있다. 전국을 몇 개의 지역으로 나눠 각 지역별로 통합된 광역 직거래 유통망으로 연결하는 대대적인 혁신을 이루는 방안이다. 품목별로 생산농가와 수요처, 그리고 생산량과 수요량 등 필요한 정보를 데이터 베이스화하고, 해당 지역의 농협이 중간에서 수급을 연계하는 역할을 하면 될 것이다. 각 시·도 또는 군 단위로 이와 같은 수급 연계 전산망을 구축하여 시행할 수도 있을 것이다. 일정 규모 이상 농가의 농산물을 이 '통합 직거래 유통망'을 통해 거래하면 전체 농산물 유통체계가 자연히 잡혀나갈 수 있을 것이다. 동시에 이를 통해 10%에 불과한 농산물 계약재배 물량도 대폭 늘어나고, 지역별 로컬푸드 시스템도 자연히 구축되어 나갈 수 있을 것이다.

규모를 좀 더 축소하여 도시지역 주민과 농촌을 직접 연결하는 시스템도 필요하다. 농촌사랑운동의 연장선에서 도시의 1개 동(洞)이나 아파트 단지를 가까운 농촌의 면(面)이나 리(里) 지역과 직접 연결하여 농산물 직거래가 이루어지도록 하는 방안이다. 해당 지역 농협이 중간 연계업무를 하면 될 것이다.

다음으로 농가가 직접 소비자들을 상대로 판매하는 농민시장(farmer's mar-ket), 인터넷이나 스마트폰을 이용한 사이버 마케팅도 더욱 확산해야 한다. 소비자는 자신이 먹는 농산물의 생산자가 누구인지 직접 확인함으로써 신뢰를 확보할 수 있고, 농가는 자신의 이름을 걸고 판매하므로 더욱 환경 친화적이고 품질 좋은 농산물을 생산하게 될 것이다. 미국에서는 대학 캠퍼스에서도 농민시장이 열리고 있을 정도로 농민시장이 활성화되어 있다.

또 생산농가들이 수집, 저장, 가공, 포장, 수송, 판매까지 필요한 유통기능을 직접 수행하는 방안이다. 이를 위해서는 개별 농가들이 모여 조직화·규모화를 해야 한다. 생산만 할 때와 비교하면 훨씬 큰 부가가치를 창출할 수 있다. 나아가 소비지 대형 유통업체들과의 교섭력을 강화하기 위해 영세한 산지 유통조직을 더욱 조직화·규모화하는 문제도 있다.

유통혁신의 또 다른 축은 잘못된 유통관행과 유통질서를 바로잡는 일이다. 농가의 약한 지위를 이용하여 폭리를 취하는 중간 상인들의 악덕 상행위, 불공정 거래행위는 반드시 근절되어야 한다. 대형 소매유통업체들의 우월적 지위를 이용한 저가 납품 강요, 판촉비 전가, 부당 반품, 일방적 발주 종결 등 불공정 거래행위와 횡포는 근절되어야 한다. 이런 관행들이 없어지지 않는 한 30%대에 이르는 소매유통단계에서의 이윤율은 떨어지지 않을 것이다. 중간 유통 상인들에 의한 매점매석행위, 산지 유통인들의 밭떼기 거래관행, 각종 경매부정 등 도매시장에서의 문제도 근절되어야 한다. 이런 관행이 오랜 세월 사라지지 않고 있는 것은 정부의 책임이 크다.

원산지 표시제의 확대 시행 또한 매우 중요하다. 수입산을 국산으로 둔갑시켜 판매하는 행위는 철저히 규제해야 한다. 이 사회악이 사라지지 않는 원인은 처벌이 턱없이 약하기 때문이다. 죄와 벌은 서로 합리적인 균형이 유지되어야 한다. 국산으로 둔갑시키는 농산물 부정 유통행위는 죄에 비해 벌이 너무 약한 대표적인 사례다. 국내산으로 속여 팔면 몇 곱절의 이익이 나는데 벌금 몇 백만, 몇 천만 원이 무슨 소용이 있나. 자신의 이익을 위해 불특정 국민을 대상으로 저질러지는 둔갑 사기행위는 식품에 이물질을 섞어 사익을 챙기는 행위와 함께 중한 형벌을 부과하여 일벌백계로 다스려야 할 사회악이다.

국산 둔갑행위야말로 농산물 수입이 급증하는 주원인 중 하나다. 가격도 싼데다 국산이라고 하니 수요가 늘 수밖에 없다. 그러니 수입은 더 큰 폭으로 증가하고, 이는 다시 국내농업 위축과 생산 감소로 이어져 수입산의 국산 둔갑은 더 판을 치는 것이다. 원산지 둔갑이 일으키는 악순환의 고리다. 그러는 사이 아무것도 모르는 소비자가 피해를 보고 국내 농업기반은 무너져 간다. 아무리 많은 공무원을 동원하여 단속해도 행정력과 국민 세금만 낭비할 뿐 둔갑행위는 반복될 수밖에 없다. 죄를 지어 얻을 수 있는 이익에 비해 벌이 턱없이 약하기 때문이다. 아예 원산지를 표시하지 않거나 편법으로 시늉만 내는 행위도 마찬가지다.

유통질서의 확립은 자본주의 시장질서의 기초로서 정부의 중요한 책무이다. 정부는 농산물 유통의 불공정 거래행위를 철저히 감시하고 단속과 처벌을 대폭 강화해야 한다. 유통질서가 합리화되면 농가는 물론 소비자와 국민이 이익을 보고 국민경제가 활성화된다. 공정거래, 공정한 시장질서를 확립하는 일. 농업을 살리고, 나아가 공정사회로 가는 길이기도 하다.

농협, 유통의 중심으로 거듭나야

십수 년 묵은 '농협법' 개정안이 지난해(2011) 마침내 국회를 통과하고 금년 초 시행에 들어갔다. 경제사업과 신용사업을 분리하고 경제사업을 활성화시키자는 것이 주요 골자다.

농협법 제1조는 농협 설립의 목적을 다음과 같이 명시하고 있다. "농업인의 자주적인 협동조직을 바탕으로 농업인의 경제적·사회적·문화적 지위를 향상시키고, 농업의 경쟁력 강화를 통하여 농업인의 삶의 질을 높이며…" 제13조는 지역농협의 설립목적도 같은 취지로 규정해 놓고 있다. "조합원의 농업생산성을 높이고 조합원이 생산한 농산물의 판로 확대 및 유통 원활화를 도모하며, 조합원이 필요로 하는 기술, 자금 및 정보 등을 제공하여 조합원의 경제적·사회적·문화적 지위 향상을 증대시키는 것을 목적으로 한다"라는 규정이 그것이다. 이외에도 농협법은 봉사의 원칙(제5조), 조합의 책무(제6조)를 통해 조합원인 농민의 이익을 위해 봉사할 책무를 규정하고, 축협에 대해서도 유사한 목적을 규정하고 있다(제103조). 간단히 말하면 농협법에서 정하고 있는 농협은 농민의 자발적 조직으로서 농민의 이익을 위해 존재한다는 게 요지다.

이런 목적을 가진 농협 조직의 규모는 가히 어마어마하다. 중앙회와 지역단위조합을 합치면 대한민국 최대의 민간 조직이다. 조합원수가 245만 명이니 300만 농가인구를 고려하면 거의 모든 농가의 농민들이 조합원인 셈이다. 지역농협과 축협, 그리고 품목 농·축협 등 전국의 단위조합 수만 1,160여 개나 된다. 여기에 각 지소까지 합치면 전국에 분포된 지역 단위농협 규모는 엄청난 것이다. 이와 별도로 전국에 산재된 농협중앙회 조직도 못지않다. 16개 지역본부와 158개의 시·군지부, 그리고 산하에 있는 지점과 출장소가 1,000여 개소에 이른다. 공판장, 유통센터, 소매점 등 전국의 경제사업장만도 수십 개다. 우리가 하루도 농협 간판을 보지 않고는 살 수 없을 정도로 농협의 조직은 전국 곳곳에 거미줄처럼 산재해 있다. 이보다 더 좋은 유통 조직망이 어디 있을 수 있겠는가.

이 엄청난 농민조합이 존재하는데 농민들의 삶과 농촌경제는 왜 점점 힘들고 피폐해져 가는가. 농협의 중심적 기능이 유통사업이고(제57조, 제57조의 2, 제59조, 제106조) 농민의 이익을 위해 일해야 하는데도 말이다. 한때 수신규모 전국 1위의 거대 금융기업으로까지 성장했지만 정작 그 조합원이요 주인인 농민들의 삶과 농업은 피폐해지고 있다. 산지 유통인에게 넘긴 배추가 도매상을 거쳐 농협이 운영하는 하나로마트 소매점에 이르러서는 3~4배가 된다고 한다. 농가는 1/3 값도 못 받는데 농민조합이 운영하는 마트에서는 몇 곱절로 팔아 이익을 본다니 아이러니다. 농협법 제1조가 정하고 있는 농협의 존재 이유를 무색케 만들고 있는 것이다.

농협은 조직과 인력, 자본, 정보, 경영노하우를 두루 갖추었다. 여기에 연구사업은 물론 대국민 소통창구인 언론매체까지 두고 있다. 이렇게 전국의 방대한 조직을 가진 농협이 기존의 왜곡된 유통조직을 대신하여 농산물 유통의 중심에 서야 한다. 재작년 나라를 뒤흔들었던 초유의 배추 파동도 아무리 기후 탓이라지만 농협이 법 정신에 충실하게 농민을 위해 제 기능을 다 했다면 막을 수 있었을 것이다. 농민의 조직인 농협이 농민을 위해 농산물 마케팅을 책임질 수 있어야 한다는 이야기다. 농민도 이익이고, 소비자와 국민경제를 위한 길이다.

1961년 국가재건최고회의 결정에 따라 구 농업협동조합과 농업은행이 통합되어 현재의 농협이 설립된 이래 반세기가 지났다. 50년 세월이 흐르는 사이 농협은 매머드급 공룡 조직으로 성장했다. 농협조직은 이렇게 비대해질 대로 비대해졌지만 정작 농업과 농민은 죽어가고 있으니 이를 어떻게 설명해야 하는 것인가.

농협법 개정으로 지배구조가 바뀌고 신용과 경제사업 분리를 위한 첫 단추를 꿰었다. 그러나 여전히 문제점을 많이 안고 있다는 비판의 목소리도 쏟아지고 있다. 이제 시작이다. 이를 계기로 농협은 확실히 농민의 조합으로 다시 태어나야 한다. 농협은 무엇보다 농민의 조직이라는 정체성을 재확립하고 철저히 농민의 편에 서야 한다. 신용사업조차도 농민과 농업, 농촌을 위한 신용사업이 주를 이루어야 한다. 이것이 농협이 '농협'이란 이름으로 이 사회에 존립해야 하는 이유다. 지난 봄 농협법 개정안이 오랜 대장정 끝에 국회를 통과한 후 당시 농협중앙회장은 그 의의를 이렇게 설명했다. "농협이 농산물을 잘 팔아 줌으로써 농업인과 소비자들에게 꼭 필요한 조직으로 거듭나기 위함"이라고. 마땅히 그랬어야 하지만 그동안에는 그러지 못했다는 자성의 목소리로 들린다. 농업이 계속 낙후되고 농민의 생활이 나아지지 않는다면 농협이 존재할 이유가 없다. 농협은 농업과 농민을 위한 조직으로 철저히 거듭나야 하며, 이를 위해 먼저 농산물 유통혁신의 중심에 서서 그 핵심 역할을 해야 한다.

나아가 농협은 유통 외에도 더 크게는 한국 농업성장의 중심 역할을 할 수 있어야 한다. 생산농민과 정부 사이에서 정책 시행의 가교 역할을 해야 함은 물론 민간 차원에서 농가소득 증대와 농업발전을 위한 다양한 사업을 수행할 수 있어야 한다. 자신만의 이익을 위한 집단이 아니라 대승적 차원에서 한국 농업의 성장과 발전의 중심적 사명을 담당해 나가야 한다. 공정경쟁과 시장원리를 지향하는 WTO 체제에서 정부가 할 수 있는 일은 많은 제약을 받고 있다. 이제 농민의 자발적 조직인 농협이 주도적으로 전면에 나서야 한다. 민간의 자율적 노력으로 농업·농촌을 살려내야 한다.

얼마 전 비료회사들이 무려 16년 동안이나 가격담합 행위를 해 왔다는 충격적인 보도가 있었다. 더욱 기가 막히는 것은 그 담합의 중심에 농협의 자회사가 있었다는 사실이다. 감독책임이 있는 정부기관은 그동안 무엇을 했는지 알 수 없다. 단위농협들이 농민을 상대로 대출이자를 규정보다 높게 받아 폭리를 취했다는 보도도 있다. 현실이 이런데 한국 농업이 잘 된다면 그게 오히려 이상한 일이다. 농협법이 1차 개정되었다고 하지만 농협개혁은 이제 시작이다. 그리고 법 개정보다 더 중요한 것은 실천의지이고, 농협이 이 사회에 왜 존재하는가에 대한 깊은 자기 성찰이다.

유통혁신 없이 한국 농업 미래 없다

꽃의 나라 네덜란드는 세계 최대의 화훼 경매장을 갖고 있는 것으로 잘 알려져 있다. 수도 암스테르담의 스키폴 공항 근처에 소재한 알스미어(Aalsmeer) 경매장이 그것이다. 이 경매장은 중간상인들의 횡포를 막기 위해 화훼농가들이 힘을 합쳐 1912년 설립했다. 전국 화훼농가들로부터 출하된 꽃은 물론 남아프리카공화국과 케냐산 꽃들도 이곳 경매시장에 상장되어 거래된다. 높은 가격으로부터 거꾸로 가격이 매겨지는 경매방식 또한 이곳의 특징이다. 낮은 가격부터 시작되는 통상의 방법에 비해 생산농가에게 더 큰 이익을 줄 수 있다는 이유에서다. 하루 평균 20만 건의 경매에서 거래되는 꽃이 2,200만 송이나 되고, 그중 85%는 외국으로 수출된다. 신선도 유지가 생명이라 공항과 가까운 곳에 자리를 잡았다. 화훼 유통의 허브인 셈이다. 소비자들 역시 신선하고 품질 좋은 꽃을 적정 가격에 살 수 있으니 생산자와 소비자 모두에게 이익이 되는 유통 시스템이다. 세계 화훼시장을 제패하고 농산물 수출 세계 제2위 국가가 될 수 있는 것도 이런 선진화된 유통 시스템을 갖추고 있기에 가능한 것이다. 우리 농업이 배우고 벤치마킹해야 할 유통구조 사례다.

우리는 어떤가? 서민생계를 위한다며 돼지고기 가격을 잡기 위해 할당관세를 시행했지만 가격은 오히려 더 올랐다. 중간 유통업자들이 무관세로 수입한 돼지고기를 창고에 쌓아 놓고 공급하지 않았기 때문이다. 관세를 없애 준 것도 모자라 이익을 더 챙기기 위해 매점매석 행위를 한 것이다. 그 피해는 고스란히 소비자와 농민의 부담으로 돌아간다. 이게 한국 농산물 유통의 현주소다. 정책 시행이 먹혀들지 않고 상식이 통하지 않는 사각지대인 것이다. 농업은 오래 전 성장을 멈추고 농가소득은 도시의 65%까지 추락하는데도 중간 유통업자들은 여전히 건재한 배경이다.

농업과 농촌을 위해서, 그리고 소비자와 국민경제를 위해서 유통구조 혁신이 일어나고 유통질서가 바로잡혀야 한다. 농가는 정당한 값을 받아야 하고 소비자도 얻는 만족의 가치만큼만 지불해야 한다. 불필요한 유통단계와 기능은 과감히 철폐하고 유통의 효율화·합리화를 기해야 한다. 기존의 유통구조를 그대로 유지한 채 변죽만 울리는 식의 미온적인 개선책으로는 백년하청이다. 발상의 전환을 통해 새로운 농산물 유통혁신의 틀을 짜야 한다. 유통업계의 방대한 조직이 얽혀 있어 일개 부처 차원에서 해결할 수 있는 일은 아니다. 통치권자 차원의 강한 실천의지가 있어야 가능할 것이다. 수입 농산물이 홍수처럼 밀려드는 지금, 우리에게 남은 시간은 별로 많지 않다. 유통혁신, 더 지체하면 한국 농업의 미래는 없다. 그리고 그 중심에 농협이 서야 한다.

환경 친화적 지속가능한 농업

두 얼굴을 가진 농업

농업은 토지, 물, 공기, 햇빛을 이용하여 생명체를 길러 내는 산업이다. 그렇기 때문에 농업은 본질적으로 자연 친화적이고 환경 친화적이다. 농업은 철따라 아름다운 자연경관과 전원적 풍경을 만들어 내고, 토양침식 방지와 수자원을 보존하며 생물 다양성을 유지하여 자연생태계를 보존한다. 대기를 정화하고 홍수를 조절하는 댐의 역할도 한다. 농업이 자연과 환경보존을 통해 사회에 주는 이익은 의심의 여지가 없다. 깨끗한 환경이라야 생명체가 자랄 수 있고, 미생물이 번성하는 토양에서 농업생산이 잘 된다. 결국 생명체를 기르는 농업은 본질적으로 깨끗한 환경과 조화되고 자연과 친화적인 산업일 수밖에 없는 것이다.

그러나 농업은 반대로 환경을 해치는 측면도 있음을 간과할 수 없다. 생산성 향상을 위해 사용되는 농약과 화학비료, 독성 강한 제초제는 수질과 토양오염은 물론 토양 내 미생물 감소와 생물다양성을 해쳐 자연 생태계에 나쁜영향을 주고 있다. 백색혁명을 일으킨 비닐하우스는 연중 신선한 채소를 즐길 수 있게 해 주고 화훼산업을 부흥시켰지만 땅에 묻어도 분해되지 않는 공해물질도 동시에 축적시키고 있다.

축산업이 환경을 해치는 정도는 더 심하다. 집약축산이든 방목이든 다르지 않다. 소나 양 같은 반추동물의 장내에서 발생하는 메탄가스, 축산분뇨에서 나오는 이산화질소와 암모니아가스 등은 대기 온난화와 기후변화를 촉진시키는 요인이다. 과도한 고밀도 방목은 산림벌채와 토지의 황폐화를 가져온다. 가축용 사료곡물을 생산하고 수송하는 과정에서 환경이 악화되고 있음은 두말할 나위 없다. 축산은 농지를 먹어치운다고 한다. 방목을 위해 토지가 필요한 건 말할 것도 없고 사료생산을 위해서도 엄청난 토지자원이 있어야 한다. 쇠고기 1kg을 생산하려면 8kg의 사료곡물이 필요하고 돼지고기는 4kg이 필요하다고 한다. 세계 사료작물 생산면적은 전체 경지의 1/3이나 된다. 그야말로 축산이 토지를 먹어 치우는 셈이다.

브라질 아마존강 유역의 열대 우림지역이 작물생산과 목축을 위해 마구 벌채되어 황폐화하고 있다는 것은 이제 뉴스거리도 아니다. 대규모 기업농법과 대량생산을 위한 영농 방식은 이를 더욱 부채질했다. 지구의 허파가 식량생산이란 이름으로 깊이 병들고 있는 것이다. 먼 나라의 이야기가 아니라 지구촌에 함께 살고 있는 우리와 우리 후손들의 삶의 이야기이기도 하다. 옛날 우리의 화전민들도 농업생산을 위해 적지 않은 산림을 훼손했다. 아직도 그때의 상흔들이 이곳저곳 산중에 남아 있다.

다원적·공익적 기능이 말해 주듯 농업은 환경 친화적 산업임에는 틀림없으나 이처럼 어두운 그림자도 함께 갖고 있다. 인류의 소중한 자연자원을 고갈시키고 기후변화와 환경을 악화시키는 데 농업 역시 일정 부분 기여하고 있다. 농업 내에 감춰진 불편한 진실이다. 자연환경이란 측면에서 보면 농업은 양면성을 지닌 야누스의 얼굴인 셈이다.

환경 친화적 농업생산 방식으로

지난 20세기가 성장과 개발의 시대였다면 21세기는 환경의 시대, 녹색의 시대다. 환경악화와 자원고갈의 문제, 그리고 최근 심화되고 있는 기후변화 문제는 농업에 대한 새로운 역할을 요구하고 있다. 사람들의 환경의식이 높아지고 식품안전과 위생 및 건강에 대한 관심이 높아지면서 환경 친화적 농산물에 대한 수요도 빠르게 늘어나고 있다. 소득이 증가하고 교육과 의식수준이 향상되면서 소비자들의 이런 추세는 더욱 빠른 속도로 확산될 것이다.

이제 환경과 자연 친화적이고 식품소비 트렌드 변화에 부응하지 못하는 농업은 생존하기 어려운 시대가 오고 있다. 농업생산 방식을 이런 변화추세에 맞게 바꿔 나가야 한다. 유기농업, 유기축산, 자원 순환형 농법을 포함해 친환경 농업생산을 확대해 나가야 한다. 과도한 방목으로 인한 토지의 황폐화·사막화도 막아야 한다. 또한 자연과 조화된 친환경 농법으로 농촌 지역과 국토를 아름답게 관리해 나가야 하는 것도 미래 농업의 중요한 역할이다.

선진국들은 오래 전부터 환경문제를 국가의 중요 농업정책으로 다루기 시작했다. 독일, 영국 등을 중심으로 한 유럽연합 국가들은 공동농업정책(CAP: Common Agricultural Policy)을 통해 이를 시행하고 있다. 재정지원을 하면서 농가들에게 '상호준수의무(cross compliance)**'를 부과하여 환경 친화적 생산은 물론 농지를 보존하고 국토를 아름답게 가꾸어 나가고 있다. 미국 역시 환경보전을 직불제와 연계시키고 있고, 중미의 쿠바가 친환경농업으로 앞서가고 있는 것도 잘 알려져 있다.

우리나라도 2001년부터 '친환경농업육성법'을 제정, 환경 친화적 농업을 시

---

* EU는 공동농업정책(CAP)을 통해 농가들이 환경보호, 식품안전, 동물복지, 농지관리 등 일정한 의무를 준수하는 조건으로 직불금을 지급하는 정책을 시행하고 있는 바, 이를 상호준수의무(cross compliance)라고 한다.

행해 오고 있다. 지속가능한 친환경 농업생산기반을 조성해 나가기 위해 경종 (耕種)과 축산이 연계되는 자원 순환형 친환경 농업체계를 구축하고, 가축분뇨 공동자원화 시설을 확대하고, 친환경 농업 직불제를 시행하며, 유기생산 기술 개발 지원을 확대하고 있다. 또 친환경농업 전문단지를 확대하고 유기농 특화 단지와 생태마을 조성도 함께 추진하고 있다. 쌀 산업 직불제 중 고정직불의 지급요건도 친환경적 조건을 부과하고 있다.

현재(2009) 친환경 농산물 인증 농가수는 유기농, 무농약, 저농약을 포함하 여 18만 4천 가구로 전체의 15%를 차지하고 있다. 재배면적으로는 전체 농경 지의 11%인 19만 4천 ha이다. 시장규모는 3조 6천억 원 정도로 농업 총생산액 의 9% 수준이다. 농약과 화학비료의 전체 소비량도 꾸준히 줄고 있다. 유기농 이나 무농약보다는 저농약 농산물이 절반을 훨씬 넘어 미흡한 점도 많지만 친 환경 농산물 생산은 빠른 속도로 성장하고 있다.

문제는 이런 환경 친화적 생산방식은 일반적으로 비용이 많이 들고 수익성 은 떨어진다는 점이다. 환경 정화시설을 설치하려면 추가로 비용이 들어야 한 다. 제초제를 뿌리는 대신 일일이 사람의 손으로 김을 매는 것은 힘들고 비용 이 더 들 수밖에 없다. 또 비료와 농약, 성장촉진제를 적게 쓰면 생산량이 줄 수밖에 없다. 그래서 WTO「농업협정」도 그 부속서 2의 12항에서 환경보호를 위한 직접지불을 허용하는 국내정책으로 규정하고 있다. 어쨌든 환경농업은 전통 농업에 비해 비용이 많이 들고 생산은 줄게 되어 있다.

친환경 농업의 문제는 생산단계뿐 아니라 수송, 가공 등 유통과정에서도 똑 같이 발생한다. 농산물과 식품을 수송하는 과정에서 사용되는 화학연료로 인 해 환경이 크게 악화되고 있다. 수입 농산물이 국산에 비해 훨씬 지구환경을 악화시키고 있는 것은 이런 이유다. 소비단계에서 푸드 마일리지를 줄일 수 있는 로컬푸드나 지산지소(地産地消) 운동을 펼치고, 육류 소비를 줄여 나가는 것도 필요하다.

그린라운드가 오고 있다

WTO는 그「설립협정」[*] 서문에서 회원국들이 무역확대를 추진함에 있어서 지켜야 할 원칙을 명시해 놓고 있다. 환경을 보호하고 지속가능한 발전 목표와 합치되도록 자원을 최적으로 이용하라는 것이다.「농업협정」에서는 이를 '비교역적 관심사항(NTC)'으로 표현하여 구체화하고 있다. 세계 농업개혁을 추진하는 과정에서 환경보호의 필요성 등 '비교역적 관심사항'을 고려해야 한다고 규정함으로써 지속가능한 발전을 위한 농업의 역할을 강조하고 있는 것이다. 국가의 지속가능한 발전을 위해서는 토지자원이 적정 수준에서 잘 보존되고, 환경과 자연생태계가 잘 보존되며, 농촌을 포함한 지역사회가 균형 있게 유지·발전될 수 있어야 한다.

WTO 다자간 무역협상에서 환경문제가 아직 공식화되지는 않았다. 하지만 진행중인 DDA 협상이 끝나고 나면 다음 차례는 환경문제를 다룰 그린 라운드(Green Round)가 올 가능성이 높다. 환경악화와 자원고갈이 심화되고 지구온난화와 기후변화 문제가 심각해지는 상황에서 인류의 미래를 위협하는 이 문제를 더 미룰 수는 없을 것이다. 생산성과 양적 성장이 아니라 환경을 고려한 지속가능한 발전, 지속가능한 농업이 되어야 한다. 환경 친화적으로 생산되지 않는 농산물과 식품은 무역을 제한하는 논의가 국제무대에서 시작될 날이 오고 있다.

1992년 리우 선언이 있은 지 20년이 지났다. 토지, 산림, 물과 대기 등 자연자원은 미래 세대를 위해 잘 보존해야 할 인류의 소중한 자산이다. 농업 생산활동은 이들 소중한 자원과 환경을 오래도록 잘 보존할 수 있는 지속가능한

---

* 큰 틀에서 본 WTO 협정의 구조는 본문에 해당하는 이 설립협정(Agreement Establishing the World Trade Organization)과 4개의 부속서로 구성되어 있다.

방식이 되어야 한다. 생산성이 떨어지는 문제는 기술혁신으로 극복해 나가는 방안을 찾아야 한다. 환경기술, 녹색기술 등 기술혁신을 통해 친환경적이면서 생산성을 떨어뜨리지 않는 농업을 지향해 나가야 한다. 이것이 가능해질 때 새로운 녹색혁명 시대, 신농업혁명 시대가 열리게 될 것이다.

그럼에도 아직까지 우리 농민들의 환경농업에 대한 의식수준은 많이 낮은 것도 사실이다. 소득이 낮은 상황에서 환경까지 요구하는 게 무리일 수 있다. 하지만 억대 수입을 올리는 성공한 농가들의 공통점 중의 하나는 대부분이 친환경 농법으로 농사를 짓는다는 사실이다. 스스로 연구하고 개발해 낸 친환경 농법으로 병충해를 예방하고 수확도 늘리고 있다. 친환경 농산물이니 부가가치가 높아 고수익을 올릴 수 있다. 현재 10%도 채 안 되는 친환경 농산물을 계속 확대해 나가야 함은 물론, 저농약 중심을 유기농과 무농약으로 전환하여 친환경 농업생산을 강화해야 한다. 21세기는 이런 방향으로 갈 수밖에 없다. 인간과 환경, 자연이 공생하고 조화를 이루는 지속 가능한 농업을 실천해 나가야 한다.

쌀, 한국 농업의 아이콘

유엔이 준 메시지, "쌀은 생명"

　지난 2004년은 유엔이 정한 '세계 쌀의 해(IYR)'*였다. 쌀이 인류에게 얼마나 중요한가를 인식시키기 위한 국제기구의 노력을 엿볼 수 있다. 이때 유엔이 내건 슬로건은 "쌀은 생명이다(Rice is life)"였다. 쌀은 단순한 식량이 아니라 생명인 것이다.

　지구상 인구의 절반 이상은 쌀을 주식으로 하여 살고 있다. 우리나라를 포함하여 중국, 인도, 인도네시아, 일본, 태국, 베트남 등 주로 아시아 국가들이 쌀을 주식으로 하고 있다. 아프리카 지역에서도 생활수준이 점차 나아지면서 쌀이 주요 식량자원으로 급성장하고 있다. 쌀은 세계 모든 대륙 110여 개 국가에서 생산되고 있지만 90% 이상은 아시아 지역에서 나온다. 많은 나라들, 특히 개도국들의 주요 소득원이고 생계수단이자 고용창출의 기회를 제공하고 있다.

---

* International Year of Rice

194

우리 농업에서도 쌀이 차지하는 위상은 절대적이다. 전체 농가의 70%가 쌀을 생산하고 있고, 전체 농경지의 57%가 쌀 생산에 사용되는 논이다. 농업총생산액에서 차지하는 비중이 20%, 농업소득의 25%다. 축산과 원예산업이 성장하면서 상대적으로 위상이 축소되고 있지만 여전히 단일 품목 생산액 1위로서 그 중요성을 견지하고 있다. 전 국민이 쌀을 주식으로 하고 있다는 데서 소비 측면에서도 중요하긴 마찬가지다. 쌀 소비가 계속 감소하여 1인당 연간 소비량 72kg까지 내려와 있어도 국민의 주식으로서 식량안보를 담보하는 핵심 농산물이라는 위치에는 변함이 없다. 그래서 쌀을 중심으로 한 시장의 움직임이나 정책의 변화는 생산농민은 물론 전 국민의 관심사항이 되고 있다. 쌀 정책이 어떤 방향으로 가는지를 보면 한국 농업정책의 큰 흐름을 읽을 수 있다.

생산과 소비 양 측면에서 이렇게 중요한 위치에 있기 때문에 지금까지 쌀은 강한 보호정책 속에서 성장해 왔다. 이중곡가제, 생산조정제, 약정수매제 등 크고 작은 많은 정책들이 시행착오를 겪으면서 시행되어 왔다. 1960년대까지는 저곡가정책이 시행되었지만 그 후 70년대 들어서는 줄곧 기본적으로 보호정책을 견지해 왔다. 새로운 품종개발 등 기술개발은 물론 기계화와 관개사업, 경지정리와 유동화 사업 등 생산성 향상을 위한 노력도 지속적으로 추진해 왔다. 1970년대 초 통일벼의 개발로 보릿고개를 해결하고 주곡 자급을 달성하여 한국형 녹색혁명을 일으키기도 했다. 이런 다양한 육성정책의 산물로 현재의 쌀 산업을 이룩해 냈다.

한국의 농업정책은 곧 쌀 정책이라 해도 과언은 아니다. 국내정책이든 국경정책이든 어디에나 반영되어 있다. WTO 국내지지 감축 기준인 총AMS 1조 7,186억 원 중 91%를 쌀이 차지하고 있다. 뿐만 아니라 쌀은 우리나라 농산물 중 관세화 조치에서 유예된 유일한 품목이고, 세계에서도 몇 안 되는 관세화 유예 품목 중의 하나이다.

대부분 농가들의 주요 품목이자 중심 소득원이라 쌀은 정치적인 영향도 크게 받는다. 지금까지 쌀 관련 정책들은 경제논리보다는 정치논리에 의해 움직였다. 그래서 쌀에는 '정치재'라는 별칭이 따라다녔다. 쌀값이 조금만 하락해도 농민들은 민감하게 반응을 보이고, 그러면 정치권의 손에 의해 요리되기 일쑤다.

최근에는 공급과잉 추세가 지속되면서 문제가 더욱 복잡해지고 있다. 수요가 줄면서 공급과잉의 수급 불균형 구조가 시작된 지 10년 이상이 되었다. 그런데도 여전히 '시장격리'란 이름으로 사실상의 수매정책은 계속되고 있다. 이제 쌀 문제는 웬만한 정책간섭에는 끄떡 않는 정책내성까지 생기고 있다. 이렇게 된 데는 쌀이 그만큼 한국 농업에서 중요하고 또 국민생활에서 차지하는 비중이 크다는 것을 의미한다. 그러나 과유불급이라 했듯이 지나치면 미치지 못함과 같은 것이다.

정책변화의 시도, 쌀소득보전직불제

쌀 정책에 변화가 찾아온 것은 2005년 쌀소득보전직불제가 도입되면서부터이다. 그때까지 시행되었던 약정수매제를 폐지하고 대신 직불제와 함께 식량안보 목적의 공공비축제를 새로 도입했다. WTO 세계 농업개혁에 따라 가격지지에 해당하는 약정수매제를 좀 더 시장 지향적인 정책으로 전환하고자 하는 시도였다.

그러나 미국의 제도를 본떠 도입한 현행 쌀 직불제는 그 성격이 WTO 「농업협정」상 허용되는 정책은 아니다. 현행 쌀 직불제의 핵심은 목표가격을 설정하고 농가의 수취가격을 이 목표가격과 직접 연계시키고 있다는 점이다. 따라서 실질적으로는 가격지지효과가 그대로 남아 있다. 고정직불 부분이 있다 해도 농가의 수취가격 결정의 기준이 목표가격이기 때문에 사실상 생산에 영향을 미치고 시장을 왜곡하는 정책이다. 형식상으로는 직접지불이라는 이름으로 정책이 시행되고 있어도 이 직접지불은 「농업협정」에서 지향하고 있는 시장 중립적인 직접지불과는 거리가 멀다. 목표가격과 연계된 변동직불로 인해 여전히 감축대상이다.

쌀 직불제의 도입 목적은 쌀 산업을 시장원리에 접근시키면서 동시에 감소하는 농가소득을 보전해 주고 일정 수준의 생산기반을 유지하기 위한 것이다. 그러나 충분한 재정이 뒷받침되지 않으면 이 두 마리 토끼를 모두 잡는 것은 어려운 일이다. 재정능력이 안 되면 시장원리가 일정 부분 손상될 수밖에 없다는 이야기다. 그래서 목표가격을 설정하고 직불금을 이것과 연계시켜 놓은 것이다. 쌀의 수급과 가격은 시장원리에 맡기되 줄어드는 농가소득을 목표가격과 연계하여 보전해 주는 방식이다. 직불금을 목표가격에 연계하여 지급하다 보니 자연히 생산을 자극하는 부작용은 생기게 되어 있다. 장기적으로 수요가 감소하는 추세에서는 공급과잉의 수급 불균형은 필연적이다.

그동안 공급과잉과 재고 누적 그리고 이로 인한 가격하락 상황에 직면하여 정부는 일시적인 미봉책으로 수매를 통한 시장격리로 대처해 왔다. 그러나 이런 임기응변식 정책으로는 근본적으로 문제를 해결할 수 없게 되어 있다. 막대한 재정손실은 물론 격리시킨 쌀을 처분하는 문제, 보관과 재고관리의 문제 등 여러 문제들이 생기게 되었다. 급기야 정부는 쌀 생산을 인위적으로 줄이는 생산조정제를 들고 나왔다. 지난 2003~2005년 휴경방식으로 시행했다가 성공하지 못한 카드를 다시 꺼내든 것이다. 이제는 휴경 대신 전작방식으로 바꾸어 다시 생산을 인위적으로 제한하고자 하는 것이다.

사실 현행 직불제의 생산증대 효과는 당연한 것으로 설계 당시부터 예상된 것이다. 그럼에도 이런 방식을 선택한 데에는 쌀이 갖는 식량안보적 중요성 때문이었을 것이다. 어쨌든 이제는 농가소득을 생산과 연계되지 않는 방법으로 지원해 주는 방안을 찾아야 한다. 생산조정제와 같은 정책이 추가로 도입되지 않더라도 수급이 균형을 이루고 동시에 농가소득이 보장될 수 있는 방안이 필요하다.

쌀 정책방향 어디로

우리나라의 쌀을 중심으로 한 정책은 매우 복잡하다. 직불제와 식량안보용 공공비축제가 시행되고 있는 가운데 생산조정제가 새로 도입되었다. 여기에 시장상황에 따라 수시로 발동되는 시장격리라는 것도 있다. 대외적으로는 관세화 유예조치로 매년 의무적으로 수입하는 최소시장접근(MMA) 수입쿼터제도 계산에 넣어야 한다. 또한 2012년 시행을 목표로 추진하고 있는 농가단위 단일직불제도 쌀 직불제와 직접 연결되어 있다. 문제는 이렇게 여러 정책수단들을 다 동원하고 있는데도 불구하고 쌀 문제는 늘 농정의 골칫덩어리이고 깔끔하게 정리되지 않고 있다는 점이다. 오히려 너무 많은 정책수단들이 수시로 동원되고 있다는 것이 문제의 해결을 어렵게 만들고 있다. 과연 우리의 쌀 정책은 어떤 방향으로 가야 하는가?

우선은 쌀 산업을 통해 무엇을 달성하려는가에 관한 정책목표와 방향이 명확히 서 있어야 한다. 크게 보면 세 가지로 요약할 수 있다. 첫째는 쌀 산업을 통해 식량안보를 포함한 다원적·공익적 기능이 확보되어야 하고, 둘째는 농가소득이 보장되어야 하며, 그리고 셋째는 WTO와의 조화를 위해 시장 지향성이 충족되어야 한다. 첫 번째 원칙을 위해서는 적정 수준의 쌀 생산과 생산기반이 유지되어야 가능하다. 그리고 이를 위해서는 정부의 시장간섭이 일정 부분 불가피해진다. 그런데 이렇게 될 경우에는 세 번째 시장 지향성 문제와 충돌하게 된다. 농가소득 문제는 첫 번째 원칙과 함께 달성할 수 있지만 시장 지향성을 위해서는 막대한 재정자금이 소요될 것이다.

먼저 생각할 수 있는 방안은 현행 직불제의 기본 틀 내에서 제도적 미비점을 보완하면서 운용의 묘를 살려 나가는 것이다. 공급과잉을 해소하여 시장에 의한 수급균형을 이루기 위해서는 직불제 대상면적을 점진적으로 축소시켜 가면서 고정직불을 올려야 한다. 고정직불 인상은 변동직불이 필요 없을 만큼 충분해야 하며, 시장가격에 따라 탄력적으로 조정해 나가야 한다. 시장가격이 형성되기 전에는 이때 필요한 고정직불을 알 수 없으므로 근사한 수준의 고정직불을 정하고 사후 정산하는 방안을 생각할 수 있다. 고정직불만 지급한다고 해서 변동직불 자체를 폐지하는 것은 아니다. 식량안보 등 필요할 경우에는 고정직불을 낮춰 다시 변동직불이 자연스럽게 부활될 수 있도록 해야 한다. 대상면적은 최대한 최근의 과거시점에 이용되었던 면적으로 축소해 나가야 한다. 이때 쌀 직불제 대상에서 제외된 면적은 다른 방안을 찾아 농지로서 보존될 수 있도록 해야 한다.

또 현행의 차액 지원율 85%를 100% 또는 이에 근접한 수준까지 상향 조정하여 농가가 목표가격만큼 지원받을 수 있도록 할 필요가 있다. 이렇게 하더라도 고정직불만 지급된다면 이것이 생산을 자극하는 효과로 나타나지는 않을 것이다. 현재처럼 85%만 지급할 경우에는 시장가격의 등락에 따라 농가의 수취가격이 같이 오르고 내리기 때문에 안정적인 소득보장이 어렵다. 시장가격이 하락할 경우에는 지금처럼 수시로 시장격리라는 사실상의 수매조치를 반복하는 악순환을 낳게 된다. 이는 직불제 도입 취지에 어긋날 뿐 아니라 시장을 더욱 왜곡하는 것은 물론 수매자금과 보관비용 등 막대한 추가 재정부담을 지게 된다. 지원율을 상향조정하여 이런 문제점을 원천적으로 차단할 필요가 있다. 추가로 재정이 소요되겠지만 시장격리에 드는 비용으로 충분히 충당할 수 있을 것이다.

이때 기대되는 효과는 우선 생산이 자동으로 줄어든다는 점이다. 대상면적이 적정 수준으로 줄면서 고정직불만 지급되므로 농가 입장에서는 생산을 늘릴 유인을 받지 않게 된다. 또한 공급이 줄면서 시장가격이 상승하면 고정직불을 낮출 수 있는 여지가 생기면서 재정지출이 줄어드는 효과도 얻을 수 있다. 변동직불까지 지급할 때와 비교하면 재정부담을 줄일 수 있을 것이다.

이 방법은 식량안보를 확보하면서 공급과잉으로 인한 문제, 가격하락에 따른 시장격리 문제 등을 동시에 해결할 수 있는 대안이 될 수 있다. 다시 말하면 현행 직불제하에서 운용의 묘를 잘 살리면서 쌀 시장에서 발생하는 여러 문제들을 관리해 나갈 수 있는 것이다. 또한 시장의 자율적 기능에 맡겨 고정직불을 늘리는 것이기 때문에 WTO 조화 문제도 동시에 해결해 나갈 수 있다. 생산조정제와 같이 생산을 인위적으로 줄이기 위한 정책을 도입할 필요도 없어진다. 생산조정제 시행에 따른 재정지출을 절약할 수 있음은 물론, 사후적 시장격리나 이에 소요되는 재정, 재고관리비용 등의 문제도 같이 해결해 나갈 수 있다. 현행 직불제하에서 고정직불 같은 정책변수들을 탄력적으로 또 기술적으로 활용하는 방안인 것이다.

두 번째로 생각할 수 있는 방안은 고정직불을 올리면서 목표가격 자체를 폐지하는 방안이다. 시장간섭의 여지를 완전히 제거하는 것이다. 다만 식량안보를 위해 농지의 형상은 반드시 유지하도록 해야 한다. 생산이 적정량 이하로 줄어 식량안보의 문제가 생긴다면 다시 목표가격을 부활시키는 조치가 필요할 것이다.

세 번째는 현행의 기본 틀을 유지하되 영농규모에 따라 지원율을 세분화하여 차등 적용하는 방안이다. 소규모 농가에 대한 100%로부터 대농은 예컨대 50% 등으로 대농일수록 지원율을 낮추는 방안이다. 고정과 변동을 합한 직불금이 차등화된 지원 금액이 되도록 설계하는 것이다. 현행 제도는 생산량에 따라 지급되는 변동직불 부분으로 인해 규모가 큰 대농일수록 많은 혜택을 보는 구조이다. 그러나 이 방안은 이런 문제를 보완하면서 대농의 생산을 억제하여 자연히 수급균형을 맞춰나갈 수 있다. 대농일수록 규모의 경제에 따라 단위 면적당 생산비가 줄어든다는 점이 제도 내에 고려되는 장점도 있다. 생산량이나 면적을 기준으로 한 지불은 생산증대 효과뿐 아니라 자연히 대농과 부농에 더 많은 혜택이 돌아가게 되어 있다. 영농규모가 작은 영세 소농들은 혜택이 적을 수밖에 없어 농가 간 양극화 문제를 더욱 심화시킬 수도 있다.

다음에는 현재 정부에서 검토하고 있는 유럽형 농가단위직불제 문제이다. 이는 농가의 소득을 특정 품목에 한정하지 않고 총체적으로 지원한다는 데서 더 시장 지향적이고 효율적 자원배분이 가능하다는 장점을 가질 수 있다. 또 농가의 소득을 좀 더 안정적으로 관리해 나갈 수 있다는 장점도 있다. 우리 농업의 여건상 시행하는 데 여러 가지 현실적인 어려움이 예상되는데도 정부가 추진하고 있는 이유는 이런 장점이 있기 때문이다. 그렇지만 쌀의 경우에는 식량안보와 직결된다는 점이 문제이다. 농가들이 시장의 신호에 따라 자율적으로 생산품목을 결정하고 또 생산량도 자율적으로 결정할 수 있기 때문에 쌀 생산이 줄고 또 생산기반이 줄어들 경우에는 이를 제어할 장치가 없다는 점이 문제이다. 따라서 주요 곡물의 자급률이 대부분 100%를 훨씬 넘는 EU와 달리 우리나라와 같은 상황에서 쌀을 농가단위직불제 대상 품목으로 포함시키는 것은 위험하다. 식량안보 외에도 쌀의 또 다른 다원적 기능 확보를 위해서도 쌀의 경우에는 별도의 독립적인 직불제 형태로 존속되어야 한다. 시장경제의 전도자 역을 맡고 있는 미국이 왜 여전히 품목 단위 지원정책을 고수하고 있는지 헤아려 봐야 한다.

한국형 쌀 직불제 필요

쌀 정책은 그동안 정부의 무원칙한 시장간섭과 정치논리로 꼬일 대로 꼬이고 누더기가 다 되었다. '정치재'라는 오명을 벗겨주고 경제논리가 지배되도록 쌀을 시장으로 돌려보내야 한다. 현행 직불제의 틀 내에서 미흡한 점을 보완해 가면서 운용의 묘를 살려 나가면 쌀 문제는 해결해 나갈 수 있을 것이다. 쌀 가격의 움직임에 대해 지나친 과민반응을 보이고, 걸핏하면 시장격리 카드를 꺼내는 행태부터 없어져야 한다. 그래야 시장이 더 안정적으로 움직인다. 또 하나 중요한 부분은 시장기능이 원활하게 작동하도록 공정거래와 유통질서를 확립해 나가야 한다. 매점매석 행위, RPC* 간이나 RPC와 농가 간의 가격담합 등 시장을 왜곡하는 불공정 거래행위를 확실히 근절할 수 있는 장치가 필요하다. 정부의 손이 강하게 나타나야 할 부분은 바로 이런 곳이다. 그러면 쌀 시장은 개선된 직불제의 큰 틀 속에서 수급균형을 찾아가며 원활히 움직여 나갈 수 있을 것이다.

"쌀은 생명", 2004년 '세계 쌀의 해'에 유엔이 세상에 던진 중심 메시지다. 우리에게도 쌀은 곧 생명이다. 그래서 쌀 정책은 긴 안목에서 세심한 손끝으로 디자인해야 한다. 식량안보뿐 아니라 농업의 다원적 기능은 모두가 쌀과 관련되어 나온다. 생물의 다양성과 자연 생태계 유지, 홍수조절과 수자원 보존, 지역사회 유지를 통한 국토의 균형적 발전, 토양의 침식과 유실 방지, 대기정화와 환경보호, 아름다운 자연경관 제공, 전통 문화유산 계승. 어느 것 하나 쌀 농업에서 비롯되지 않은 게 없다. 농업의 다원적 기능은 그래서 쌀의 다원적 기능이다.

농정이 지나치게 쌀 중심적으로 움직이는 것은 경계해야 한다. 국내·외 시장과 농업환경 변화에 따라 품목도 다양화되고 농정의 무게중심도 변화되어야 한다. 그러나 유엔이 세상에 던진 메시지처럼 쌀은 단순한 재화를 넘어 인간의 생명이고 삶이다. 농업정책은 그 나라가 처한 농업환경과 지향하는 정책목표의 산물일 수밖에 없다. 우리의 농업환경은 주요 곡물의 자급률이 100%를 훨씬 넘는 유럽이나 북미의 농업 선진국들과는 완연히 다르다. 우리의 농업·농촌 현실과 장기 농업정책 방향에 부합하는 한국형 쌀 직불제, 한국형 쌀 정책이 만들어져야 한다.

* 일명 미곡종합처리장(RPC: Rice Processing Complex)으로 부르며 수확기 농가가 생산한 벼를 매입하여 건조, 저장, 가공, 판매하는 민간 유통기관이다.

세월만 허비한 관세화 논쟁

'관세화=완전개방'의 오해

쌀 문제를 이야기하면서 관세화 논쟁이 빠질 수 없다. 관세화는 우루과이라 운드 농업개혁이 이루어 낸 가장 핵심적인 조치라는 점은 제2부에서 이미 이 야기했다. 우루과이라운드 협상 결과 모든 농산물은 원칙적으로 관세에 의해 서만 수입을 제한할 수 있도록 했다. 하지만 여기에 수입국들 입장을 고려하 여 일정한 예외도 인정했다. 「농업협정」 부속서 제5조가 그 근거규정이다. 우 리나라의 쌀은 동조 B, 개도국 조항을 원용하여 관세화 조치로부터 10년 간 유 예되었다. 우리의 쌀 외에도 일본과 필리핀의 쌀, 그리고 이스라엘의 일부 낙 농품도 이 부속서 조항에 의해 관세화가 유예되었다. 관세화를 일정 기간 유 예하는 대신 개도국은 기준연도(1986~1988) 소비량의 4%까지, 그리고 선진국 은 8%까지 의무적으로 수입을 늘려가야 하는 부담을 지게 되었다. 이른바 최 소시장접근(MMA)에 의한 수입이다. 개도국 지위를 인정받은 우리나라도 쌀 을 관세화 조치로부터 유예하는 대신 최소시장접근에 의한 수입량을 늘려 나 가야만 했다.

우리나라 쌀 관세화 논쟁의 역사는 이렇게 시작되었다. 유예기간 10년이 2004년 만료되자 미국, 중국 등 수출국들과 협상을 벌여 다시 10년을 연장해 놓았다. 대신 저율관세로 들어오는 의무수입량은 기준연도 소비량의 7.98%까지 늘려야 하는 부대조건이 붙었다.

쌀 산업을 지키기 위해 관세화라는 생면부지의 소나기를 우선 피하기는 했지만, 대신 매년 증가하는 의무수입량은 쌀 시장의 새로운 골칫거리로 등장했다. 그래서 관세화로 전환하는 편이 더 낫다는 주장이 제기되면서 이에 대한 논쟁이 그치질 않고 있는 것이다. 우루과이라운드 협상 당시에도 그랬지만 연장 여부를 결정하던 때에는 더 치열했다. 몇 년 전에는 국제 쌀 가격이 급상승하자 관세화 문제가 부각되더니 최근에는 재고가 누적되고 공급과잉이 심각해지자 다시 조기 관세화 논쟁이 시작되었다.

요지는 어느 쪽을 선택하는 것이 쌀 산업을 더 효과적으로 보호할 수 있는 방안인가이다. 현재처럼 관세화 유예 상태를 계속 유지하면서 대신 의무수입량이 늘어나는 것을 감수할 것이냐, 아니면 바로 관세화로 전환하여 의무수입량을 현 수준에서 멈추게 할 것이냐이다. 그런데 의무수입량이 점점 증가하고 시장여건이 유리해져도 관세화로 전환하면 완전히 개방된다는, 즉 '관세화=완전개방'이라는 생각에 논쟁은 늘 제자리걸음만 해 왔다. 똑같은 논리에 무성한 말만 거듭하는 사이 두 번째 유예기간 종료 시점 2014년도 얼마 남겨 놓지 않은 것이다.

쌀 관세화를 반대하는 입장은 이 '관세화=완전개방'이란 인식이 바탕에 깊이 깔려 있다. 그러니 관세화로 가면 한국 농업에 큰일이 날 수밖에 없다. 혹은 관세화로 가면 DDA 협상에서 개도국 지위 유지가 어려워진다고 주장하기도 한다. 그런데 곰곰 생각해 보면 쌀 관세화 전환과 개도국 지위 사이에 어떤 연관성이 존재하는지 알 수 없다. 그것은 막연한 우려이지 논리적으로는 설명되지 않는다. 이런저런 구실을 찾아 관세화를 피하고 싶은 것이다. 왜냐하면

'관세화=완전개방'이라는 생각이 머릿속을 가득 채우고 있기 때문이다.

과연 세간에서 이야기하듯 쌀 관세화는 곧 '완전개방'인가? 관세화로 가면 쌀이 자유롭게 마구 들어올 것인가 말이다. 「농업협정」에서 말하는 '관세화'란 비관세 수입수량 제한조치를 그에 상응하는 똑같은 보호수준의 관세로 전환하는 것을 의미한다. 그래서 관세화를 해도 관세가 인하되지 않는다면 전과 동일한 보호효과가 유지되는 것이다. 관세화가 된다고 해서 곧 시장이 개방되어 수입이 늘어나는 것은 아니라는 이야기다. 원하면 언제라도 자유롭게 들어올 수 있는 '완전개방'은 더더욱 아니다. 쌀처럼 국내·외 가격차이만큼 높은 관세를 매기는 경우에는 관세화 전이든 후든 수입이 될 수 없다.

관세화로 가면서 관세가 일시에 대폭 인하된다거나 아니면 관세가 처음부터 아주 낮은 수준에서 결정된다면 그렇게 말할 수도 있을 것이다. 이른바 BOP 품목들이 관세화 대상은 아니었지만 1989년 GATT의 BOP 조항을 졸업하면서 수입쿼터에 의한 제한이 풀리고 관세만 남게 되었다. 이런 경우에는 거의 완전개방이라고 말할 수 있다. 왜냐하면 이들 대부분은 낮은 관세 품목들이었기 때문이다. 예를 들어, 쇠고기의 경우 관세가 40%이지만 그동안 BOP 품목으로 수입쿼터에 의해 국내외 가격차 3~4배가 유지되고 있었다. 이때 수입쿼터가 폐지되고 관세만 남게 된다면 40%의 낮은 관세는 큰 보호 역할을 못하기 때문이다.* 쌀 관세화와 이런 경우는 전혀 다르다. 동일한 보호수준의 높은 관세로 전환하는데 무슨 완전개방이란 말인가. 관세만 부담하면 자유롭게 수입될 수 있다는 의미에서 그렇게 말한다지만 대체 어떤 바보가 그 높은 관세를 물고 들여와 손해 보는 장사를 하겠는가.

이렇게 수입금지와 같은 수준의 보호효과를 내는 높은 관세를 '수입금지적

---

* 그럼에도 현재 국산 한우 쇠고기와 수입산 간 큰 가격차이가 나는 것은 소비자들의 품질 차이 인식 때문이다.

관세(prohibitive tariff)'라고 한다. 이 정도 높은 수준의 관세로 전환하는 것은 개방이 아니라 여전히 수입제한이다. 사실을 왜곡하여, 아니면 잘못 이해하여 농민들을 현혹시키고 있는 셈이다. 자라 보고 놀란 가슴 솥뚜껑 보고 놀란다고 시장개방 쓰나미를 맞은 농민들은 개방의 '개' 자만 들어도 가슴이 벌렁거린다. 그러니 농민들로서는 '관세화=완전개방'이라고 하면 그렇게 믿고 싶은 것이다. 어떤 결과가 초래될지 정확히 알지 못하면서 관세화되면 수입쌀이 마구 밀려올 것으로 생각하고 극구 반대하고 있는 것이다.

일본이 일찍이 MMA를 포기하고 관세화로 전환한 것은 그만한 이유가 있기 때문이다. 관세는 수입쿼터와 동일한 보호효과를 갖고 있다. 우리는 관세화에 대해 아주 잘못된 인식을 갖고 있다. 적어도 농산물 수입개방과 관련해서는 지금까지 그래 왔다. 관세는 수입쿼터와 함께 가장 전형적인, 그리고 강력한 수입제한조치이다. 관세화가 완전개방을 의미한다면 우리 못지않게 쌀 산업을 중시하고 식량안보를 강조하는 일본에 지금쯤 난리가 나고 있어야 맞다. 그들이 왜 우리처럼 쌀 관세화 유예조치를 받고 몇 년 안 되어 바로 관세화로 전환했는지 생각해 보아야 한다.

의무수입량이 늘지 않고 일정 수준에 고정되어 있다면 문제는 또 달라진다. 그러나 이 의무 수입물량은 고정된 것이 아니라 관세화를 연장하는 기간 동안에는 지속적으로 늘어나게 되어 있다. 이거야말로 우리의 의지와 관계없이 강제로 쌀 시장이 열리고 있는 것이다.

관세화는 전환된 관세가 어떤 속도와 정도로 감축되느냐에 따라 문제가 될 수 있다. 다시 말하면 관세가 급격히 대폭 감축되는 상황이 두려운 것이다. 그러나 이것은 협상 결과에 따라 달라지는 것이기 때문에 누구도 정확히 알 수 없다. DDA 협상에서 논의되는 '특별품목'이나 '민감품목' 등으로 비춰 볼 때 그럴 가능성은 희박하다. 관세화로 가면 개도국 지위를 상실할 가능성이 크다는 우려 또한 근거는 희박하다. WTO에서 개도국 지위는 '자기선택(self-selection) 원칙'에 의해 스스로 개도국임을 선언하고 다른 나라들로부터 동의를 받음으로써 결정되는 것이다. 쌀의 관세화 전환 여부가 다른 나라들이 한국을 개도국으로 인정하는 기준이 될 수는 없다. 어쨌든 관세화가 곧 쌀이 자유롭게 수입될 수 있는 완전개방은 아니다. 시장개방은 관세화 유예의 대가로 매년 30여만 톤 이상이 우리의 의지와 관계없이 의무적으로 수입되고 있는 것, 바로 이런 것이 시장개방이다.

관세화가 더 나은 선택일 수 있는 이유

쌀의 관세화를 주장하는 입장이나 반대하는 입장이나 목적은 같다. 어느 방안이 한국의 쌀 산업을 국제경쟁으로부터 더 효과적으로 보호할 수 있는가이다. 이론적으로 보면 관세와 쿼터는 다른 조건이 불변이라면 동일한 보호효과를 갖는다. 두 수입제한조치 사이의 이른바 '동등성(equivalence)'이다.

관세화가 쌀 산업 보호에 더 유리할 수 있는 요소는 여러 가지다. 우선은 쌀의 국제가격이 장기적으로 상승할 것으로 전망되고 있다는 점이다. 몇 년 전부터 급상승하기 시작한 국제 곡물가격이나 세계 수급상황은 이런 전망에 대한 신뢰성을 충분히 갖게 한다. 관세는 또 종가세 외에 종량세 방식을 혼합하여 사용하면 국제가격 하락시 충격을 완화할 수 있는 보호장치가 될 수 있다는 장점도 갖고 있다. 무엇보다 현재 목표가격을 설정하여 시행하고 있는 쌀 직불제는 어떤 경우에도 국내생산 유지를 위한 강한 보호장치가 되고 있다는 점이다. 현행 쌀 직불제가 앞으로도 계속 시행된다면 만일의 경우 가격이 크게 하락한다 해도 재정 능력의 문제는 있을지언정 쌀 생산과 농가의 소득지원에는 별 영향이 없다는 것이다.

또 다른 요인은 국내 쌀 수급구조의 장기적 변화추세가 그렇게 움직이고 있다. 쌀 소비는 오래 전에 장기 감소추세에 접어들었고, 공급 측면에서도 지속적인 기술개발 등 생산성 향상이 이루어지고 있다. 수요와 공급 양 측면에서 진행되는 이 구조적 변화는 국내 쌀 가격이 장기적으로 하락하여 국제가격과의 차이가 줄어들 수 있는 요인이 내재해 있다는 것을 의미한다. 이는 곧 관세로 전환할 때 쌀에 대한 수입수요가 지속적으로 줄어드는 요인이 된다는 의미이다.

만일 2004년 관세화 유예 연장을 위한 협상시 관세화가 되었다면, 아니 일본처럼 그보다 더 일찍 관세화로 전환했더라면 지금 어떤 상황이 벌어지고 있을까? 초기 관세(상당치)를 결정하는 기술적인 문제가 있긴 하지만, 여기서 「농업협정」 규정에 따라 10%가 감축되더라도 300% 이상은 되었을 것이다. 이것은 국내가격이 수입가격의 4배로 유지될 수 있는 관세수준이다. 이런 관세 아래서 쌀 수입은 될 수 없었을 것이다. 더구나 국내 소비자들이 국산과 수입산에 대한 품질 차이를 인식하고 있는 상황을 감안하면 이보다 훨씬 낮은 관세라 해도 수입은 되지 않았을 것이다. 지금도 MMA로 수입된 시판용 쌀이 잘 팔리지 않고 있는 걸 보면 소비자들의 품질 차별화 인식은 분명한 듯하다.

그런데 지금 1년에 30여 만 톤 이상의 쌀이 꼬박꼬박 의무적으로 수입되고 있다. 좋든 싫든, 필요하든 아니하든 무조건 이만큼의 쌀을 수입해야만 한다. 관세화가 문제가 아니라 쌀 집착증이 문제다. 쌀 문제이기 때문에 '관세화=완전개방' 등식이 성립하는 것이다. 불안하니까 심정적으로 그렇게 가고 싶은 것이다. 지나친 기우가 화를 키우는 꼴이다. 우리에게 쌀은 분명 중요하고 반드시 지켜야 한다. 하지만 과도한 집착증은 정책 판단의 오류로 오히려 쌀 산업과 국익을 해친다. 매년 2만 톤씩 추가로 늘어나 2014년에는 40만 8,700톤을 수입해야 한다. 현재 기준으로 보아도 총소비량의 10%에 육박한다. 가뜩이나 어려운 공급과잉 시장구조에서 여간 큰 부담이 아니다. 이만큼의 수입쌀이 매년 창고에 쌓여 가는데 무기력하게 앉아 보고만 있어야 하는 상황이 된 것이다.

논쟁만 하다가 국익을 해친 셈

쌀 공급과잉이 심각해지자 관세화 문제가 또 불거져 나왔다. 2014년 종료 시점 이전에 조기에 관세로 전환해야 하는 게 아니냐는 이야기다. 그러나 장고 끝에 악수 둔다고, 이젠 묘수가 나와도 게임이 끝날 시점이 다 되었다. 타이밍을 놓쳐 별 실익이 없게 된 것이다. 설령 관세화 전환 결정이 난다 해도 WTO 절차상 걸리는 시간을 감안하면 앞으로 매년 최소 35만 톤 이상은 수입해야 하는 처지가 되었다. 일단 수입된 양은 국제규범상 이전 수준으로 낮출 수 없다. 다시는 돌아갈 수 없는 곳까지 이미 와 있는 것이다. 관세화로 가도 높은 관세 수준, 상승하는 국제가격, 소비자들의 품질차이 인식 등을 감안하면 수입되지 않았을 터인데, 이만큼의 엄청난 양을 우리의 의지에 반하여 의무적으로 수입해야 한다. 개방은 바로 이런 게 개방이다.

그동안 우리는 관세화에 대한 심리적 공포증에 걸렸었다. 관세화 유예조치가 무슨 큰 혜택이나 되는 양 안일한 생각에 빠져 공짜 점심이 없다는 것은 생각하지 않았다. 냉혹한 국제협상에서 예외 없이 관세화로 가자는데 안 가겠다고 버티는 나라를 그냥 내버려 둘 리 없다. 결국 예외를 인정했다. 그것도 '특별대우(ST)'*라는 이름을 붙여 관세화로 안 가도 좋다는 예외조항을 선사했다. 마치 큰 혜택이라도 주는 것처럼. 그리고는 의무수입량 조건을 부과해 놓았다. 이게 함정인 줄 모르고 걸려든 것이다. 빠져 나오자니 '관세화=완전개방'이라는 고정된 인식 틀 속에서는 모험이나 마찬가지다. 결국 그 조항은 특별대우란 미명하에 만들어진 덫이었던 셈이다. 발 빠른 일본은 일찍이 이를 간파하고 시행 4년 만인 1999년 바로 관세화로 전환했다. '관세화=완전개방' 등

---

* 「농업협정」 부속서 제5조는 관세화 조치의 유예를 받기 위한 요건을 규정하고 있는데, 이를 특별대우(ST: special treatment)로 이름하고 해당 품목에 대해서는 'ST-Annex 5'로 표기하도록 했다.

식을 미신처럼 믿고 있는 우리는 아직도 개미 쳇바퀴 돌듯 똑같은 논리로 논쟁만 하고 있다. 창고에는 점점 더 수입쌀이 쌓여 가는데. 관세화로 가면 완전 개방이 되는 것이라고 하니 쌀을 생산하는 농민들은 필사적으로 MMA에 매달릴 수밖에 없다.

관세화 논쟁으로 마냥 세월만 보냈다. 결과는 공급과잉 심화에 시장가격 하락 압력이다. 미국이나 중국, 태국 등 쌀 수출국들은 한국의 약점을 간파하고 이를 십분 이용하고 있다. 겉으로는 관세화 압박을 가하면서 ― 바라지도 않으면서 ― 뒤로는 따 놓은 당상 수출물량으로 재미를 보고 있는 것이다. 관세화 유예 연장 협상으로 이들에게 배정된 수출쿼터를 보면 중국 11만 6천 톤, 미국 5만 8천 톤, 태국 3만 톤, 호주 9천 톤이다. 관세화로 갔더라면 그들은 우리에게 그만큼 수출하지 못했을 것이다. 아니 전혀 수출하지 못했을 가능성이 높다. 그들은 몇 년 후 2014년 한국이 다시 관세화 유예 연장을 요청해 오기를 절실히 바랄지 모른다. 겉으로는 '예외 없는 관세화' 카드를 들고 압박하면서. 그리고는 다시 의무 수입량을 대폭으로 올려 확실한 현금을 챙겨 갈 것이다. 그래도 한국은 여전히 '관세화=완전개방' 도그마에 빠져 논쟁만 계속 하고 있을 것이다.

구제역 파동이 준 교훈

살처분과 동물복지

소, 돼지들이 무차별 매장되었다. 정부는 구제역 방역을 위한 '예방적 살처분'이라고 설명했다. 질병이 발생한 축사로부터 반경 수 km 내에서 사육되고 있던 발굽 가진 가축들은 모두 살처분을 당하거나 산 채로 생매장되었다. 구제역에 감염되지도 않은 놈들이 사람이 자의로 그려놓은 원 안에 살고 있었다는 이유만으로 모두 죽임을 당한 것이다.

이렇게 살처분된 가축이 350만 마리에 달했다. 돼지는 332만 마리, 총 사육 두수의 30% 이상이 죽어 양돈산업 자체가 흔들리는 지경이 되었다고 말한다. 염소와 사슴도 같은 죽임을 당했다. 이 중에서 실제 구제역에 걸린 가축은 아주 극소수다. 나머지 거의 전부는 '예방적' 살처분의 희생물이 된 것이다. 이 정도가 되면 사실 '예방적'은 아니다. 그렇게 많이 죽었는데 무엇을 예방했다는 것인가. 가축들에게는 청천벽력 같은 참극이고 사람들도 불행이다.

소나 돼지, 염소가 비록 인간의 식용을 위해 사육되는 가축이라 해도 이들도 가능한 좋은 환경에서 살다가 죽음을 맞을 수 있어야 한다. 유럽에서는 오래 전부터 동물의 건강과 복지문제의 중요성을 인식하고, 이를 EU 공동농업 정책(CAP)으로 시행하고 있다. 그들은 환경보호나 식품안전의 경우처럼 농가의 동물복지 준수의무를 직불금 지원과 연계시키고 있다. 이른바 농가의 상호 준수의무(cross compliance)다. 지난번 한·EU FTA에서도 그들은 동물복지 문제를 협상카드로 들고 나오기도 했다. 사육에서부터 수송, 도축단계에 이를 때까지 일정한 기준을 두어 동물이 불필요한 고통을 느끼지 않도록 해 주어야 할 의무를 정하고 있는 것이다. 사육공간은 일정 면적 이상이 되어야 하고, 수송 과정에서도 편안하게 해 주어야 하며, 도축도 최대한 고통을 주지 않는 방법으로 시행해야 한다. 생산성과 품질을 향상시킨다는 이유로 성장촉진제를 투여한다거나 강제 거세를 시행하는 관행도 없어져야 한다. 그들도 인간과 같이 스스로 움직이며 살아가는 생명체이기 때문이다.

세상의 모든 죽어가는 생명체는 그 나름의 존재가치를 갖고 있다. 길가에 돋아난 들풀 하나도 생명은 존귀한 것이다. 가축도 생각은 못하겠지만 본능적으로 행복과 고통을 느낀다. 소도 도축장 앞에 서면 기를 쓰고 발버둥치며 눈물까지 흘린다고 어느 축산농민은 전한다. 죽음에 대한 공포를 그들도 본능적으로 감지하고 있는 것이다. 죽음은 이렇게 생각하지 못하는 동물들에게도 두려운 것이다. 젖소에게 아름다운 음악을 들려 주었더니 우유 생산량이 늘었다는 연구결과도 있다. 그들도 행복감을 느낄 수 있고, 좋은 환경에서 사육될 때 생산성이 향상된다는 이야기다. 스트레스 없이 건강하고 행복하게 사육된 가축으로부터 얻은 고기가 더 안전하고 품질도 좋을 수밖에 없다.

우리나라도 언제부터인가 가끔씩은 동물복지를 말해 왔다. 그러면서 한두 마리 구제역에 걸렸다고 주위 수천 수만 마리의 무고한 생명들을 예방적 살처분이란 이름으로 매장시킨 것이다. 동물을 생명 있는 존재가 아니라 먹잇감이자 돈벌이 수단으로만 보면서 동물복지란 말을 쓰는 것은 사실 어불성설이다. 인간을 위한 일이라고 모두 합리화될 수 있는 것은 아니다.

살처분된 소와 돼지로 인해 발생한 경제적 손실과 행정비용이 수조 원에 이른다고 했다. 손해 규모가 이 정도로 커지자 겨우 동물복지를 다시 거론하고 살처분 방식에 대한 재평가를 시작했다. 기회주의적이고 이기적인 계산법이 아닐 수 없다. 거기에서 생명의 가치에 대한 인식은 전혀 찾아볼 수 없다.

재작년 신종 인플루엔자가 세계적으로 만연했을 때도 몇 달 안 되어 예방백신을 개발해 사태를 진정시켰었다. 이런 능력과 기술을 가졌는데 아무리 전염력이 강한 구제역이라 한들 예방백신 하나 만들어 내지 못한단 말인가. 구제역이란 게 갑자기 새로 생긴 질병도 아니고 선·후진국을 막론하고 세계 곳곳에서 발병해 왔는데도 말이다. "현재로선 살처분이 가장 현실적인 예방법"이라는 어느 공무원의 말에서는 관료주의적 행정편의주의만 묻어난다. 조금이라도 더 나은 방법을 찾아보려는 노력이 부족했다고는 말하지 않는다.

가축도 주인을 알아본다고 한다. 인간에게 제 살과 뼈를 제공하는 가축이지만 또한 함께 살아가는 반려동물이다. 인간이 자연과 함께 더불어 살아가야 하듯 동물과도 함께 가야 한다. 우리 농업의 어려운 여건과 국민의식을 고려할 때 당장 유럽 수준의 동물복지를 도입하기는 어려울 수 있다. 하지만 조금만 더 생명의 가치에 대해 관심을 가졌더라면 350만 마리를 그냥 묻어 죽이는 방식으로 구제역 사태를 해결하지는 않았을 것이다.

지속 가능한 축산

이제 축산정책 전반에 대한 변화를 모색할 시점이 되었다. 생산성과 효율성 위주의 축산은 환경과 동물복지가 함께 고려된 지속가능한 축산으로 변화되어야 한다. 더럽고 작은 축사 안에 빼곡히 들어차 사육되는 돼지, 움직일 틈도 없이 거의 정지된 채로 먹고 배설만 하는 닭. 동물복지는 고사하고 이런 사육 방식에서는 전염성 강한 가축질병이 오면 속수무책이다. 과거 구제역과 광우

병으로 큰 어려움을 겪었던 영국은 원인이 공장형 축산의 잘못된 사육방식에 있음을 인식하고 동물복지를 적극 도입하기 시작했다.

유럽식 동물복지를 도입한다면 생산비가 상승하여 육류의 가격경쟁력은 물론 떨어질 것이다. 하지만 생산비가 더 들어 경쟁력이 낮아지면 다른 방법을 찾아 이를 보완할 수도 있다. 한국의 엥겔계수는 14%로 거의 선진국 수준이다. 육류가격 조금 오른다고 가계에 큰 부담이 되지 않을 정도로 우리 경제는 커졌다. 세계 10억 가까운 인구가 기아와 영양 부족으로 고통받고 있고 인간에 대한 복지도 턱없이 미흡한데 동물복지를 논하는 것은 사치라는 주장도 일리가 있다. 그러나 우리나라는 선발 개도국으로서 이제 동물복지 정책을 본격화할 때가 되었다. 소비자들은 깨끗한 환경 속에서 동물복지가 준수된 방법으로 생산된 육류에 대해서는 생산비가 더 들어간 만큼 비싼 값을 기꺼이 지불하고 구매할 수 있어야 한다. 환경과 동물복지에 대한 소비자들의 인식 제고가 전제되어야 함은 물론이다. 세계는 이런 방향으로 가고 있다. 이것도 우리가 선진국 대열에 진입하기 위해서는 반드시 거쳐야 할 하나의 관문이다. 국제무역에 있어서도 동물복지가 준수되지 않고 생산된 육류는 수출이 제한되는 날이 올 것이다. 생산비를 낮추기 위해 공장형 방식으로 대량 생산된 축산물은 국제시장에서 거래되는 데 일정한 규제가 있을 거라는 이야기다.

구제역은 성장한 가축의 경우 치사율이 10%도 안 되는 그리 위험한 질병은 아닌 것으로 알려져 있다. 구제역에 감염된 쇠고기나 돼지고기를 사람이 먹어도 인체에 아무런 영향이 없다고 한다. 그런데도 무차별 살처분 방식을 선택한 것은 동물복지에 대한 개념이 전혀 없기 때문이다. '예방적'이라는 수식어는 사전에 막지 못한 데 대한 합리화 방편일 뿐이다. 문제는 구제역 자체에 있는 게 아니라 살처분 방식에 있다. 구제역이 축산기반을 흔들어 놓은 것이 아니라 살처분이 그렇게 한 것이다. 그래서 구제역 파동이라고 말들을 하지만 실은 살처분 파동이다. 영국이 과거 구제역 발생시 살처분 방식으로 수백만 마리를 처리했다고 해서 그 방법이 옳은 것은 아니다. 그것이 우리의 살처분 방식을 정당화할 수 있는 것도 아니다. 이제는 '살처분'이라는 단어를 살처분 해야 한다. 효과가 강한 예방백신과 치료제 개발을 서둘러야 한다. 국경검역과 방역시스템 강화를 포함한 총체적인 가축질병 및 방역 대책을 수립해야 한다. 해외여행의 자유화와 농산물 무역자유화는 발병과 전염 가능성을 더욱 높이고 있다. 사육 환경과 방식, 수송체계, 유통체계도 점검해야 한다.

우리 농업이 WTO 출범 이후 장기 침체기로 빠져들었어도 축산업만은 추진력을 크게 잃지 않고 성장해 왔다. 축산업이 농업 생산액에서 차지하는 비중은 40%까지 커졌고, 부가가치 기준으로는 20%에 이르고 있다. 반면 육류와 낙농품의 소비는 2000년대 들어 크게 둔화되었다. 쇠고기, 돼지고기, 닭고기를 합한 1인당 연간 육류소비량은 36kg, 우유는 62kg 수준에서 거의 답보상태를 보이고 있다. 소득증가에 의한 육류 소비효과가 한계에 달한 데다 건강에 대한 관심 증대로 과일과 채소류에 대한 소비가 상대적으로 더 늘어난 때문이다. 국내 육류와 우유 소비는 거의 포화점에 접근해 가고 있는 것이다.

구제역 파동, 아니 살처분 파동 경험을 통해 우리는 값진 교훈을 얻어야 한다. 지금까지 해 왔던 효율성 중심의 공장식 축산이 초래한 문제점을 총체적으로 점검해 보고 21세기 선진형 축산정책을 정립해 나가야 한다. 둔화되는 국내 육류수요, 경지면적과 사료공급 사정, 환경부하 정도, 가축질병과 방역문제, 동물복지 문제 등을 종합적으로 고려하여 장기적인 축산업 발전 방향을 재정립해야 한다. 사육두수를 무조건 늘리기보다 이들 요소를 고려한 최적의 규모를 유지하는 것이 무엇보다 중요하다. 심각한 환경오염을 일으키는 축산 분뇨 자원화 기술개발을 서두르고, 동시에 경종(耕種)과 축산의 자연순환형 생산방법도 확대해 나가야 한다. 전통적 방식의 효율성 중심이 아니라 미래 지향적이고 환경 친화적인, 지속가능한 축산이 되어야 한다.

직접지불제, 선진국의 사다리 걷어차기

세계 농업개혁을 향한 직불제

농업보호를 위해 세계 여러 나라들이 가장 많이 사용해 왔던 정책은 시장가격지지이다. 보통은 정부수매를 통해 시장 공급량을 줄이는 방법으로 가격을 지지하지만 때로는 직접 생산을 통제·조정하는 방법을 사용하기도 한다. 인위적으로 가격을 지지하는 방식이므로 자연히 시장을 왜곡하고 자원배분의 효율성을 떨어뜨리게 된다. 이때 발생하는 정책비용은 경쟁가격보다 높은 가격을 지불하고 농산물을 구입하는 소비자 부담으로 돌아간다. 결국 농업보호의 대가는 소비자 부담 증가와 자원배분의 비효율에 따른 사회적 후생 손실로 이어지는 것이다.

WTO의 농업개혁은 이런 시장 왜곡적 농업보호와 농가지원 방식을 지양하고 경쟁과 시장원리로 가자는 것이다. 그런데 농업이야 그렇게 갈 수 있다 해도 이로 인해 농가소득이 줄어드는 문제를 그냥 둘 수는 없는 노릇이다. 여기서 농가지원을 위한 대안으로 나온 것이 시장왜곡을 최소화하는 직접지불제, 즉 직불제이다. 시장을 왜곡시키지 않는 방법으로 농가를 지원하려면 그 정책

비용은 정부재정에서 직접 지출될 수밖에 없는데, 이것이 직불제이다. 결국 직불제는 소비자가 아닌 납세자로부터 농가에게 소득이 재분배되는 정책인 셈이다. 그래야만 농업은 시장원리에 따라 움직이도록 하면서 동시에 생산농가의 소득도 보장되는 두 가지 목적을 달성할 수 있다.

농가지원에 들어가는 정책비용을 소비자가 아닌 납세자가 부담하므로 직불제하에서 소비자가격은 더 낮아지는 것이 정상이다. 가격지지 방식에서 직불제로 전환하면서 여전히 시장가격이 낮아지지 않으면 시장 지향적 직불제로가는 의미가 없다. 한국의 쌀 직불제에서도 시장가격 하락은 자연스러운 것인데 이를 억지로 높이려는 시도는 직불제의 본래 취지에 어긋나는 것이다.

정부재정에서 생산농가에 직접 지불된다고 해서 모두가 WTO에서 정하는 시장 비왜곡적 직접지불은 아니다. 직불제는 어떻게 설계하느냐에 따라 시장에 거의 영향을 미치지 않을 수도 있고, 또 가격지지만큼 시장을 왜곡하는 지불도 있을 수 있다. 아무런 전제조건 없이 저소득 농가를 대상으로 소득보조를 해 준다면 이는 시장에 거의 영향을 미치지 않는 지불이다. 우리나라의 쌀 고정직불제가 여기에 가깝다. 반면 미국에서 시행하고 있는 경기변동대응지불(counter-cyclical payments)처럼 정부재정에서 농가에 직접 지원하는 것이긴 하지만 목표가격을 설정하여 지불액을 여기에 연계시키는 경우에는 가격지지와 같은 정도의 시장왜곡 효과가 생긴다. 우리나라의 쌀 변동직불제도 같다. 그래서 WTO 「농업협정」은 그 부속서 2에서 허용되는 녹색정책(Green Box)이 되기 위한 요건으로 정부재정에서 지원될 것과 동시에 생산자 지지효과가 없어야 한다는 당연해 보이는 요건까지 명시해 놓은 것이다.

그러나 아무리 완벽하게 시장 중립적인 직불제를 설계한다 해도 시장왜곡 효과를 완전히 피할 수는 없다. 설령 '과거의 고정된' 면적이나 두수, 생산실적 등을 기준으로 지급되는 지불이라 해도 완벽하게 생산 중립적이고 시장 중립적이라고 보기는 어렵다. 대부분의 나라에서 사용하는 직불제는 정도상의 차이는 있겠지만 어느 정도는 다 시장을 왜곡하는 효과는 있다고 보아야 한다. OECD에서 직불제의 시장 중립성 정도 또는 생산연계의 정도를 알아보기 위해 '디커플링도(degree of decoupling)' 측정을 시도하고 있는 것은 이런 이유다. WTO 「농업협정」은 따라서 무역왜곡효과 또는 생산에 미치는 효과가 전혀 없는 국내정책이 아니라 그런 효과가 없거나 '최소한에 그치는(at most minimal)' 국내정책을 감축 의무에서 면제하는 녹색정책으로 정해 놓고 있다. 그리고 이런 요건과 함께 대표적인 녹색정책들을 예시해 놓았다. 이들 녹색정책이 시장을 전혀 왜곡시키지 않아서가 아니라 시장왜곡을 최소화하기 때문에 허용되는 정책으로 분류되고 있는 것이다.

직불제라고 하면 지금까지 이야기한 농가소득 지원을 위한 것 외에도 농업과 농촌의 다원적 기능 확보나 구조조정 혹은 국민건강이나 식품안전과 같은 공익적 목적을 위한 직불제도 있다. 전자가 소득안정형 직불제라면 이것은 공익형 직불제인 셈이다. 환경보호나 경관보전, 농촌 지역사회 유지, 동물복지, 식품의 품질과 안전성 등 공공의 이익 보호를 위해 이를 직불금 지급과 연계시키는 것이다. 세계의 농정방향이 시장 지향성을 추구하는 동시에 환경과 자원보호, 농촌개발, 식품위생과 안전, 기후변화 문제 등으로 외연이 확대되고 있는 것과 맥을 같이 하고 있다. 어쨌든 그 목적이 농가소득 안정을 위한 것이든 아니면 공공의 이익 보호를 위한 것이든 직불제는 시장 지향적 농업개혁과 함께 나온 미래의 대안정책인 것이다.

직불제는 선진국형 제도

이런 배경에서 출발하여 점차 보편화되고 있는 직불제이지만 농업 경쟁력이 약한 국가들 입장에서는 그 시행상 여러 가지 문제도 안고 있다. 그중에서도 개도국들이 문제다.

218

경쟁력 약한 농산물 순수입국이 시장 지향적인 직불제를 도입하면 자연히 농업생산과 농업자원이 줄어들게 되어 있다. 농업생산과 농업자원의 감소는 식량안보를 포함해 농업의 다원적 기능을 약화시키는 심각한 문제를 일으킨다. 또 농업 성장이 둔화되면서 농업소득이 감소하고 농촌 사회는 더욱 피폐해질 수밖에 없다. 뿐만 아니라 줄어드는 농가소득을 보전하기 위해 엄청난 재정자금도 필요해진다. 납세자들의 추가적인 부담이 따를 수밖에 없기 때문에 조세저항의 문제가 발생하고 이에 따른 국민적 합의도 문제이다. 재정능력이 약한 개도국들은 그래서 더욱 문제가 될 수 있다.

직불제의 시장 지향성과 재정 소요액은 서로 깊은 상관관계에 놓여 있다. 시장 중립적 방식으로 갈수록 소비자 부담이 줄어드는 대신 재정 소요액은 커진다. 시장 간섭을 통해 소비자가 부담하게 만들 것이냐, 아니면 시장 중립적 방식으로 가면서 납세자에게 부담을 지울 것이냐의 문제이다. WTO 농업개혁은 후자의 방식을 요구하고 그 방안으로 직불제를 제시하고 있지만 시장 지향성으로 갈수록 재정 소요액은 비례적으로 커지는 경향을 보인다. 뿐만 아니라 개도국은 대상 농가수가 많아 더더욱 재정부담이 커질 수밖에 없다. 이처럼 직불제는 농업 경쟁력이 약한 개도국들에게는 생산감소로 파생되는 문제, 그리고 재정부담이 문제가 되고 있다.

반대로 농업 경쟁력을 갖춘 선진국들에게는 아주 이상적인 제도이다. 세계 농업이 시장 지향적 체제로 갈수록 경쟁력이 강한 그들의 농산물 수출은 더 늘어나면서 농업은 더욱 성장하게 된다. 농가소득 또한 절로 늘어나면서 농가 지원에 필요한 직불제 재정 소요액은 그만큼 줄어든다. 재정이 풍부한데다 농가수도 적어 직불제를 시행하는 데도 어려움이 있을 리 없다. 식량안보나 농업의 다원적 기능을 걱정할 필요도 없다. 그들은 과거에도 이미 많은 보조금을 주었고 현재도 마찬가지다. 그만큼 재정 능력이 있기 때문에 가능한 것이다.

농업 경쟁력이 없어 농업소득이 시장으로부터 충분히 생기지 못하는 경우에는 직불제를 통해 보완해 주어야 한다. 경쟁력이 약할수록 농가소득 보전을 위한 재정 소요액은 커진다. 직불제를 어떻게 설계하든 그 취지를 충분히 살리기 위한 중요한 요소는 재정능력인 것이다. EU나 미국이 직불제에서 앞서 가고 있는 이유도 여기에 있다. 재정능력이 부족하고 농가 수가 많은 개도국들은 시장 지향적 농정체제로 전환하고자 해도 한계가 있을 수밖에 없다. 그렇다면 WTO가 추구하는 이 농업개혁은 선진국을 위한 개혁이지 개도국을 위한 개혁은 아니다. 결국 직불제는 재정이 풍부하고 농업 경쟁력을 갖춘 선진국형 정책인 셈이다.

시장 지향적 농업개혁을 골자로 한 WTO 「농업협정」은 당시 미국과 EU가 주도한 우루과이라운드 협상의 산물이다. 미국은 물론이려니와 EU도 이미 1980년대까지 가격지지나 보조금 같은 시장왜곡적 농업지원정책과 농업구조조정을 통해 농업 경쟁력을 크게 향상시켜 놓았다. 그 결과 곡물을 포함한 주요 농축산물은 이때 이미 거의 완전 자급을 달성했다. 우루과이라운드 협상을 거쳐 1990년대 들어서 가격지지 방식으로부터 벗어나 농업개혁을 추진할 수 있었던 것은 이런 배경과 풍부한 재정이 뒷받침되었기 때문이다. 그래서 그들은 시장 지향적 농업개혁을 통해 직불제와 연계된 환경보호, 식품안전, 농촌개발, 동물복지 등으로 정책을 전환할 수 있었던 것이다.

현재 미국과 EU의 생산자 명목보호계수(NPC)는 각각 1.02, 1.08로 농가수취가격이 국제가격과 거의 차이가 없다. 이들이 우루과이라운드에서 시장 지향적 세계 농업개혁을 주도하고 직접지불이나 정부서비스로의 정책전환을 제시할 수 있었던 것은 이들은 이미 준비가 되어 있었기 때문이다. 다시 말하면 WTO의 세계 농업개혁은 미국이나 EU와 같이 농업구조조정이 완성되고, 주요 식량의 자급률도 100% 이상을 달성하고, 재정능력도 풍부한 나라들을 위한 농업개혁이었던 것이다.

우리의 사정은 이들과 많이 다르다. 경쟁력이 약한 데다 농업의 구조조정도

제대로 안 되어 있고 곡물자급률은 세계 거의 최하위인 26% 수준이다. 재정
능력도 충분하지 못하다. 이런 사정의 농산물 수입 개도국들에게 선진국형 직
불제를 그대로 적용하라는 것은 불합리한 요구다. 그들은 일찌감치 지금 개혁
대상으로 지목받는 각종 시장왜곡적 정책의 사다리를 타고 지붕 위에 올라갔
다. 그리고 나서 농업개혁이란 명분하에 시장 지향성을 제시하고 파생되는 문
제는 직불제로 해결하라는 것이다. 이거야말로 지붕 위에 먼저 오른 자의 '사
다리 걷어차기'인 것이다.

우리나라의 직불제 방향

  시장간섭 방식에 익숙해 있던 우리에게 직불제는 다소 생소한 정책이다. 하
지만 우리는 세계 농업개혁 추세에 따라 1997년 경영이양직불제를 시작으로
직불제를 확대해 왔다. 친환경농업직불제, 친환경안전축산물직불제, 조건불
리지역직불제, 폐업지원직불제, FTA 피해보전직불제, 경관보전직불제 등이
이미 시행중이다. 농가소득 지원이나 구조조정을 위한 직불제, 또는 공익형
직불제들이다. 2005년에는 기존의 논농업직불제와 쌀소득보전직불제를 통합
한 새로운 형태의 쌀소득보전직불제를 도입했다.

  그러나 선진국들과 달리 짧은 기간에 다양한 직불제를 도입하는 과정에서
문제점들이 하나 둘 노출되었다. 직불제 간 중복과 체계성 결여, 단일 품목에
과도한 집중현상 등의 문제이다. 특히 쌀 직불제와 관련해서는 앞서도 언급한
바와 같이 공급과잉과 같은 문제들이 꾸준히 제기되어 왔다. 이런 가운데 직
불제 전반에 걸친 평가와 개편작업의 필요성이 대두되면서 최근에는 다시 농
가단위 단일직불제 시행을 준비하는 단계에 와 있다.

  농가단위 단일직불제는 최근 선진국들이 좀 더 나은 직불제를 모색하면서
등장했다. EU의 단일직불제(SPS: Single Payment Scheme), 캐나다의 소득안정계

정(NISA: Net Income Stabilization Account)이나 소득안정프로그램(CAIS: Canadian Agricultural Income Stabilization), 일본의 품목횡단직불제가 그 예다. 농가단위 직불제는 농가의 소득지원을 특정 품목에 연계시키지 않고 총소득을 기준으로 지원하는 방식이다. 그렇기 때문에 좀 더 농가의 소득안정에 기여하고 시장 지향성에 더 충실할 수 있다는 장점이 있다.

그러나 농산물 순수입국 입장에서는 문제 또한 없을 수 없다. 특히 문제가 될 수 있는 것은 식량안보다. 단일직불제의 장점이 시장 지향성에 부합한다는 것이지만, 이 점은 반대로 우리와 같이 곡물자급률이 세계 최하위 수준인 나라의 경우 식량안보를 취약하게 만들 수 있다. 그렇기 때문에 우리는 무조건 이 방식을 채택할 수는 없다. 주요 곡물의 자급률이 100%를 훨씬 상회하는 EU 선진국들과 우리는 사정이 전혀 다르다. 또 세계적인 농산물 수출 선진국인 캐나다와는 더더욱 우리의 입장을 그대로 대입할 수는 없다. 우리에게는 우리의 농업·농촌 현실에 부합하는 한국형 직불제가 필요하다. 농가단위 단일직불제가 갖는 장점을 살리면서 농가소득을 안정적으로 보장하고 식량안보를 포함한 농업의 다원적 기능을 확보할 수 있는, 그러면서 재정 부담을 최소화할 수 있는 한국형 직불제를 모색해야 한다.

농가의 소득안정을 위한 직불제는 농가단위와 품목별 직불제를 절충한 방식이 바람직할 것이다. 쌀과 같이 식량안보와 직결된 품목들은 선별하여 현행 쌀직불제와 같은 품목별 직불제로 가고 나머지 품목들에 대해서는 농가단위로 시행하는 혼합방식이다. 농업의 다원적 기능 확보를 위한 공익형 직불제는 전체 농지를 대상으로 확대해 나가야 한다. 직불금 지급을 환경보호, 경관보전, 중산간지역보호, 동물복지, 토지자원 보존 등 EU식 상호준수의무와 연계한 직불제 개념이다.

직불제가 농업개혁의 중심 정책수단이 되고는 있지만 그 대가는 비쌀 수밖에 없다. 쌀 직불제만 하더라도 많을 경우에는 연간 1조 5천억 원 가까운 예산이 들어갔다. 결국 직불제를 정착시킬 수 있는지 여부는 시장 지향성에 대한 정부의 정책의지라기보다 재정능력과 재정부담을 위한 국민적 합의가 좌우할 것이다. 선진국과는 달리 재정이 약한 개도국들의 농업개혁은 그래서 더욱 어려운 것이다.

어쨌든 우리나라도 점진적으로 시장을 덜 왜곡하는 직불제를 확대해 나갈 수밖에 없다. 그러나 직불제 정책에 지나치게 의존할수록 한국 농업은 점점 더 어려워진다는 점 또한 염두에 두어야 한다. 막대한 재정이 소요되는 직불제는 농가지원을 위한 보완정책으로, 그리고 환경보존이나 동물복지와 같은 농업의 공공서비스 기능 확보를 위한 정책으로 활용되어야 한다. 직불제에 지나치게 의존하는 것은 경계의 대상이다.

우리나라가 WTO 출범 후 직불제 확대 시행 등 농업개혁을 추진한 성적표는 이렇다. 15년 이상 성장정체, 도시 대비 농가소득비율 65%로 추락, 농가의 급속한 노령화, 농림수산물 무역수지 적자 200억 달러 육박. 잘 되자고 농업개혁을 했는데 왜 이런 참담한 결과밖에 얻지 못했나? 경쟁력을 갖춘 선진국형 직불제, 선진국형 농업개혁이기 때문이다. 그들과 우리는 주어진 조건과 출발선이 완전히 다르다.

세계가 직불제로 가고 있지만 우리에게는 이보다 더 급한 게 농업성장이다. 우리의 농정방향은 외부의 지원 없이도 스스로 성장해 갈 수 있는 농업을 만드는 것이다. 선진국은 이미 오래 전 이 단계에 도달했다. 농업이 정상적으로 성장하면서 동시에 시장 지향적 직불제로 가야 하는 것이다. 농업이 성장할 때 직불제에 소요되는 재정부담도 줄어든다. 성장이 뒷받침된 농가소득 없이 직불제를 쫓는 것은 위험한 일이다. 그래서 우리에게 중요한 것은 직불제가 아니라 장기 정체국면에 빠진 농업을 어떻게 다시 성장의 길로 건져 낼 것인가이다. 그러고 나면 직불제 문제는 자연스럽게 정리될 수 있다.

수요가 문제다

수요 진작을 위한 빅 푸시

한국 농업의 길을 찾아 나서면서 지금까지는 주로 공급 측면을 이야기했다. 이제 수요 측면을 이야기할 차례다. 그 중요성에도 불구하고 지금까지 우리는 이를 거의 도외시해 왔다. 국산 농산물 소비를 늘려야 한다고 말은 하면서도 실효성 있는 정책을 추진하지는 못했다. 경쟁력 향상 노력만으로는 15년 이상 정지해 있던 농업 수레를 앞으로 나가게 만들 수 없다. 뒤에서 힘껏 밀어주는 '빅 푸시', 즉 강력한 수요진작 정책이 있어야 한다.

외국 농산물이 국내시장을 빠른 속도로 잠식해 가고 있다. 경쟁력을 키워 빼앗긴 시장을 되찾고 또 해외시장으로 진출해 나가기에는 남은 시간이 그리 많지 않다. 경쟁력을 갖추기도 전에 우리 농업은 고사하고 말지도 모른다. 이미 그런 과정이 상당히 진행되고 있다. 한국농촌경제연구원의 10년 후 장기전망은 그것을 예고하고 있는 것이다. 심각한 경고 사인으로 받아들여야 한다. 그동안 경쟁력 향상 노력을 계속해 왔어도 여전히 가시적인 성과는 나타나지 않고 있다. 농림수산물 무역 수지 적자가 200억 달러까지 폭증하고 있는 것이

224

그 증거다. 농산물 시장개방의 충격이 공급 측의 경쟁력 향상 노력만으로는 감당할 수 없을 정도로 컸다는 이야기가 된다. 수요 측면에서 새로운 정책이 필요해지는 이유다.

이제 국산 농산물에 대한 총수요를 적극적으로 진작시킬 수 있는 국민 모두의 총체적인 노력이 필요하다. 소비자, 농협 등 관련단체, 그리고 정부가 함께 나서야 한다. 소극적인 소비촉진 시책이나 구호만으로는 한국 농업을 살릴 수 없다. 국산 농산물에 대한 민간소비, 기업의 수요, 정부지출수요, 그리고 해외수요를 적극 창출해 나갈 수 있는 통 큰 지원 '빅 푸시'가 있어야 한다.

착한 소비, 윤리적 소비

근대 주류 경제학의 소비자이론은 재화의 소비량이 많을수록 개인의 효용은 증가한다는 것을 전제로 한다. 개인 선호체계에 대한 다다익선(多多益善)의 가정이다. 많이 소비하려면 제한된 소득조건하에서는 최대한 값이 싼 재화를 선택하게 마련이다. 그러니 소비자가 값싼 재화를 찾는 것은 자신의 효용 극대화를 위한 합리적 선택행위의 결과인 것이다.

그런데 과연 사람들은 이 소비자이론이 말해 주듯이 많이 소비할수록 효용이 항상 더 커지고 행복해지는 것인가? 인간이 동물과 구별되는 것은 이성과 감성을 가졌다는 점이다. 그렇기 때문에 사람은 반드시 많이 소비한다고 해서 효용이 증가하는 것은 아니다. 자신이 덜 소비하고 대신 기부와 나눔을 통해서도 더 큰 만족감을 얻을 수 있다. 또 어떤 경우에는 더 비싼 값을 주고 소비해도 행복해질 수 있다. 제3세계의 어려운 노동자들이 생산한 상품을 제값 주고 구매하는 공정무역이나 자연생태계를 보호하기 위해 비싸지만 친환경 상품을 구매하는 행위를 볼 수 있는 것은 이런 이유다. 다다익선을 전제로 한 효용 극대화 소비자이론, 즉 개인의 이기적 행동을 효율성이란 이름으로 정당화하고 있는 근대 주류 경제학은 이런 측면에서 보면 하나의 사욕의 학문인 것이다.

개인의 효용에 영향을 미치는 요소는 물질적인 수단 외에도 윤리적·사회적·종교적 요소도 적지 않다. 상대의 행복을 통해 나의 행복이 더 커지는 경우처럼 나눔을 통한 이타적 행위에 의해서도 효용을 증대시킬 수 있다. 때로는 사회와 공공의 이익을 위한 선택행위에 의해서도 효용은 커지기도 한다. 환경, 공정성, 동물복지, 나눔과 공평한 분배, 건강과 위생 등의 요소가 결합된 소비 역시 효용을 증대시킨다. 이런 동기에 의한 소비행위는 전통적 소비자이론에서처럼 상품가격이 결정적인 변수가 되지 않는다. 소비량이 많을수록 효용이 커진다는 다다익선의 가정 또한 정당성을 잃게 된다. 자신의 물질적인 욕구충족만이 행복을 주는 게 아니라는 철학이 바탕에 내재해 있기 때문이다. 이른바 '착한 소비', '윤리적 소비'이다.

전통적 의미의 소비가 오로지 자신의 이기적인 이익을 위해서 소비하는 것임에 반해, 착한 소비는 자신뿐 아니라 이웃과 사회를 위해서 물질적으로는 손해를 볼지라도 마음으로는 행복감이 더해지는 소비이다. 값싼 상품이 반드시 좋은 것이 아니라 소비자, 생산자, 나아가 사회가 다같이 이익을 얻고 공생할 수 있는 소비, 더불어 잘 사는 사회를 구현할 수 있는 소비가 착한 소비, 윤리적 소비이다. 전통적 소비자이론에 의한 선택행위가 합리적 행위라고 말하는 것처럼 이 착한 소비, 윤리적 소비 행위 역시 합리적 선택행위의 결과이다. 사람들의 소득이 늘고 의식과 문화수준이 향상되면서 사회는 더욱 이런 경향으로 변할 것이다.

착한 소비, 윤리적 소비는 19세기 중엽 영국의 로치데일(Rochdale) 소비자협동조합에서 시작되었다고 한다. 산업 현장의 노동자들이 열악한 소비환경에 노출된 자신들의 건강을 지키기 위해 조합을 결성하여 유해물질이 섞이지 않은 밀가루, 버터, 설탕 등을 공동으로 구매했다. 산업혁명이 한창이던 이 당시 영국에서는 노예노동으로 생산된 설탕에 대한 불매운동도 벌어졌다. 1950년 대 유럽에서는 제3세계 국가 노동자의 인권을 고려한 공정무역, 로컬푸드 소비, 사회적 기업 제품 소비, 그리고 동물학대 상품 불매 등도 시작되었다.

최근 우리 국민의 소비행태도 가격 중심 기준에서 건강과 환경, 사회적 요소를 가미한 소비로 조금씩 변하는 조짐을 보이고 있다. 건강을 위한 고품질 안전성의 웰빙 소비, 환경과 자연보호를 위한 저탄소의 푸드 마일리지가 낮은 식품 소비, 동물 학대를 하지 않은 식품 소비가 그런 예다. 로하스(LOHAS)*도 친환경 상품을 소비하는 착한 소비의 일환이다. 어린이의 노동착취 없이 생산된 상품을 구매하거나 제3세계 국가의 상품을 제값 주고 사는 공정무역 역시 착한 소비다. 세계적으로 점차 확산되고 있는 이런 착한 소비 행태는 전통적인 소비자이론으로는 설명할 수 없다.

국산 농산물 소비수요 확대

농업 분야에서는 지역 또는 국산 농산물 소비를 늘리는 로컬푸드(local food) 소비가 곧 착한 소비이고 윤리적 소비다. 우리나라의 신토불이(身土不二)나 일본의 지산지소(地産地消)가 모두 지역 농산물 소비를 목표로 하는 로컬푸드이다. 이태리에서 시작된 슬로푸드(slow food) 역시 넓은 의미의 착한 소비이다.

로컬푸드 소비가 개인은 물론 국가와 사회, 나아가 지구촌에 미치는 긍정적효과는 막대하다. 작게는 소비자 자신의 건강을 위해, 크게는 국내 농업·농촌발전과 지구환경을 보호하는 길이다. 소비자들은 신선하고 안전한 식품을 먹을 수 있어 건강증진에 기여한다. 농가소득을 늘려 소득 불균형과 양극화 해

* 로하스(LOHAS: Lifestyles of Health and Sustainability)는 공동체의 더 나은 삶을 위해 소비생활을 건강하고 지속가능한 친환경 중심으로 전개하자는 생활양식을 말한다.

소에 기여하고, 도시와 농촌이 더불어 잘 살 수 있는 도·농 상생의 길이다. 식량안보를 포함한 농업의 다원적 기능 유지로 국민과 국가의 이익에 기여한다. 로컬푸드 소비는 또 푸드 마일리지를 줄여 지구 온난화와 환경, 기후변화 문제, 에너지 자원문제 해결에 기여한다. 농업에서 로컬푸드 소비, 착한 소비가 주는 이익은 다 열거하기 어렵다.

이제 한국 농업·농촌을 살리기 위해 이 착한 소비 정신에 불을 붙여야 한다. 국산 농산물에 대한 민간수요를 대폭 확대시킬 수 있는 획기적인 대책이 강구되어야 한다. 농촌사랑운동과 도·농 교류 사업을 더욱 실효성 있게 활성화시키고, 체계적·조직적으로 추진해 나가야 한다. 예를 들면, 도시의 아파트 단지를 농촌의 면(面)이나 리(里) 지역단위와 직접 연계하는 방식으로 국산 농산물 수요를 진작시킬 수 있다. 해당 지역의 농협이 중간 실무역할을 할 수 있을 것이다. 농촌에 대한 일방적인 시혜가 아니라 농업·농촌의 발전이 곧 도시민의 이익이라는 도·농 상생의 정신과 방법으로 추진되어야 한다. 그래야 이 사업은 효과적이고 지속 가능할 것이다. 무엇보다 도시민들의 농업·농촌의 중요성과 가치에 대한 인식전환이 필요함은 물론이다.

국산 농산물을 원료로 사용하고 원산지 표시를 준수한 식품과 음식을 사먹는 것 또한 중요한 착한 소비이다. 이런 소비가 착한 기업, 착한 음식점업을 만들어 내고 나아가 농업·농촌을 살린다. 우리 사회도 점차 기부문화가 정착되어 가고 있다. 착한 소비는 또 다른 형태의 기부이다. 기업 문화, 음식점업 문화도 바꿔 놓을 수 있다. 식품기업과 음식점업이 사회적 책임, 윤리경영을 실천하면 소비자들은 이런 기업과 음식점업의 식품을 더 많이 소비하게 마련이다. 나누고 함께 사는 세상을 실현하는 것이다.

착한 소비, 윤리적 소비에 대하여 생산농가는 '착한 생산', '윤리적 생산'으로 사회적 책임을 다 해야 한다. 품질 좋은 농산물, 안전하고 위생적인 농산물, 신선한 농산물을 생산해야 한다. 소비자의 건강, 자연과 환경, 농촌경관과 지역사회 유지, 국토 및 농업자원 보존, 그리고 동물복지를 고려한 생산이 되어야 한다. 소비자는 생산자를 위하여, 생산자는 소비자를 위하여 각자의 책임을 다함으로써 서로 행복해지고 상생 발전하는 방식이 되어야 한다.

정부는 착한 소비 확산을 위해 필요한 정책을 적극 펼쳐야 한다. 소비자들이 신뢰를 갖고 국산 농산물을 더 선호할 수 있는 제도적 기반을 구축해야 한다. 친환경 및 품질 인증제도, 식품안전과 위생관리, 위해요소중점관리기준(HACCP)*, 이력추적제, 원산지 표시제, 가축질병 예방과 방역 시스템 강화를 추진해야 한다. 식품기업들의 국산 농산물 원료 사용을 늘릴 수 있는 제도적 장치를 강구해야 한다. 국산 농산물에 대한 인식 제고를 위한 교육과 홍보도 적극 펼쳐야 한다. 착한 소비운동을 초·중·고등학교 교과과정으로 채택하여 나눔과 더불어 사는 삶, 환경과 자연보호, 생명존중의 가치를 제고해야 한다.

결국 수요가 문제다. 무엇보다 민간부문의 국산 농산물 소비수요를 대폭 확대해 나가야 한다. 이것이 국내농업을 살리는 키워드다. 그러기 위해서는 농업·농촌의 가치에 대한 인식 제고와 함께 농산물 소비에서의 착한·소비운동을 범국민 운동으로 승화시켜 나가야 한다. 현재의 착한 소비는 아직 자신의 건강과 웰빙에 목적을 둔 낮은 단계의 착한 소비이다. 이를 농업·농촌의 중요성과 결부시킨 공공적 가치를 위한 좀 더 높은 단계의 착한 소비로 승화시켜야 한다. 국산 농산물 소비가 자신의 건강과 웰빙을 넘어 국가와 지구환경을 위한 것이라는 인식이 필요하다. 진행되고 있는 '우리 밀 살리기 운동'은 웰빙 바람을 타고 시작된 대표적인 로컬푸드, 착한 소비운동이다. 농촌사랑운동과 1사1촌 운동을 국산 농산물 소비확대에 초점을 맞춘 착한 소비운동으로 발전시켜야 한다.

---

* 위해요소중점관리기준(HACCP: Hazard Analysis and Critical Control Point)이란 식품의 원료 관리, 제조·가공·조리·유통의 모든 과정에서 위해한 물질이 식품에 섞이거나 식품이 오염되는 것을 방지하기 위하여 각 과정의 위해요소를 확인·평가하여 중점적으로 관리하는 기준을 말한다.

착한 소비라는 윤리적·정신적·문화적 토대 위에 '빅 푸시' 정책을 추진해 나가야 한다. 농협, 시민단체, 정부 모두 힘을 합치고 각 가정과 초·중·고등학교에 착한 소비운동을 전개해 나갈 수 있는 방안을 찾아야 한다. 커피 대신 국산 차를 마시고, 햄버거나 피자 대신 밥 한 공기 더 먹는 것. 이것이 착한 소비를 실천하는 출발점이다. 작은 실천 하나하나가 모이면 큰 역사를 이룰 수 있다. 착한 소비운동이 들불처럼 전국으로 번져 국산 농산물 수요가 늘어나면 침체된 농업·농촌은 머잖아 다시 활력을 찾게 될 것이다. 세계시장에서 치열한 경쟁을 벌여야 하는 수출보다 먼저 내수 확대를 통해 우리 농업을 성장시켜 나가야 한다.

식품산업을 통한 수요창출

국내 농업과 연계된 식품산업 육성

생활수준이 향상되면서 소비자들의 식품소비 트렌드가 변하고 있다. 가공식품에 대한 수요가 증가하고 외식문화가 확산되고 있는 것이다.

소비자들의 식품소비 트렌드는 고품질, 안전과 위생, 편리성, 건강 기능성을 추구하면서 점점 고급화·다양화되고 있다. 품질이 좋은 식품, 안전하고 위생 처리가 잘된 식품, 신선한 식품, 조리가 간편한 식품, 특정 질병에 효능이 있거나 건강 기능성이 추가된 식품 등 개인의 다양한 욕구와 필요에 맞는 맞춤형 식품을 선호하는 경향이 커지고 있는 것이다. 이런 시장의 변화는 자연히 새로운 기술이 결합된 가공식품산업의 발달로 이어진다. 또 하나의 트렌드 변화는 소득증가와 여가생활이 늘면서 외식문화가 확산되고 있다는 사실이다. 자연히 음식점업이 급성장하는 변화가 나타나고 있다. 통계에 의하면 우리 국민의 외식비중은 50% 정도다. 두 끼 중 한 끼는 집 밖에서 식사를 해결한다는 의미다.

이와 같은 식품소비 트렌드의 변화에 힘입어 국내 식품산업은 빠른 속도로 성장하고 있다. 우리나라 식품산업의 규모는 매출액 기준으로 약 131조 원 (2009)에 이른다. 식료품제조업이 61조 원, 음식점업이 70조 원이다. 연간 농업 총생산액이 43조 원인 점을 감안하면 대단히 큰 시장규모다.

여기에 우리 농업성장의 기회가 있다. 농업과 식품산업을 연계하여 후방 연관산업 파급효과를 통해 농업 성장을 견인하는 전략이 필요하다. 1차 농산물 단계에서는 경쟁력이 떨어지더라도 이를 원료로 하여 가공식품으로 전환하면 경쟁력이 생길 가능성이 높아진다. 고품질, 친환경, 위생과 안전, 건강 기능성 등 새로운 기술요소가 추가되면서 가격을 넘어 품질경쟁으로 소비자들의 변화하는 욕구에 부응할 수 있기 때문이다.

우선 식품제조회사들의 국산 농산물 사용비율을 높이고, 동시에 국산 농산물을 이용한 다양한 식품가공 기술을 개발해야 한다. 이를 위해 세제 및 금융상 인센티브, 생산농가들과의 직접 장기 공급계약 등 다양한 정책대안이 나와야 한다. 농업·농촌의 중요성과 가치에 대한 기업들의 인식 제고를 위한 교육·홍보도 중요하다. 농가들이 조직화·규모화를 통해 직접 가공까지 수행하는 수직적 기능통합도 확대해 나가야 한다. 식품기업을 원료 농산물 주 생산지역으로 유치하는 방안도 필요하다. 식품기업의 농촌 지역 유치는 물류, 수송 등 관련 산업들이 함께 집적되는 효과도 생긴다. 네덜란드의 와게닝겐(Wageningen)에 있는 푸드밸리(food valley) 같은 식품 클러스터를 조성하여 국산 농산물을 이용한 식품산업을 체계적으로 육성할 필요도 있다. 농업소득의 증대는 물론 농촌의 고용효과와 함께 농외소득도 증가하고, 지역경제 발전과 농촌사회의 활성화에 기여할 것이다.

나아가 농업을 외식산업과 연계하여 국산 농산물 수요를 창출해 나가야 한다. 매출액 기준으로 보면 음식점업이 식품제조업을 앞선다. 외식업체들의 국산 농산물 사용비율을 높여 농업성장의 견인차 역할을 해야 한다. 전국의 각급 학교, 정부 및 공공기관과 민간 기업의 구내식당, 기타 대형 급식업체들도 마찬가지다. 국산 농산물 사용을 적극 권장하고 인센티브제 등 다양한 정책 프로그램을 개발하여야 한다. 이들을 대상으로 그 지역에서 생산된 신선하고 안전한 농산물을 사용하는 로컬푸드 운동이 필요하다.

정부의 육성정책으로 식품산업은 빠르게 성장하고 있다. 그런데도 농업과 농촌은 여전히 답보 상태다. 문제는 국내 농업과의 연계성이다. 수입 농산물을 원료로 사용하는 식품기업을 아무리 육성해 봐야 그것은 제조업을 키우는 일에 불과하다. 값싼 수입 농산물로 돈 버는 외식산업이 번창해져야 농업·농촌에는 큰 해가 될 뿐이다. 소비자들 역시 값만 싸다고 행복하지는 않다. 식품산업은 그것이 가공산업이든 외식산업이든 국내 농업을 견인하고, 농업과 동반성장할 수 있어야 한다. 정부의 식품산업정책은 식품의 안전성 문제와 함께 바로 여기에 초점이 맞춰져야 한다.

식품산업만 홀로 성장하고 농업·농촌은 계속 뒷걸음질친다면 농림수산식품부는 다시 농림수산부로 환원되어야 한다. 한식 세계화사업도 마찬가지다. 한식 세계화를 통해 국내 농업이 성장하고, 농가소득과 농촌고용도 늘어나는 파급효과가 생겨야 한다. 이런 효과가 동반되지 않는 한식 세계화는 단순 문화사업일 뿐이다. 식품산업 육성이나 수출 100억 달러 달성 사업들이 자칫 식품기업과 외국 농업만 배불리고 국내 농민의 삶과 농업·농촌은 더욱 피폐하게 할 수 있다. 농업과 식품산업은 긴밀히 연계되어 상생 발전해야만 한다.

기업의 사회적 책임과 상생정신

식품산업은 농업과 불가분의 관계에 놓여 있다. 크게 보면 농업이 곧 식품산업이다. 농업이 전제되지 않는 식품산업은 존재할 수 없고, 농업은 식품산업을 통해 더욱 성장·발전할 수 있다. 식품산업은 농업의 토대 위에 세워진 파생산업으로 농업과 함께 가야 하는 불가분의 관계를 갖고 있는 것이다.

문제는 국내 농업과 함께할 것인가 아니면 해외 농업에 의존할 것인가이다. 국내 농업과 함께하면 식품산업도 고통이 따르고 손해를 감수해야 할지 모른다. 그러나 외국 농업과 함께한다면 기업에게는 더 쉽게 부를 축적할 수 있는 기회가 생긴다. 우리 식품산업에서 기업의 사회적 책임 문제는 이런 물음으로부터 출발한다.

식품관련 기업들 역시 이윤동기에서 기업활동을 할 수밖에 없는 것은 이론의 여지가 없다. 하지만 동시에 농업·농촌의 중요성과 어려운 현실을 인식하고 한국 농업·농촌 발전에 동참해야 할 사명 또한 있다. 식품기업들은 국가와 사회를 생각하는 상생경영이 다른 어느 분야의 기업보다 더 요구된다. 국내 농업은 죽어 가는데 식품산업이 외국의 값싼 원료 농산물만을 이용할 수는 없는 일이다. 식품기업들이 동참할 수 있다면 우리 농업이 살아나는 것은 시간문제다. 밀, 보리, 콩, 옥수수와 같이 수입의존도가 높은 품목들의 경우 수입량의 일부만이라도 국산으로 돌릴 수 있다면 우리 농업이 다시 성장 궤도로 들어설 수 있을 것이다. 식품제조업뿐 아니라 대형 음식점이나 급식업체들도 같은 사회적 책임의식을 갖고 상생의 길을 모색해야 한다. 식품산업이 큰 역할을 할 수 있는 여지는 많다.

식품 이외 분야의 기업들도 고통을 함께 나눌 수 있어야 한다. 시장개방으로 직접 이익을 보는 수출기업들이 그래야 한다는 것은 두말할 필요 없다. 본사는 물론 전국 지사와 공장의 구내식당에 공급되는 음식재료를 1사1촌(一社一村) 운동의 정신으로 가능한 전량을 국산 농산물로 충당하는 것이 하나의 방법이다. 회사 직영이 아닌 위탁경영 방식의 구내식당이라 해도 회사가 추가비용을 부담하여 국산 농산물을 구매할 수 있는 방안을 강구할 필요가 있다. 구내식당용이 아니더라도 회사의 직원들이 먹는 농산물은 해당 농촌 지역과 장기계약을 체결하여 직접 공급받는 방안도 생각할 수 있을 것이다. 추진 중인 1사1촌 운동을 실효성 있게 확대할 필요도 있다. 기업의 규모에 따라 1사1면(面)이나 1사1군(郡) 등으로 확대하고 실질적인 수요창출이 될 수 있도록 추진해 나가야 한다. 30대 재벌기업들만이라도 이런 생각을 공유할 수만 있다면 한국 농업이 살아나는 것은 시간문제일 것이다.

문제는 농업의 중요성과 가치에 대한 인식이며 의지이다. 기업은 국산 농산물로 품질 좋은 식품을 만들어 내고, 소비자들은 '착한 소비' 정신으로 이들 사회적 책임을 다한 기업이 만들어 낸 식품을 구매해 주고, 정부는 이런 기업들에게 재정적·금융적·제도적으로 기업하기 좋은 환경을 조성해 준다면 농업·농촌, 국민, 기업 모두가 행복해지는 상생발전이 되지 않겠는가? 늘 그렇듯이 손익계산 따지며 주판알만 튕기고 있으면 아무 일도 할 수 없다. 하지만 크고 넓게 그리고 멀리 보고 생각을 바꾸면 방법은 나오게 되어 있다. 상생이란 무엇인가? 이웃의 고통을 함께 나누는 것이다. 거시적인 안목에서 농촌과 도시가 함께 잘 사는 행복한 나라를 만들어 나가는 경제민주화와 사회적 책임의식이 필요하다.

이런 기업의 사회적 책임의 실천 결과는 우리 농업·농촌에 놀라운 변화로 돌아올 것이다. 더 멀리 보면 우리 후손들에게 아름다운 농촌과 강토, 자연환경을 물려주는 일이다. 소비자들은 사회적인 책임을 다하고 윤리적인 경영을 실천한 기업을 기억할 것이다. 값이 다소 비싸더라도 '착한 소비'를 통해 결국에는 사회적인 책임을 다한 기업의 상품에 대한 수요가 늘어나면서 기업 또한 발전하게 될 것이다. 미래의 소비자들은 점점 더 사회적 책임과 윤리경영, 공정무역, 상생경영을 실천하는 기업의 상품을 선호하는 추세로 가게 될 것이기 때문이다.

식품산업에서 농업의 미래를

농업을 1차 산업으로만 보면 GDP 비중 2%밖에 안 된다. 하지만 농업 투입재 산업을 포함해 생산, 가공, 저장, 수송, 마케팅 등 농업 관련 전체 푸드 시스템을 고려하면 국가경제에서 차지하는 비중은 막중하다. 농업이 무너지면 이들도 함께 흔들리게 되어 있다. 농업은 단순히 부가가치 비중 2%가 아니라 이들 식품산업, 푸드시스템의 허브인 것이다. 농업의 외연은 생산에서부터 최종 소비에 이르기까지 푸드시스템 전 과정과 연관산업으로 지속적으로 확대해 나가고 있다. 농업이 살아나면 이들 전·후방 연관산업들이 함께 성장하고 국가 경제에 큰 영향을 미치게 된다는 이야기다.

무엇보다 식품 산업이 국산 농산물 수요창출로 이어져 농업성장을 견인할 수 있는 정책을 펴 나가야 한다. 식품산업은 빠른 속도로 성장하는데 농업·농촌이 침체되는 것은 식품산업이 국내 농업과 단절되어 있다는 의미다. 어려워지는 농업·농촌 현실을 외면한 채 식품산업만 나홀로 성장하는 것은 있을 수 없는 일이다. 맥주회사는 국산 보리를, 장류회사는 국산 콩과 고추를, 유가공회사들은 국산 원유(原乳)를, 제빵·제과·제분·라면회사는 국산 밀과 쌀을, 과일주스회사는 국산 과일을 먼저 생각해야 한다. 외식업체도 마찬가지다. 수입산과 가격차이가 나 쉽지 않다는 것은 모두가 잘 알지만 기업의 상생정신이 살아 있다면 해결책을 찾지 못할 것도 없다. "뜻이 있는 곳에 길이 있다"고 했다. 방법이 없는 게 아니라 뜻이 부족한 것이다. 기업이 할 일, 정부가 할 일, 소비자가 할 일, 그리고 생산농가의 입장에서 할 수 있는 일을 찾아 함께 뜻을 모아야 한다.

식품관련 업무도 농림부로 통합되어 부처 명칭이 농림수산식품부로 바뀌었다. 이는 식품산업과 농업을 연계할 수 있는 여건이 조성되었다는 의미다. 농업과 연계되지 않은 식품산업의 발전은 무의미하고, 부처 명칭을 농림수산식품부로 변경한 취지에도 부합하지 않는 것이다. 농업 따로 식품산업 따로 가서는 우리 농업·농촌은 더욱 어려워질 수밖에 없다. 로컬푸드운동이 최종 소비자뿐 아니라 식품산업 전 분야로 확산되어 지역경제를 활성화시키고 한국 농업의 성장엔진으로 역할을 할 수 있어야 한다. 식품산업에서 농업의 미래를 보는 것은 그것이 침체된 농업을 견인하여 동반성장할 것을 기대하기 때문이다. 식품가공·제조산업이든 외식산업이든 모두 국내 농업과 긴밀히 연계되어 함께 성장해 나가야 한다. 농업이 살고 식품산업도 사는 상생의 동반 성장이다. 식품산업을 통해 국산 농산물에 대한 수요를 적극 창출해 내야 한다.

정부 구매수요를 늘려라

미국의 정부 구매 정책

미국의 농업정책은 기본적으로 5년 주기로 개정되는 농업법(Farm Bill)에 근거하여 추진되고 있다. 현재 시행되고 있는 농업법은 2012년 종료 예정인 '2008 식품·보존·에너지법*'이다. 1933년 농업조정법(AAA)** 시절부터 그래왔듯이 미국의 농업정책의 핵심을 이루고 있는 부분은 농산물에 대한 정부구매 정책이다. 농무성이 주관하고 있는 식량·영양지원프로그램으로 소비자들의 식품구매를 정부재정에서 직접 지원하는 정책이다.

이 정책의 목적은 세 가지다. 저소득 계층에 대한 기초식량 지원, 국민 건강 및 영양 증진, 그리고 농산물 직접구매를 통한 농업지원이 그것이다. 미국 농무성 전체 예산의 대부분이 이 정책에 사용될 정도로 미국 농정의 핵심을 이루고 있다. 2008년의 경우에는 농무성 예산의 64%인 610억 달러(70조 원)가 이

---

* Food, Conservation, and Energy Act of 2008
** Agricultural Adjustment Act

프로그램에 지출되었다. 미국만이 갖고 있는 독특한 농정구조이다.

농무성은 총 20개 정도의 식량·영양지원프로그램을 시행하고 있는데, 미국인 5명 중 1명이 이 중 하나 이상의 혜택을 보고 있을 정도다. 가장 큰 비중을 차지하고 있는 것은 최근까지 식품구매프로그램(food stamp program)이란 이름으로 불렸던 보조영양지원프로그램(supplemental nutrition assistance program)이다. 2008년의 경우 총 2,800만 가구 이상이 이 정책의 혜택을 보았고, 1인당 월평균 102달러가 지원되었다. 수혜자는 해당 식품점에서 지정된 농산물이나 식품을 구입할 수 있다. 이 정책의 당초 목적은 과잉 농산물 구매였지만 시간이 흐르면서 저소득 계층에 대한 식량안보를 확보하기 위한 사회안전망 역할을 하게 되었다.

다음은 어린이와 청소년의 영양증진을 위한 영양프로그램이다. 점심은 물론 아침까지 제공하는 학교급식프로그램, 여름방학 급식프로그램, 우유급식프로그램, 과일·채소프로그램 등이 여기에 속한다. 초·중·고등학교 학생은 누구나 이 급식프로그램에 참여할 수 있는데, 부모의 소득수준에 따라 무상이나 할인 혹은 전액부담 방식으로 급식을 받게 된다. 여기에 사용되는 모든 식재료는 국산 농산물을 사용토록 했다. 이 밖에도 임신부, 산모, 유아의 영양증진을 위한 프로그램, 긴급식량지원프로그램 등 다양한 식품·영양지원프로그램들이 시행되고 있다.

미국 농정의 핵심을 이루고 있는 이 사업은 저소득 영세민들에 대한 지원은 물론 국민건강을 증진시키면서 동시에 국내농업을 지원해 주고 있는 일석삼조의 정책이다. 이와 같은 대대적인 국민 영양프로그램이 미국에서 정착될 수 있었던 것은 그만한 이유가 있다. 자국 국민에게 최소한의 영양을 공급하는 것은 국가의 책무라는 인식과 국민의 건강증진은 곧 인적 자본에 대한 투자이고, 결국은 국가의 경제발전과 경쟁력 향상으로 이어진다는 인식이 바탕에 깔려 있다. 그렇기 때문에 이를 위한 사업은 정부재정에 의해 국가가 책임져야 할 부분이 될 수 있는 것이다. 세계 제1의 농산물 수출국, 그래서 세계화와 시장개방의 전도자 역을 맡고 있는 미국은 해외로의 수출 외에도 거대한 학교급식 시장에 자국 농산물 판로를 터 주고 있다. 다수 국민의 영양과 건강한 삶을 지원하는 프로그램이기 때문에 재정부담에 대한 국민적 컨센서스를 얻는 데도 별 어려움이 없다. 더욱 중요한 것은 국산 사용을 의무화한다거나 가격할인과 보조가 이루어지므로 자연히 국산 농산물에 대한 수요로 이어져 지속적인 농업성장을 받쳐주는 든든한 버팀목이 되고 있다는 사실이다.

정부의 재정지출로 저소득 영세민 지원, 국민 건강증진, 그리고 농업지원을 동시에 달성하고 있다. 국민의 영양, 건강보호와 연계하여 국내농업을 보호·육성하고 있는 셈이다. 농업정책의 관점에서 보면 농업지원정책의 시행으로 생산자뿐 아니라 소비자들까지 이익을 보는 것이다. 이런 이유로 미국의 소비자지지추정치(CSE)는 OECD 국가들 중 유일하게 플러스 값을 보이고 있다. 농업정책의 시행으로 소득이 납세자로부터 생산농가와 소비자로 동시에 이전된 결과이다. 그만큼 재정능력이 뒷받침되기 때문에 가능한 일이기도 하다. 2009년의 경우 미국의 %CSE는 (+)14%였다. 소비자들의 총지출액 중 14%는 농업관련 정책의 시행으로 소비자에게 이전된 보조가 차지한다는 의미다.

행복 추구권과 정부 지출수요 확대

우리에게 지금 필요한 정책도 바로 이런 것이다. 미국의 예처럼 정부가 재정지출을 통해 직접 국산 농산물 수요를 진작시켜 농업성장을 견인해 주어야 한다.

그럼 어떻게 정부수요를 진작시켜 나갈 것인가? 먼저 군수용과 정부(중앙, 지방자치단체) 및 공공기관의 식당에 공급되는 농산물은 전량 국산을 사용하도록 의무화 내지는 적극 권장하는 것이다. 국산으로 조달할 수 없는 품목을 제외하고는 전량 그 지역에서 생산된 농산물을 농가들과 장기계약을 통해 공급하는 것이다. WTO 규정 위반을 피해 가면서 시행할 수 있는 지혜와 노력도 물론 필요하다. 군납용 쇠고기를 수입산으로, 그것도 농민의 조합인 농협이 공급했다는 언론 보도가 있었다. 현실이 이런데 우리나라 농업이 제대로 될 리 없다.

다음에는 초·중·고등학교 학교급식을 확대하고 여기에 공급되는 농산물 역시 국산으로 공급하는 것이다. 중간 유통단계를 최대한 줄일 수 있는 방안을 찾아 그 지역 농산물로 공급할 수 있도록 해야 한다. 정부 예산으로 지원되는 무상급식은 전량 국산 농산물 사용을 의무화하고, 무상급식이 아니라도 전국의 학교급식은 국산 농산물을 사용하는 방안을 민간의 자율적인 방식에 의해 모색해야 한다. 점심뿐 아니라 아침식사와 방학 기간까지도 점진적으로 확대해 나가야 한다. 성장기에 있는 어린이와 청소년들에게 풍부한 영양을 공급하면서 국내농업의 활성화도 달성할 수 있다. 유통과정에서의 각종 문제점들을 제거하기 위해 급식재료 공급체계도 재정비하여야 한다.

다음은 저소득 영세민이나 취약계층에 대한 생계지원 보조정책을 국산 농산물 구매와 연계시키는 것이다. 기초생활보장수급자, 차상위계층, 장애인, 무의탁 노인 등의 복지정책 대상자들에게 현금 대신 정부가 직접 필요한 농산물이나 식품을 구매하여 현물로 지급한다거나, 아니면 식품구매 쿠폰을 발행하여 국산 농산물 구매와 연계시키는 방안을 생각할 수 있다. 재정이 추가로 필요하다는 것이 아니라 기존의 확보된 재정을 용도만 제한하여 집행하면 되는 것이다.

마지막으로, 영세민이나 취약계층 지원 사업과 별도로 전국의 일정 소득수준 이하의 저소득 계층을 대상으로 국민 건강과 영양 증진을 위한 지역 농산물 구매 프로그램을 시행하는 것이다. 중앙정부와 지자체의 지원으로 그 지역 농산물 구입시 할인 혜택을 주는 사업을 전개할 필요가 있다. 이 경우 문제는 추가적인 재정이 소요된다는 점이다. 하지만 저소득 계층을 위한 사회 안전망으로서의 건강 증진 사업이라는 점에서 국민적 합의를 이뤄나갈 수 있다. 우리와 재정능력의 차이가 있긴 하지만 미국의 경우 전 국민의 1/5이 식량·영양지원정책의 혜택을 받고 있다는 점을 참고할 필요가 있을 것이다.

우리나라 헌법 제10조는 "모든 국민은 인간으로서의 존엄과 가치를 가지며, 행복을 추구할 권리를 가진다"라고 국민의 행복추구권을 기본적 인권으로 명시하고 있다. 나아가 국가는 이 기본적 인권으로서의 행복추구권을 보장할 의무를 진다고 규정하고 있다. 이어 제34조에서는 모든 국민은 인간다운 생활을 할 권리를 가진다고 규정하고, 이를 위해 국가는 사회보장·사회복지의 증진에 노력할 의무, 여성의 복지와 권익의 향상을 위하여 노력할 의무, 노인과 청소년의 복지향상을 위한 정책을 실시할 의무를 진다고 명시하고 있다. 또 신체장애자 및 질병·노령 기타의 사유로 생활능력이 없는 국민은 법률이 정하는 바에 의하여 국가의 보호를 받는다고 규정하고 있다.

충분한 영양섭취는 건강한 삶과 인간다운 생활을 하는 데 가장 기본이 되는 조건이다. 그래서 헌법은 이를 국민의 기본권적 권리로 보장하고 있는 것이다. 게다가 이것은 단순한 복지 차원의 지원이 아니라 사람에 대한 투자이고, 따라서 멀리 보면 국가경제와 경쟁력을 키우는 일이다. 이런 측면에서 보면 국민 영양프로그램은 미국처럼 계속 확대해 나가야 할 국가의 중요 과제이며 책무인 셈이다. 이를 국산 농산물 수요와 직접 연계시키면 국민의 기본권으로서의 행복추구권을 보장하면서 국내 농업과 농촌을 살리는 일석이조의 정책이 될 수 있다.

어린이와 청소년, 저소득계층, 노인이나 장애인 등 사회적 취약계층에 대한 영양공급은 모든 국민이 건강한 삶을 추구할 헌법상 행복추구권의 일환이다. 그렇기 때문에 이를 책임지는 것은 국가가 해야 할 일이다. 추진 체계도 보건복지부, 교육과학기술부, 각 지자체 등에 분산된 업무를 미국의 예처럼 농림수산식품부로 통합하여 국민영양 증진과 국내농업 지원 두 가지 목표를 동시에 효과적으로 달성할 수 있는 방안을 강구할 필요가 있다.

농업 경쟁력이 충분히 생겨 국산 농산물에 대한 내수와 수출이 자생적으로 늘어날 수 있을 때까지는 정부가 나서서 농업성장을 견인해 주어야 한다. 농산물 구매 사업 확대를 통해 농업성장 엔진에 마중물을 넣어 주어야 하는 것이다. 경쟁력은 쉽사리 생기는 게 아니다. 농업구조가 바뀌고 기술혁신이 일어나 경쟁 상대국들을 능가하기까지는 엄청난 노력과 시간이 걸릴 수밖에 없다. 그 때까지는 적어도 정부가 수요를 적극 늘려 주어야 한다.

주요 농산물에 대해 시행되고 있는 수매정책은 기본적으로 가격을 안정화시키기 위한 정책이다. 가격이 오르면 다시 시장에 내다 파는 것이므로 수매는 유효수요가 아니고, 따라서 농업성장으로 이어지는 정책이 아니다. 가격하락을 막아 일시적인 소득증가 효과가 있을 뿐 근본적으로 농업성장을 통한 소득향상 정책은 아닌 것이다. 각종 직불제를 통한 농가소득 보전정책 또한 같은 맥락이다. 농업 내에서 자생적 소득창출이 되도록 하는 재정지출 방식이 중요하다. 국산 농산물에 대한 정부부문의 수요를 적극 창출하여 농업성장으로 이어지도록 해야 한다.

위험 수위를 넘은 무역수지 적자

농업성장 정체의 주범

농산물 시장개방이 확대되면서 재작년(2010) 우리나라 농림수산업 무역수지 적자는 199억 달러에 달했다. 연간 농업 GDP와 맞먹는 엄청난 규모다. WTO 출범 직전 적자액이 50억 달러 수준이었던 것과 비교하면 그 사이에 4배 가까이 적자 폭이 급증한 셈이다. 이 기간 수출은 큰 변화가 없었다는 점을 고려하면 거의가 수입 증가로 인한 적자이다. 이 중 임업과 어업을 제외한 농축산업 적자만 쳐도 132억 달러나 된다. 우리 돈으로 환산하면 14조 원이다.

WTO 출범 이후 한국의 농업성장이 멈춰 선 주요 원인이 바로 여기에 있다. 농업 GDP가 22조 원인데 해외부문 순수출(수출−수입)이 마이너스 14조 원이다. 이 중 일부만이라도 매년 국내 농산물로 대체될 수 있었다면 농업성장이 이렇게 장기 정체국면에 빠지지는 않았을 것이다. 국민들의 농산물 소비는 계속 늘고 있지만 늘어나는 수요를 국내 생산이 뒷받침하지 못하고 해외 수입으로 채우고 있는 것이다.

국산 농산물에 대한 수요가 늘지 않는 한 농업 성장의 정체는 필연적이다.

결국 경쟁력을 키우기도 전에 농산물 시장개방 확대가 한국 농업의 성장을 멈추게 한 것이다. 경쟁력만 충분히 있었더라면 수입이 이 정도로 늘지 않았겠지만, 설령 수입이 증가한다 해도 수출도 같이 증가하면서 농업성장은 과거의 추세를 유지할 수 있었을 것이다. 농가의 농업소득 또한 그대로 증가추세를 유지할 수 있었을 것이다.

수출·입의 내역을 들여다보면 더욱 문제다. 그나마 얼마 안 되는 수출은 농업성장이나 농가소득 증대에 파급효과가 거의 없는 가공식품이 절반 이상이다. 더구나 이런 가공식품 수출비중은 최근 점차 증가하고 있는 추세. 가공식품이라서 문제가 아니라 원료를 거의 다 수입으로 충당하고 있다는 것이 문제다. 이런 가공식품의 수출이 아무리 늘어난다 해도 농가소득과 농업성장으로 이어지지는 않는다. 2009년 기준 신선 농산물 수출은 전체의 15%인 7억 달러에 불과했다. 반면 빠르게 증가하고 있는 수입에서는 곡물, 과실, 채소, 두류, 식물성 기름, 육류와 같이 국내 농업생산과 직접 경합되는 것들이 대부분이다. 사정이 이런데 농업성장이 정체되지 않는다면 오히려 그것이 이상한 일이다.

농림수산식품부가 설정한 2012년 농수산식품 수출목표 100억 달러의 비중을 보아도 가공식품 55%, 수산물 30%이고 농업성장과 농가소득으로 직접 이어질 수 있는 신선 농산물은 15%에 불과하다. 최근의 농림수산물 수출증가는 그 내용을 들여다보면 농업의 전반적인 경쟁력 향상의 결과가 아니며 농업성장에 기여할 수 있는 수출이 아니다.

무역수지 적자 목표관리

빠른 속도로 확대되는 농산물 무역수지 적자를 그대로 내버려 둬서는 한국 농업 회생의 길은 요원하다. 수출을 늘리고 수입을 억제하여 농업 분야 무역수지 적자를 대폭 줄이지 않으면 안 된다. 하지만 수출은 국제경쟁력과 직결된 문제이고, 수입억제는 세계 농업개혁 흐름을 거스를 수도 없어 어느 것도 쉽지는 않다. 그렇다고 국내 농업이 죽어 가는데 방치하고 있을 수는 없는 일이다. 어떻게 하든 최대한 수출을 늘리고 최대한 수입을 억제할 수 있도록 수출과 수입 양면에서 변화가 일어나야 한다. 적자 폭을 대폭 축소시키지 않으면 한국 농업을 장기 정체국면에서 건져낼 수 없다. 강한 정책의지를 갖고 농산물 무역수지 적자 목표치를 설정하여 관리해 나갈 필요가 있다.

그동안 농림수산물 무역적자가 200억 달러까지 쌓여 가는데도 정부는 별 다른 문제의식을 보이지 않았다. 시장개방 시대이니 수입이 늘어나는 것은 당연하다는 안일한 생각에 빠져 있었던 것은 아닌지 돌아보아야 한다. 더 늦기 전에 이제라도 농업 부문의 수입관리를 총체적으로 다시 점검하여야 한다. 그래야 한국 농업이 다시 성장의 길로 들어설 수 있다.

할 수만 있다면 수출도 늘리고 수입도 효과적으로 관리해 나가는 것이 최선이다. 그러나 우리나라의 농업 여건으로 볼 때 단기적으로는 수출을 늘리는 것보다 수입을 제대로 관리하는 편이 더 효과적이다. 수출증대보다는 수입관리와 내수확대를 통한 농업성장 전략이 필요하다는 이야기다. 수출은 기본적으로 국제경쟁력의 결과로 나타나는 것이고 경쟁력이란 하루 아침에 생기는 것이 아니다. 더구나 우리의 농산물 수출은 대부분이 국내농업과 연계되지 않은 수입원료 가공식품 중심이다. 이런 가공식품 수출 증대를 위해 노력하기보다 국내농업과 직결된 수입을 관리하는 데 더 많은 노력을 경주해야 한다. 농업 성장과 연계된 농산물 수출을 증대시키기 위한 노력을 꾸준히 해 가면서 단기적으로 효과를 낼 수 있는 수입관리에 총력을 기울여야 한다. 농업 부문의 무역수지 적자 폭을 대폭 줄이지 않으면 한국의 농업·농촌의 미래는 없다.

수출 농업을 향하여

농식품 수출증대

수출은 경쟁력의 산물이다. 경쟁력만 있다면 수출은 자연스럽게 찾아오는 결과물이다. 그러나 경쟁력을 키우는 일은 상대가 있기 때문에 어렵고 오랜 시간이 걸리는 힘든 과정이다. WTO 출범 후 십수 년이 지나도 신선 농산물 수출이 제자리걸음만 하고 있는 것은 경쟁력 향상이 그만큼 어렵다는 증거다. 그럼에도 수출증대가 필요한 것은 그것이 농업성장과 농업소득 증대, 나아가 농촌 발전을 위한 견인차 역할을 할 수 있기 때문이다. 그리고 궁극적으로는 이것이 농업 선진국으로 갈 수 있는 키워드 중 하나이기 때문이다.

시장개방이 확대되면서 수입 농산물이 국내시장을 점점 더 잠식해 가고 있지만, 다른 한편으로는 외국시장의 문턱도 낮아져 우리의 수출환경도 좋아지고 있다. 우리나라의 농산물 수입관세는 세계적으로도 매우 높은 수준이다. 반면 우리가 수출하는 나라들의 관세수준은 우리에 비하면 훨씬 낮다. 관세만 놓고 보면 우리의 수출여건은 상대적으로 좋다는 의미다. 이런 여건 변화를 십분 활용하여 농산물 수출을 늘려나가야 한다. 국제경쟁력 향상이야 두말할 필요 없지만 동시에 중·단기적으로 해야 할 일도 많다. 해외시장개척, 해외시장정보 및 마케팅 지원, 수출신용 및 수출보험, 상대국의 관세 및 각종 비관세 제도 정보제공 등을 통해 수출환경을 개선해 나가야 한다.

정부의 수출지원은 국내 농업성장의 산업연관효과와 농가소득 파급효과가 큰 품목들을 중심으로 이루어져야 한다. 그것이 원료 농산물일 수도 있고 가공식품일 수도 있다. 가공식품의 경우에는 국산 농산물을 원료로 사용하도록 제도적 장치와 경제적 유인책을 모색하여야 한다. 1차 원료 농산물이 경쟁력이 약한 상황에서는 경쟁력 있는 가공식품산업을 육성하여 간접적으로 농산물 수출이 늘어나도록 해야 한다. 다만 그 가공식품은 국산 농산물 원료를 사용하는 조건으로 지원되어야 한다. 외국 농산물을 수입하여 가공식품을 수출하는 데 지원하는 것은 적어도 농림수산식품부로서는 명분 없는 일이다. 농가들이 직접 원료 농산물을 가공하여 수출까지 할 수 있다면 부가가치를 높일 수 있으니 더욱 좋다. 농산물 수출은 반드시 농업성장과 농가소득 증대를 유발할 수 있는 수출이어야만 한다. 현재와 같이 농업과 연계되지 않는 가공식품 중심의 수출구조로는 제아무리 수출을 늘린다 해도 식품기업과 외국 농업만 살찌울 뿐이다.

인구 13억이 넘는 중국은 1인당 GDP가 4천 달러다. 평균적으로 보면 세계 중위권도 안 되는 가난한 국민들이다. 하지만 상위 1%의 국민은 고급 승용차에 고가 주택에서 최고의 문화생활을 영위하는 소비자들이다. 1%의 인구만 해도 천 3백만 명이나 된다. 고품질의 농산물과 식품을 원하는 큰 시장이 지척에 있다. 평균적 중국인들이 소비하는 식품과 1%의 상류층이 선호하는 식품은 다르다. 그들은 가격에 민감하지 않다. 고품질의 고가 농산물로 그들 시장을 파고들 수 있다. 우리 농산물이 가격 경쟁력이 없어 수출이 어렵다는 것이 정당화될 수 없는 이유다. 상위 5%만 해도 우리나라 전체 인구 수를 상회하는 어마어마한 시장규모다. 그래서 중국이 우리 곁에 있다는 것은 우리 농업에 위협이면서 동시에 기회이다. 중국이 저가 농산물로 우리 시장에 들어오면 우리는 중국의 상류층 시장을 타깃으로 차별화 전략을 구사할 수 있을 것이다.

지금까지 얼마 안 되는 우리나라 농산물 수출은 주로 일본 시장에 집중되어 왔다. 근거리라는 이점과 1억 3천이나 되는 인구, 비싼 가격이 우리 농산물이 쉽게 진출할 수 있었던 원인이다. 하지만 최근 일본으로의 수출이 급격히 줄고 있다. 수출국 간 경쟁이 더욱 치열해진 탓도 있지만 선진국 일본의 식품시장은 성장의 한계에 접근해 있기 때문이다.

개발도상국 중국은 다르다. 급속한 경제성장과 소득증가로 식품수요도 빠른 속도로 증가하고 있다. 특히 단백질 섭취를 위한 육류와 유제품, 그리고 과일과 채소류에 대한 수요가 늘어나고 있다. 고소득 계층들은 친환경적이고 안전하고 위생적인 고품질의 차별화된 식품을 선호할 것이다. 뒤를 이어 급성장하고 있는 인도 시장도 우리와 그리 먼 거리에 있지 않다. 인도의 인구는 11억 명이다. 2025년에는 14억 6천만 명으로 늘어나 중국을 능가할 것으로 유엔은 전망하고 있다. 1인당 소득은 아직 낮은 수준이지만 급속히 성장하는 개도국으로서 식품 수요는 크게 성장할 것이다. 중국과 함께 우리의 커다란 잠재 수출시장인 셈이다. 일본 편중의 농산물 수출에서 벗어나 중국, 인도, 동남아시아 국가들, 미국, 러시아 등으로 수출선을 다변화해야 한다.

수출구조 변화가 중요

정부는 2012년까지 농식품 수출 100억 달러 달성 목표를 설정하여 추진하고 있다. 몇 년 전까지 10년 이상 장기간 35억 달러 전후에서 답보 상태에 머물러 있었다는 점을 고려하면 아주 야심찬 계획이다. 하지만 중요한 건 금액이 아니라 그 같은 수출증가가 농업성장과 농촌 발전, 그리고 농가소득 증대로 연결될 것이냐이다. 라면이나 커피, 설탕, 소주, 비스킷 수출이 아무리 잘 된다

한들 우리 농업성장과 농가소득 증대에 도움이 되지 않는다면 무슨 소용이 있나. 원료 농산물을 수입하여 가공식품 수출을 늘리는 것은 단순 제조업 육성에 불과하다. 2010년 농식품 수출액은 41억 달러, 그중에서 76%는 가공식품이었다. 이런 식으로 가공식품산업을 육성하는 것은 농산물 수입만 늘려 국내 농업을 더욱 위축시키는 결과로 이어질 뿐이다. 수출 드라이브 정책을 강력히 추진하는데도 여전히 농업 GDP는 제자리이고, 도·농 간 소득 격차는 더 벌어지고, 농촌 역시 더 어려워지고 있는 이유다.

농식품 수출구조를 변화시켜야 한다. 농업성장과 농업소득 유발효과가 큰 농산물 수출구조로 바뀌어야 한다. 농업성장의 승수효과가 큰 품목들이 수출되어야 하고, 농촌고용과 농외소득을 늘릴 수 있는 수출이 필요하다. 농업과 농산물로는 어려우니까 가공식품 수출로 국면을 타개해 보려는 생각이라면 아예 버려야 한다. 기본으로 돌아가야 한다. 농업·농촌·농민과 무관한 식품수출과 식품산업 육성이라면 적어도 농림수산식품부로서는 무의미한 일이다. 국내 농업은 죽어 가는데 외국 농산물을 수입하여 국내 식품산업을 육성하는 것은 안 된다.

1차 산업으로서의 농업과 2차 식품가공산업은 전·후방 연관산업으로 서로 밀접하게 연결되어 있다. 멀리 보면 농업이 성장해야 결국에는 식품산업도 번영하게 되어 있다. 국내농업과 무관하게 식품수출에만 매달리면 농업도 죽고 식품산업도 발전하는 데 한계가 있다. 농업과 식품산업은 서로 끌어 주고 협력하는 동반성장 관계가 정립되어야 한다. 수출목표액은 작아도 좋다. 농업과 직결되는 내실 있는 수출이 되어야 한다. 수출이 국내농업과 무관한 가공식품 중심으로 증가한다면 100억 달러를 달성한다고 해서 농림수산식품부로서는 자랑거리가 못 된다. 정부는 수출실적에 연연할 것이 아니라 수출의 내용을 뜯어보고 그것이 어느 정도 농업성장과 농가소득 그리고 농촌고용 유발효과로 이어지고 있는지를 분석해 보아야 한다. 그리고 파급효과가 큰 품목 중심으로 수출목표를 별도로 설정하여 관리하고 수출전략을 추진해 나가야 한다. 수출은 중요하다. 궁극적으로는 경쟁력 있는 수출농업을 향해 나가야 할 것이다. 그러나 그 방향을 잘못 잡으면 농업·농촌에는 오히려 큰 해가 될 수 있다는 점 또한 기억해야 한다.

수입관리를 강화하라

수입관리가 급선무

수출이 중요하긴 하지만 당장 한국 농업 입장에서 더 시급한 것은 수입관리다. 농산물 수출이란 게 말처럼 쉽게 늘릴 수 있는 것도 아닐 뿐더러 설령 늘어난다 해도 수입이 그 이상으로 늘어나면 농업성장은 둔화되고 농업소득도 줄어들게 되어 있다. 수출로 벌어들인 부분을 수입으로 모두 까먹는 셈이 되는 것이다. 중요한 것은 수출 한 쪽만이 아니라 수입까지 고려한 무역수지다. 수출을 늘리는 동시에 수입을 치밀하게 관리해 나가는 것이 매우 중요하다.

수입 농산물이 내수시장을 무차별 잠식해 가고 있는 현 상황을 국산 농산물 수요로 대체할 수 있는 방안을 적극 모색해야 한다. 수입제한은 통상마찰 문제를 일으킬 수 있기 때문에 국제규범이 허용하는 범위에서 최대한 지혜를 짜내야 한다. 동시에 국산 농산물 소비촉진을 위한 범국민적 착한 소비운동을 통하여 자연스럽게 수입이 줄어들도록 해야 한다.

WTO 출범 이후 농산물 시장개방은 우루과이라운드 협상결과에 의한 것과 FTA에 의한 것, 두 갈래로 진행되어 왔다. 우루과이라운드 협상에 의한 시장개방은 농산물 평균관세가 24% 인하되고 최소시장접근 물량이 늘어난 게 중심이다. 그중에서도 국내 생산비중이 큰 중요 품목들에 대해서는 10%만 인하되었다. FTA에 의한 관세철폐도 대부분은 10년 이상 장기간에 걸쳐 진행된다.

수치상으로만 보면 시장개방조치 자체는 우려한 만큼 크지 않을 수 있다. 그런데도 지난 15년 동안 농림수산물 무역수지 적자가 4배나 폭증할 정도로 수입이 급증하고, 이로 인해 농업성장이 장기 정체기에 빠졌다. 이것은 단순히 시장개방 조치 자체만으로는 설명되지 않는 부분이 있다는 이야기다. 생산농가들의 심리적인 요인도 작용했겠지만, 수입관리와 수입제도상에 문제가 있다는 의미가 된다. 시장개방은 세계 농업개혁이라는 불가피한 외적 요인이 있었다 치더라도 수입관리를 제대로 하지 못했다는 것은 전적으로 우리 자신의 책임이다. 시장개방은 국가 간 합의나 국제 룰에 따른 것이지만 수입관리는 그보다는 국내적 문제이기 때문이다. 관리를 잘못하여 생긴 영향이 더 큰 문제이고, 이런 부분을 찾아내어 정비해야만 한다.

세계화·개방화 시대인데 수입이 늘어나는 것은 당연한 일 아니냐고 체념하며 안일하게 생각하고 있지는 않았는지, 이런 사회적 분위기를 틈타서 수입상들의 무분별한 상행위와 원산지를 속이는 등의 유통상의 문제로 늘어나지는 않았는지, 제도나 법망에 허술한 곳은 없는지, 그리고 잘못된 정책과 정부의 안일한 대처가 원인이 되지는 않았는지를 종합적으로 정밀 분석해 보아야 한다. 농산물 수입관리제도를 총체적으로 재점검하여 잘못된 부분들을 바로잡아야 한다.

구멍 뚫린 관세구조

먼저 농산물 관세제도에 대한 면밀한 분석과 정비가 필요하다. WTO 체제에서는 비관세 수량제한조치들이 모두 관세로 전환되었기 때문에 관세가 중요한 합법적 수입제한 조치이다. 그런데 다자간 무역협상 경험이 부족했던 우리나라는 우루과이라운드를 맞아 관세화로 이행하는 과정에서 관세를 이용한 농업보호 장치를 외국처럼 치밀하게 만들어 놓지 못했다.

우리나라의 농산물 관세체계는 일부 선택관세도 있긴 하지만 대부분은 종가관세 중심으로 아주 단순한 구조이다. 관세에는 종가관세 외에도 수입량을 과세표준으로 하는 종량관세 방식, 양자를 병과하는 혼합관세 방식, 그리고 양자 중 유리한 쪽을 선택할 수 있는 선택관세 방식도 있다. 외국의 예처럼 이들을 종합적으로 적절히 사용하면 국내 농업을 더 효과적으로 보호할 수 있다. 예를 들면 국제가격이 상승할 때에는 종가관세 방식이 더 큰 보호효과가 있지만, 반대로 하락할 때는 종량관세 방식이 더 유리하다. 종량관세 방식을 잘 활용하면 가까운 나라들로부터 저가의 농산물이 밀려오는 것을 좀 더 효과적으로 막을 수 있다.

우리는 또 가공농산물 관세율이 원료농산물보다 훨씬 낮은 역관세구조로 되어 있어 높은 관세가 있어도 농업보호 기능을 제대로 못하고 있다. 어떤 상품이든 가공도가 깊어질수록 관세수준은 높아지는 게 일반적이다. 그래야 이른바 실효보호관세율이 높아지면서 효과적으로 국내 산업을 보호할 수 있다. 그런데 우리나라의 경우에는 관세화 과정을 거치면서 오히려 정반대의 현상이 나타나고 말았다. 비관세조치로 보호하던 원료농산물을 국내·외 가격차만큼 높은 관세로 전환하자 이미 낮은 관세가 부과되고 있던 가공농산물과의 관계에서 역관세구조가 생기게 된 것이다.

이런 제도적 맹점을 이용하는 수입상들 때문에 높은 관세가 매겨진 원료농산물 보호효과가 무색해지고 있다. 예를 들면, 고추의 높은 관세(270%)를 피하기 위해 고추 대신 냉동 고추(27%)나 고추장(54%)을 수입한다거나, 마늘(360%) 대신 초산 마늘(36%)이나 냉동 마늘(27%)을 수입하는 식이다. 신선 고추에 비해 관세율이 턱없이 낮은 냉동 고추나 고추장이 수입되면 결국 고추 농업이 큰 피해를 입을 수밖에 없다. 또 초산 마늘이나 냉동 마늘이 들어오는데 국내 마늘 농사가 온전할 리도 없다. 관세화 조치에 의해 고추와 마늘 관세율을 국내·외 가격 차이만큼 높게 유지해 놓았어도 소용없는 일이다.

이외에도 비슷한 예는 아주 많다. 양파의 관세는 135%이지만 냉동 양파와 조제 양파는 각각 27%, 54%다. 신선 상태의 생강은 377%이지만 이것이 저장 처리되면 45%로 대폭 낮아진다. 참깨의 관세를 630%로 높게 책정했어도 이것이 참기름이 되면 36%가 되고, 참깨 유박으로 변형되면 63%가 된다. 분유도 탈지나 전지 상태에서는 176%이지만 조제한 분유나 혼합분유로 가공되면 36%가 된다. 이런 관세 구조하에서 국내농업이 제대로 보호될 리 없다.

이와 같은 관세체계상의 맹점들을 보완하기 위해서는 HS* 분류 세번의 세분화를 포함해 관세구조의 개편작업이 필요하다. 그러나 이미 국제사회에 양허한 관세를 인상하는 것은 WTO 규정상 원칙적으로 금지되어 있어 이 또한 어려운 과제이다. 그렇다고 역관세 구조로 밀려드는 수입 농산물 문제를 팔짱 끼고 보고만 있을 수도 없다. 어떤 식으로든 대책 마련이 있어야 한다.

수입 의존적 수급관리: 할당관세의 남용

재작년 가을 전국에 배추 파동이 일자 정부는 무관세로 배추를 수입할 수 있도록 할당관세(관세법 제71조)를 단행했다. 그러자 중국산 배추가 수입되고 곧이어 미국으로부터도 들어왔다. 신선 상태 유지가 생명인 배추가 지구 반대편 미국에서 수입된다는 것을 이전에는 생각할 수조차 없는 일이었다. 그런데 이게 현실이 되었다.

* 국제통일상품분류체계로서 HS(Harmonized Commodity Description and Coding System)는 세계 각국의 관세율표를 공통의 분류방식으로 체계화한 것이다. 우리나라도 1988년부터 관세율표에 HS제도를 도입하여 HSK(Harmonized System of Korea)라는 명칭으로 사용해 오고 있다.

지금까지 우리는 할당관세 제도는 국내 물가가 불안해지면 으레 그렇게 하는 것으로 여기고 지내 왔다. 더구나 농산물은 필수재이다 보니 가격이 오르면 체감물가는 더욱 크게 오르고, 그래서 서민생계를 위해 물가안정의 표적이 되어 왔다. 농산물 가격이 오르면 수급조절이다 가격안정이다 하면서 바로 할당관세 칼을 빼들지만 반대로 하락하면 대부분이 생산농가의 부담으로 돌아갔다. 장기적 시평에서 보면 WTO 출범 이후 농산물 가격은 지속적으로 침체되어 왔다. 그동안 소비자들이 이익을 많이 보았던 셈이다. 그러다가 일시적인 수급 불균형으로 가격이 오르면 할당관세를 적용하여 수입을 서두르곤 했다. 지나치게 소비자 편향 정책은 아니었는지 돌아볼 일이다.

그러나 여기에 심각한 문제가 있다는 점을 인식해야 한다. 중국산은 물론 미국산 배추까지 수입하여 가락시장에 상장, 유통시키는 것이 이제는 당연시되는 상황이 되어 버렸다. 외국산 배추에 대한 소비자들의 거부감이 없어진다는 것이 무엇보다 큰 문제다. 김치와 같이 가공식품으로 제조되어 유통되면 소비자들은 더욱 둔감해진다. 수입 농산물이 홍수처럼 넘쳐나는 와중에 소비자들은 자신도 모르는 사이에 국산과 수입산에 대한 차별의식이 사라져버린 것이다. 그럴수록 농가의 생산의욕은 저하되고 국내 농업 생산기반은 서서히 무너져 간다는 사실이다.

농업성장과 농촌 발전이란 측면에서 보면 농산물도 공산품과 비슷한 속도로 꾸준히 상승하는 것이 정상이다. 비료, 농약, 종자, 사료 등 투입요소 가격은 계속 오르는데 서민물가 안정을 이유로 농산물 가격만 잡는다면 어떤 결과가 초래될지는 명약관화한 일이다. 물가를 잡는다면 투입요소 가격도 같이 잡든가, 아니라면 농산물 가격도 이 수준으로는 상승되어야 농가의 채산성을 맞춰 나갈 수 있다. 우리 국민의 엥겔계수는 0.14로 선진국 수준이다. 평균적으로 보면 식료품 가격 인상이 가계에 큰 부담이 되지 않을 정도가 되었다는 의미다. 문제는 저소득 영세민 계층이다. 이들에 대해서는 물가상승에 연동된

보조금 제도를 시행하는 등 별도의 대책이 강구될 필요가 있다. 서민생계를 위한 농산물 가격안정정책이 결과적으로 농민의 희생 위에 중·고소득 계층도 반사적 이익을 얻는다면, 나아가 농업·농촌 발전에 큰 저해요인이 된다면 교각살우의 우를 범하는 일이다.

농산물에 대해서는 지금까지 해 왔던 할당관세 운영방식을 재검토해야 한다. 가격이 조금만 올라도 서민생계를 들어 수입을 서두르지만 농민들 역시 대부분이 서민이자 영세민이다. 더 큰 문제는 이로 인해 국내 농업기반이 무너지고 있다는 사실이다. 물가안정을 위한 수입은 국내 생산기반을 축소시키고, 이는 다시 물가상승과 불안을 더욱 가중시켜 다시 수입을 확대해야 하는 악순환의 고리에 빠지게 된다(물가불안→수입→생산기반 축소→물가불안 심화→수입 심화→생산기반 축소 심화…). 국내 농업 생산기반이 취약해지면 조그만 외부 충격에도 가격이 출렁일 수밖에 없다. 국내 생산기반이 튼튼히 받쳐줘야 예측할 수 없는 해외의 불안요인에 영향을 덜 받아 가격안정에 도움이 된다. 근본적인 농산물 가격안정은 수입을 통한 일시적 미봉책이 아니라 국내 농업기반을 튼실히 함으로써만이 가능하다.

할당관세에 의한 농산물 수입은 장기적인 안목에서 농업 성장과 발전이란 측면에서 판단하여야 한다. 농산물은 그 속성상 자주 급등도 하고 또 급락도 하게 되어 있다. 이런 일시적인 현상에 대해 대응을 잘못하면 농업의 구조적인 문제를 야기하게 된다. 국내 공급기반을 확고히 하고 유통구조를 개선하는 등의 근본적인 접근이 필요하다. 그렇지 않으면 가격불안정 문제는 제대로 잡지도 못하면서 국내농업만 위축시켜 더욱 불안한 수급구조로 만드는 결과를 초래할 수 있다.[*]

---

[*] 이 밖에도 철저한 수입관리를 위해 원산지표시제 강화 등 유통 부문에서 철저한 관리가 이루어져야 하고, 수입 농산물에 대한 검역, 동·식물위생제도(SPS), 잔류농약기준 등 위생 및 안전성 검사, 환경 기준 등을 강화해 나가야 한다.

철학 없는 시장개방정책

농산물 수입관리에서 무엇보다 중요한 것은 통상정책이다. 농업·농촌을 어떤 방향으로 발전시켜 나갈 것인가에 대한 장기적인 비전과 명확한 목표, 그리고 농정철학이 전제될 때에 올바른 대외 통상정책이 나올 수 있다. 이렇게 나온 통상정책은 다자적 또는 양자적 시장개방 협상에 그대로 반영되어 나타난다. 지금까지 우리의 농업통상정책이 올바로 진행되어 왔는지 살펴보아야 한다.

첫째, 관세할당제(TRQ) 문제다. 관세할당제는 본래 우루과이라운드 협상에서 농산물 수출국과 수입국 간의 타협의 산물로 나왔다. 관세화와 관세감축을 유예하는 대가로 저율의 관세로 일정의 의무수입 물량을 내주는 것이다. 이 제도는 그 후 여러 FTA 협상에서도 그대로 이용되었다. 수입국 입장에서는 국내농업 보호를 위해 필요했지만 수출국으로서는 수출을 늘리기 위한 방편으로 활용했다. 문제는 지나치게 많이 저율의 의무수입 물량을 내줌으로써 쿼터 밖 고율관세란 것이 보호역할을 못하고 사실상 완전개방과 같은 효과를 일으키고 있다는 점이다. EU와의 FTA에서 치즈와 조제분유가 그렇고, 미국과의 FTA에서는 맥주보리, 분유, 연유, 버터와 변성전분에 기존 수입량보다 훨씬 많은 저율관세 수입쿼터를 양허했다. 관세철폐를 피해보고자 한 것이긴 해도 쿼터물량을 과다하게 허용함으로써 결과적으로 시장을 활짝 열어 준 셈이 되고 말았다. 수입국 입장에서 국내농업 보호를 위해 활용한 TRQ가 협상 잘못으로 오히려 국내 농업생산 기반을 상실하게 만드는 결과를 초래한 것이다. TRQ 관리 방식이 효과적으로 운용되고 있는지도 검토되어야 한다. 이른바 마크업*이라고 불리는 쿼터렌트는 합리적으로 또 국내농업 보호에 충분한 만

---

* 보통 수입차익으로 해석되는 마크업(mark-up)은 수입할당제 시행으로 인해 발생하는 국내·외 가격 차이, 즉 쿼터렌트(quota rent)를 말한다. 수입권을 어떤 방법으로 배분하는가에 따라 쿼터렌트의 귀속이 달라진다.

큼 부과되고 있는지, 수급조절이란 명분을 앞세워 수입이 너무 쉽게 이루어지고 있는 것은 아닌지 면밀히 살펴야 한다. 종합적으로 TRQ 관리 방식을 재정비해야 한다.

둘째, 시장개방 피해보상의 문제이다. 시장개방으로 피해를 입은 농가에게 소득재분배 차원에서 보상이 이루어지는 것은 당연한 것이다. 문제는 농가피해 보상이 농산물 시장개방을 용이하게 또는 합리화하는 수단이 되지 않았는지 의문이다. 농민들만 불만이 없으면 농산물 시장을 개방해도 괜찮다는 생각에 빠지지는 않았는지 살펴야 한다. 농업은 농민의 문제가 아니라 국가와 국민의 문제이다. 농가에 피해 보상이 된다고 해서 농산물 시장개방이 정당화되는 것이 아니다. 단순 피해보상이 중요한 게 아니라 시장개방으로 한국 농업과 농촌에 어떤 영향이 미칠 것인지가 문제이다. FTA 피해보전직불제나 폐업지원제가 시행되고 있다고 하나 이것은 농민은 살지만 농업은 죽는 정책이다. 폐원보상이 구조조정을 위한 목적이긴 해도 농업기반을 무너뜨리는 결과를 초래할 수 있다.

셋째, 지금까지 수입을 당연시해 왔던 주요 곡물의 문제다. 밀이나 옥수수, 콩 등 사료곡물은 지금까지 할당관세가 적용되어 거의 전량 수입에 의존해 왔다. 수십 년 간 계속되다 보니 아무런 문제의식 없이 지내 왔지만, 이제는 이에 대한 재검토가 필요하다. 쌀 다음으로 중요한 식량인 밀을 거의 전량 수입에 의존하는 것이 타당한 것인지 생각해 보아야 한다. 지금까지 경쟁력이 없다는 이유로 이를 당연시했지만 여기에 우리 농업정책의 큰 맹점이 있다. 멀리 보고 중요한 수입대체 품목들을 다시 육성할 필요가 있다. 밀, 콩, 옥수수 등 수입 비중이 높고 식량안보상 긴요한 품목들은 차근차근 생산기반을 다시 갖춰 나가야 한다.

현 이명박 정부 들어 FTA 체결 건수가 급격히 증가하면서 무역협상이 거의 연중 계속되고 있다. 협상에 임하는 실무 담당자들이나 최종 결정권자들이나 협상 결과가 과연 최선의 노력의 결과인지 스스로 물어볼 일이다. 확고한 농정철학을 바탕으로 한국 농업·농촌의 미래와 무엇이 국가이익인지에 대한 충분한 이해를 바탕으로 내린 결정인지 자문해 볼 일이다. 단순 산술적 손익계산만으로 농업의 가치가 희생된 결과는 아닌지 성찰해 봐야 한다. 앞으로도 다자적 및 지역적 차원에서 자유무역을 향한 국가 간의 무역협상은 계속될 것이다. 한국 땅에서 농업의 존재 이유와 진정한 국익의 의미를 깊이 새겨 보아야 한다. 우리는 연간 1,400만 톤의 곡물을 수입하는 세계 제5위의 곡물 수입국이다. 식량자급률이 OECD 국가 중 최하위임은 물론 세계 기준에서도 거의 꼴찌 수준이다. 식량안보 측면에서는 어떻게 되는가 깊이 검토되어야 한다. 단순히 재정을 투입하여 피해 농가에게 보상을 해 준다고 문제가 해결되는 것이 아니다.

정부조직 편제상의 문제도 있다. 우리나라의 통상업무는 외교업무와 함께 외교통상부에서 관장하고 있다. 통상업무가 자연히 국가의 외교·안보 문제에 영향을 받지 않을 수 없다. 더구나 GDP 비중이 작은 농업의 시장개방 문제가 경제논리와 통상외교 정책방향에 의해 휩쓸려 가게 되어 있다. 통치권자의 외교 및 국가안보 철학에 따라 좌우되는 구조이다. 그러나 통상정책이 외교나 안보 문제와 연계하여 그 하위의 수단적 가치로 추진된다면 국익을 오히려 해칠 수 있다. 국가 존립의 기초인 농업이 희생되고 있는 것이 단적인 예이다. 식량안보가 곧 국가안보다.

국가의 대외경제정책 측면에서는 현재 동시 다발적으로 추진하고 있는 FTA 체결에 대한 재검토와 속도조절이 필요하다. 지나치게 앞서 나가 수출산업에서의 이익보다는 오히려 농업이나 중·소기업, 서비스업 등 경쟁력이 약한 산업의 기반을 더 약하게 만들고 있지는 않은지 검토해야 한다. 아울러 산업 간 소득재분배 시스템은 제대로 갖춰져 있는지도 검토되어야 한다. FTA 확대가 불가피한 측면이 있다 해도 국가 존립의 기반인 농업의 문제에 대해서는 더 깊은 성찰과 연구가 있어야 했다. 대상국가의 선정, 개방 범위와 방식, 그리고 속도 등의 결정에 있어서 국내농업의 문제가 더 심도 있게 고려되었어야 했다. 한·EU, 한·미 FTA를 서둘러야 할 충분하고 타당한 이유가 있었는지도 자문해 보아야 한다. 농업과 농촌의 가치에 대한 인식, 올바른 농정철학이 아쉬운 대목이다.

농업은 단순히 경제적 손익계산에 근거하여 시장개방 문제를 결정할 수 있는 분야가 아니다. 생산액이나 농가피해만을 기준으로 시장개방을 결정해서는 안 되며, 통상외교의 희생양이 되어서도 안 된다. 한국 농업의 장기적인 성장과 발전이라는 큰 틀 속에서 개방 품목과 그 폭을 협상하고 결정해야 한다. 농업·농촌의 중요성과 가치에 대한 깊은 이해를 바탕으로 한국 농업이 나아가야 할 장기적 방향과 비전에 따라 무역협상이 조건지워져야 하는 것이다.

종합적 농촌개발

농촌, 국가 균형발전의 핵심

우리나라 국토면적의 90%는 산림을 포함한 농촌이다. 그곳에서 농업활동이 이루어지고 농민과 지역주민들이 삶을 영위해 가고 있다. 농업활동을 하는 농가인구는 전체의 6.2%이지만 비농가까지 합한 읍·면 지역의 농촌인구는 17%에 이른다. 농촌의 지역개발 문제가 중요해지는 이유다.

과거에는 농업정책이 곧 농민정책이었다. 또 농업정책에 가려 별도의 농촌정책이란 것이 큰 주목을 받지도 못했다. 이제는 농업에 시장원리가 지배하기 시작하면서 농정에서 농촌문제의 중요성이 커지고, 농업과 농민 문제를 포괄하는 종합적 농촌정책의 필요성이 대두되고 있다. 농촌 사회는 농업 외의 다른 산업들과 비농가들이 함께 공존하는 지역 공동체다. 따라서 지역사회 개발과 국토관리 측면에서 농촌정책을 추진하고, 그 속에서 농업과 농민의 문제까지 함께 풀어가는 종합적 농촌개발로 농정방향이 변하고 있다. 나아가 이 종합적 농촌개발정책은 상위 개념으로서 지속가능한 국가균형발전의 틀 속에서 추진해 나가야 한다. 국토의 대부분을 차지하는 농·산촌 지역을 빼고 국가의 균형발전을 이야기할 수는 없는 것이다.

농업, 농촌, 농민은 '농(農)'을 공통분모로 하여 상호 유기적으로 결합된 한 몸이다. 농업성장 없이 농민이 행복한 살기 좋은 농촌이 있을 수 없고, 농민이 행복하지 않은 농업·농촌의 발전은 모래성을 쌓는 것이다. 그래서 농업, 농촌, 농민은 통합된 전체로서 함께 발전해 나가야 한다.

종합적 농촌개발은 농업성장과 함께 농촌경제가 활성화되고 농촌주민들의 삶의 질이 향상될 때 가능해진다. 삶의 질이 향상되기 위해서는 무엇보다 농가소득이 도시 못지않은 수준으로 늘어야 한다. 농업성장을 통해 자생적으로 농업소득이 늘어나야 함은 물론 농촌의 고용기회 창출로 농외소득 또한 늘어야 한다. 농업자원이 부족한 영세 중·소농들에게는 더욱 농외소득 증대가 중요하다. 농촌의 특산물, 자연경관, 전통문화 등 그 지역 고유의 자원을 활용한 농촌관광과 농촌체험사업으로 소득증대를 도모해야 한다. 식품기업 유치와 각종 부대 서비스업, 연구시설 등 관련 산업으로 클러스터를 형성하여 지역경제 활성화와 농외소득을 늘려가는 것도 필요하다.

동시에 교육, 의료와 보건, 문화, 주택, 교통과 통신, 상·하수도, 경지와 토지구획정리 등 농촌주민들의 삶의 질이 향상될 수 있는 환경이 종합적으로 갖춰져야 한다. 주변 중·소도시와 원활한 접근성이 확보되면서 유기적으로 연계되어 발전할 수 있는 융·복합 퓨전 농촌 구성 또한 필요하다. 그리하여 농촌 지역이 도시와 균형과 조화를 이루면서 궁극적으로는 국토 전체의 균형적 발전으로 이어질 수 있어야 한다. 결국 종합적 농촌개발은 농민과 농촌주민을 넘어 국민과 국가를 위한 과제이고, 아름다운 국토를 후손 만대에 물려주는 사업인 것이다. 그래서 국가의 지속가능한 균형적 발전 차원에서 범정부적으로 추진해 나가야 한다.

정체성이 간직된 농촌개발

　농촌개발에서 무엇보다 중요한 것은 농촌 고유의 정체성을 잘 보존하는 일이다. 도시가 도시다워야 하듯 농촌은 농촌다워야 한다. 농촌이 가장 농촌다울 때 아름답고 살기 좋은 농촌이 될 수 있다. 농촌에 도시를 닮은 아파트를 짓는다고 사람들이 찾지 않는다. 농촌과 도시가 각자의 독특한 개성을 갖고 조화롭게 어울려야 균형적 발전이 가능해진다. 농촌이 도시를 흉내내려 해서는 안 된다. 그 지역이나 마을의 자연 및 지리적 조건, 기후, 환경, 문화와 전통, 산업, 역사 등 고유의 특성에 맞게 정체성을 살린 개성 있는 농촌 모습을 창출해 내야 한다.

　농촌이 농촌다움을 유지할 수 있는 핵심적 요소는 농업이다. 농업이 농촌지역의 전부는 아니지만 농업이 중심이 되지 않는 농촌은 생각할 수 없으며, 그런 농촌개발은 또 다른 지방도시를 만드는 것에 다름없다. 농촌을 농촌답게 발전시켜 나가기 위해서는 농업이 중심산업으로 존재해야 한다. 농업성장을 통한 농촌경제 활성화와 농촌개발이 중요하다는 것을 의미한다. 농업이 성장하면서 농촌도 발전하고, 농촌의 발전 속에 농업이 함께 성장해 갈 수 있는 것이다. 종합적 농촌개발의 핵심요소는 농업이고 농민이 되어야 한다.

　잘 가꾸어진 농촌 마을, 아름다운 자연경관과 조화를 이루며 환경 친화적 농업이 있는 농촌 들녘, 농촌 고유의 어메니티(amenity)가 잘 간직된 농촌을 만들어야 한다. 도시생활에 지친 사람들이 편안한 휴식을 위해, 관광을 위해, 자녀 교육과 체험 학습을 위해, 교류를 위해 찾을 수 있는 아름다운 농촌 공간을 만들어야 한다. 국가의 거대한 정원, 역사와 문화의 현장, 민족 고유의 전통과 풍습이 잘 보존된 품격 있는 농촌을 만들어야 한다. 유럽의 잘 짜여진 아름다운 농촌 지역을 배울 필요도 있다. 그리고 거기서 우리만의 창의적인 한국적 농촌모델을 만들어 나가야 한다. 아이들이 뛰노는 학교가 들어서고 문화와 복지 인프라가 잘 갖춰진 농촌 사회, 젊은이들이 모여들어 새 생명의 탄생소리가 들리는 행복한 농촌 사회가 되어야 한다.

수도권 집중화 해법 농업에서 찾는다

서울을 향한 엑소더스

　1988년은 서울의 인구가 처음으로 천만 명이 넘은 해이다. 그 당시 우리나라 전체 인구의 25%였다. 서울이 포화 상태가 되자 주변의 위성도시들이 사람들로 붐비기 시작했다. 이제는 인천과 경기 지역을 포함한 수도권 인구가 전체 인구의 절반을 육박하고 있다.

　인구만 집중되는 게 아니라 자본과 기술, 기업, 교육, 의료, 문화 등 모든 게 따라서 모여든다. 서울과 지방 간의 경제·사회·문화적 격차는 점점 벌어지고 대한민국에는 '서울 공화국'이 따로 있다는 유행어까지 나오게 되었다. 말은 낳으면 제주도로 보내고 사람은 낳으면 한양으로 보내라는 옛말처럼 오래전부터 사람들에게 그곳은 기회의 땅으로 인식되어 왔다. 지방에서는 중·소도시보다 농촌 지역이 더욱 문제다. 결국 한국에는 서울과 수도권, 지방도시, 그리고 농촌 사이에 3극화 현상이 심화되고 있다는 이야기가 된다.

　수도권 인구집중으로 인해 발생하는 사회적 문제는 한두 가지가 아니다. 주택난, 교통혼잡, 공해문제, 도시 빈곤층 양산, 실업 문제, 각종 범죄의 증가 등 사회적 비용이 천문학적 수치에 이르고 있다. 우리나라 도시 주민들의 행복지수를 조사한 결과 서울 시민들의 행복지수는 최저 수준이라는 조사 결과도 발표된 적이 있다. 서울 시민들은 다른 지역 주민들에 비해 상대적으로 스스로 행복하다고 느끼지 않는다. 그런데도 그곳을 향한 엑소더스 행진은 그치질 않는다. 최근 중·장년층의 귀농이 늘면서 수도권 인구 순유입이 멈추긴 했어도 젊은이들의 진입 행진은 변함이 없다. 이게 대한민국의 현실이다.

새로운 정권이 들어설 때마다 수도권 집중화 문제는 핵심 국정과제의 고정 메뉴였다. 주택난 해결, 고용 증대, 그리고 경제 활성화를 위해 서울과 수도권에 대한 투자확대, 각종 규제 완화와 위성도시 건설 등 수없이 많은 정책들이 시행되어 왔다. 지난 참여정부 이래 국가균형발전이란 목표 아래 행정수도를 중부권에 건설하고 백 수십 개의 공공기관을 전국 각지로 분산·이전시키는 장기 프로젝트가 진행 중이다. 그러나 아직 뚜렷한 성과는 나오지 않고 수도권 문제는 여전한 채 지방과의 양극화 문제 역시 지속되고 있다. 대안은 없는 것인가?

토다로 교수의 처방

지역 간 불균형의 문제는 이를 수도권과 지방의 문제나 대도시와 중·소도시의 문제로만 보아서는 근본적인 해결이 안 된다. 농업·농촌 문제를 국토 균형발전 차원으로 승화시키고 인식의 지평을 확대해야 한다. 우리나라 국토면적의 90%는 산림을 포함한 농촌 지역이다. 농촌의 발전 없이는 국토의 균형적 발전을 말할 수 없다는 이야기다. 행정수도를 건설하고 공공기관을 이전한다지만 모두가 도시로 이전하거나, 아니면 또 다른 도시를 만드는 것뿐이다. 국토의 대부분을 차지하는 농촌 지역은 늘 소외되고 낙후성을 면할 길이 없다.

경제발전이론으로 명성을 떨친 토다로(M. Todaro) 교수는 도·농 간 인구이

동의 문제를 설명하면서 도시 문제의 해결을 위해 종(통)합적(integrated) 농촌개발정책이 중요하다는 점을 강조했다. 그는 사람들이 농촌 지역을 떠나 도시로 이주하는 원인을 도시와 농촌 간의 '기대소득(expected income)'의 차이에서 구한다. 기대소득은 명목소득에 일자리를 얻을 수 있는 확률을 곱하여 계산된다. 도시에 가서 예상되는 기대소득이 농촌에 남아 있을 때의 그것보다 클 때 농촌을 떠나 도시로 이주한다는 설명이다. 현재 실제로 얻고 있는 소득의 차이가 아니라 미래에 예상되는 기대소득의 차이가 도시로의 이주를 낳게 한다는 것이다.

예를 들어, 도시의 실업문제 해결을 위해 보통 시행하는 정책은 그 도시에 일자리를 늘리는 것이다. 그러나 그의 이론에 따르면 단순히 이런 정책만으로는 도시의 실업문제가 해결되지 않는다는 것이다. 도시에 고용창출을 위해 투자를 확대하면 일자리는 늘어나지만 이것이 문제를 더 어렵게 만든다. 왜냐하면 도시에서 일자리를 얻을 '확률'이 증가하게 되니 결국 도시의 기대소득이 늘어나 농촌과의 기대소득의 차이를 더 벌려놓기 때문이다. 그래서 이농과 도시 집중화 현상은 오히려 더 심화되고 도시의 실업문제는 해결되지 않는다는 설명이다.

우리나라 수도권의 주택난 문제를 토다로 모형에 대입해 보아도 같은 결과를 얻을 수 있다. 수도권의 주택난 해결을 위해 그곳에 아파트 공급을 늘리고 주변에 신도시를 건설하는 정책을 시행하지만 이것이 근본적인 치유가 될 수는 없다. 이런 정책은 수도권에서 아파트를 얻을 수 있는 '확률'을 더 높여 주어 그만큼 수도권에서의 기대소득이 커지게 된다. 결국 수도권 아파트 공급 증대 정책이 수도권의 기대소득을 늘려 도시와 농촌 간 기대소득의 차를 더욱 벌려 놓는 셈이 된다. 그러니 사람들은 수도권으로 더 몰려들 것이고 농촌의 공동화와 노령화 현상은 더욱 심화될 뿐이다. 수도권 주택난 해결을 위해 거기에 주택 공급을 늘리지만 근본적으로 문제가 해결되지는 않는다는 것이다.

토다로 교수가 도시문제 해결을 위해 제시한 정책은 도시가 아니라 다른 곳에서 찾고 있다. 창의적이고 잘 설계된 종합적 농업·농촌 개발정책을 제안하고 있다. 도시 문제의 해법은 도시가 아닌 농업과 농촌에 있다는 것이다. 국토의 균형적 발전이란 큰 틀 속에서 농업·농촌 종합개발정책이 병행 추진되어야 한다는 의미다.

종합적인 농촌개발정책 없이 수도권 중심의 정책만 추진한다면 수도권의 블랙홀 효과는 그치지 않을 것이다. 국토의 불균형은 더욱 심화되고 수도권의 고질적 문제는 해결되지 않을 것이다. 고속철도의 개통은 전국을 반나절 생활권으로 만들어 놓았다. 대전에서 서울까지 걸리는 시간은 50분, 대구에서는 1시간 40분이다. 이렇게 시간이 단축된 상황에서 공공기관을 지방 중·소도시로 이전하는 것만으로 사람들이 서울을 버리고 지방으로 삶의 터전을 옮겨 갈 것인지는 의문이다.

수도권 문제의 해법은 수도권 밖에서 찾아야 한다. 국토균형발전이란 큰 틀 속에서 종합적 농촌개발과 투자를 추진할 때 비로소 수도권 문제도 해결될 수 있다. 농촌 지역에 소득과 고용증대는 물론 교육, 의료, 연금, 문화, 노인복지 등 사회복지시설이 확충되어야 한다. 주택, 도로와 교통, 전기, 상·하수도, 정보통신 등 하부구조 구축도 이루어져야 한다. 일자리 창출을 위해 각종 식품가공산업, 유통, 저장, 수송 시설, 전통 한식산업, 농촌관광산업 등이 종합적으로 육성되어야 한다.

농업과 국토균형발전

결국 수도권 집중화 문제 해결을 위해서나 국토균형발전을 위해서도 농업·농촌 발전이 매우 중요하다는 의미다. 수도권과 대도시 중심의 개발에서 농촌개발로 무게중심이 옮겨져야 한다. 농업이 농촌의 중심산업이어야 한다는 점을 고려하면 수도권 문제를 포함한 국토의 균형적 발전의 해법은 결국 농업에서 찾을 수 있다는 의미가 된다.

국토의 대부분인 농촌에 중병이 깊어 가는데 모두가 수도권, 대도시에 눈이 멀어 있다. 과유불급이라 했다. 균형이 맞아야 한다. 도시와 농촌이, 그리고 농업과 비농업이 균형을 이루어 같이 상생 발전하며 나가야 한다. 시장의 논리와 효율성만 따지니 수도권만 비대해져 문제를 악화시키고 있는 것이다. 국토의 균형적 발전을 위해 공공기관을 이전하고, 기업도시·혁신도시 건설계획을 발표하고, 행정수도를 건설하는 등 적지 않은 정책대안들을 내놓고 있지만 이것만으로는 부족하다. 국토 면적의 대부분을 차지하는 농촌 지역이 발전하지 않고는 진정한 국토의 균형적 발전은 가능하지 않다. 농촌 지역사회가 다른 도시 못지않게 균형적으로 발전될 때에 농촌에 다시 젊은이들이 돌아오고, 각종 도시 문제가 함께 해결되기 시작할 것이다.

대도시 문제와 농업·농촌 발전은 역의 상관관계다. 농업·농촌이 발전할수록 대도시 집중화로 인해 파생되는 각종 사회문제는 줄어든다. 수도권 비대화 문제는 낙후된 농촌 문제와 동전의 양면관계에 있다. '수도권 집중화=농촌 황폐화'이다. 고도 비만증에 걸린 수도권을 슬림화시키기 위해서는 농업·농촌이 발전해야 하는 것이다. 도시문제 해결을 위해 종합적 농업·농촌정책이 필요하다는 토다로 교수의 처방을 곰곰이 되짚어 볼 필요가 있다. 수도권 집중화 문제의 해법은 수도권이 아니라 농업과 농촌에 있다.

식량위기, 소리 없는 쓰나미

빈발하는 곡물 파동

21세기 벽두부터 국제 농산물 시장의 움직임이 심상치 않다. 지난 2007~2008년에는 쌀, 밀, 옥수수 등 곡물가격이 3배 이상 폭등했다. 그러자 육류가격이 따라 상승하고 관련 식품과 공산품 가격도 연쇄적으로 오르면서 인플레 압력이 경제 전반으로 번져 나갔다. 원인이 농업 분야에서 시작되었다 해서 애그플레이션(agflation)이란 신조어까지 생겼다. 식량이 부족한 개도국들에서는 폭동이 일어나고 정치 불안이 가중되었다. 수출국들은 앞다퉈 농산물에 대한 금수조치, 수출세 부과, 수출할당제를 시행하면서 사태는 더욱 악화되었다. 잠시 진정되는가 싶더니 2010년 말에도 세계 곡물가격은 다시 고공행진을 이어갔다.

최근 몇 년 사이 기상이변과 기후변화 현상이 심화되면서 곡물가격 폭등은 점점 빈발해지는 경향을 보이고 있다. 식량위기 문제가 신문지상을 장식하는 횟수도 점차 많아지고 있다. 수요의 가격 탄력성이 낮은 식량의 특성상 공급이 조금만 줄어도 가격은 폭등하게 되어 있다. 여기에다 세계시장에 나오는 공급물량은 전체 생산량에 비해 매우 적은 양이다. 필수 식량은 수출 이전에 자국민 소비가 우선이기 때문이다. 이를 두고 '엷은 시장(thin market)'이라고들 말하는데, 개별 국가의 작황이나 수요의 작은 변동에도 국제가격이 출렁이는 원인이다.

앞으로도 세계 곡물가격은 지속적으로 상승할 것으로 전문가들은 전망하고 있다. OECD와 FAO는 최근 발표한 '2011~2020 농업전망 보고서'에서 향후 10년 동안 식량생산이 수요증가를 따르지 못해 곡물의 가격상승 압력이 지속되고 식량난이 확대될 것이라고 예측했다. 유가 인상에 따른 바이오에너지 수요증가, 중국·인도 등 개도국들의 소득과 인구증가를 주 요인으로 들고 있다. 농업 생산성도 과거보다는 둔화될 것으로 전망했다. 여기에다 경지면적 감소, 수자원 부족, 기후변화와 지구 온난화, 개도국들의 소득증가에 따른 육류수요 증가 등이 복합적으로 작용하면서 식량난이 가중될 것으로 전망하고 있는 것이다.

세계의 곡물 파동이 빈번해지고 식량난이 심화될 것으로 전망하고 있는데, 정작 농산물 수입국들의 입지는 국제 무역규범상 매우 취약하게 되어 있다. WTO「농업협정」은 농산물 수출국에게 필요할 경우 수입국의 식량안보에 관한 '적절한 고려(due consideration)'를 전제로 농산물 수출을 제한할 수 있도록 허용하고 있다(제12조). 그러나 여기서 '적절한 고려'라는 수출국 의무사항은 정의가 모호한 불확정적 개념이라 사실상 실효성이 없는 요건이다. 결국 현행 WTO 체제하에서는 식량이 부족할 때 수출국들은 원하기만 하면 자의로 식량수출을 합법적으로 금지 또는 제한할 수 있다는 이야기다. 수입국들은 금고에 외화가 쌓여 있어도 속수무책일 수밖에 없다. 현행 국제무역 규범상 수입국들이 식량위기 상황에서 얼마나 취약한 위치에 놓여 있는가를 보여 주는 것이다.

지난번 세계 곡물 파동이 일어났을 때도 수출국들은 거의 모두 수출제한조치를 시행했다. 러시아, 중국, 아르헨티나, 브라질, 인도, 우크라이나, 카자흐스탄, 파키스탄 등. 그러자 곡물가격은 더욱 가파르게 고공행진을 했다. 최근에도 중국을 포함한 러시아, 아르헨티나 등 수출국들이 세계시장의 식량부족에 직면하여 자국 농산물 수출을 제한한 바 있다. 수입국들 사정은 더 어려워졌지만 어느 수입국도 이의를 제기하는 나라는 없었다. WTO 규정상 합법적이기 때문이다. 필수 식량의 공급이 부족한 상황인데 수입국의 식량안보에 대한 '적절한 고려' 의무를 위반했다고 누가 감히 주장할 수 있는가. 설령 '적절한 고려'를 하지 않았다 해서 어느 국가가 자국 국민의 식량안보를 위해 수출을 제한하는 행위를 탓하겠는가?

국제사회에서 식량안보란 이런 것이다. 수입국 스스로 대비하는 수밖에 없다. 수출국이 식량위기에 처하여 수출을 제한할 수 있다면 수입국 역시 식량안보를 위해서라면 수입을 제한할 수 있어야 한다. 그게 「농업협정」이 정하고 있는 공정성의 정신에도 합치되는 것이다. 그래야 수출국과 수입국 간 균형 잡힌 무역규범이 될 수 있다. 그런데 수입국은 예외 없이 포괄적인 관세화와 시장접근기회 확대 의무를 지고 있는 것이다.

유엔 식량농업기구(FAO)도 모든 나라는 '식량주권'을 가져야 한다고 말한 바 있다. 수출국들이 자국의 식량안보를 위해 수출세나 수출쿼터제를 시행할 권리가 보장된 것처럼 수입국들도 식량위기에 대처할 수 있는 권리가 주어져야 한다는 것이다. 일정 수준의 자급률이 유지되어야 하며 이를 위한 제도적 장치가 국제적으로 마련되어야 한다. 그것은 공정경쟁, 시장원리 이전에 생존과 국가존립을 위한 권리인 것이다.

식량안보의 문제는 그것이 악의적인 보호주의 위장 수단으로 이용되지 않는 한 아무리 강조해도 지나치지 않다. 최첨단 과학·기술이 발달한다 해도 손톱만한 캡슐 하나로 포만감과 생리적 욕구를 해결할 수는 없다. 최근 세계 식량부족의 전조들이 점점 가시화되고 있지만 농산물 수입국들의 식량안보를 위한 국제무역환경은 취약하기만 하다. 곡물의 73% 이상을 해외수입에 의존하고 있는 우리나라는 어떤 시사점을 얻어야 하는 것인가?

식량안보 불감증에 걸린 국민

맬서스의 망령은 세계 곳곳에서 꿈틀대고 있는데 우리 국민은 여전히 위기의식을 체감하지 못하고 있다. 정부도 시장개방 분위기에 젖어 식량안보의 중요성을 심각하게 인식하지 못하고 있다. 15년 이상 장기 성장정체에 빠진 농업, 도시가구의 65%까지 추락한 농가소득 문제를 겪으면서도 여전히 구태의연한 정책뿐인 걸 보면 농업을 포기하고 있다는 의구심이 들 정도다. 우리보다 한참 앞서가고 있는 선진국 일본도 일찍부터 식량안보 확보를 위해 노력을 하고 있는데 우리는 너무나 안일하고 근시안적인 낙관론에 빠져 있다. 석유자원 부족으로 오는 위기는 민감하게 느끼면서 정작 먹고 살 식량이 부족해지는 위기에는 무신경에 가깝다.

무엇보다 우려스러운 것은 경지면적이 빠르게 줄고 있다는 사실이다. 미수복 지구 북한 땅을 제외한 우리나라 국토면적은 1,000만 ha다. 이 중 17%인 172만 ha가 농경지인데 세계 순위로는 95위다. 세계 최대 경지면적 보유국인 미국(1억 7,550만 ha), 인도(1억 6,974만 ha), 중국(1억 5,485만 ha)에 비하면 보잘것없는 크기다. 농가 호당으로 치면 1.46ha이고 농가 한 사람당 경지면적으로 계산하면 0.56ha로 세계 순위는 140위로 뚝 떨어진다. 유럽의 아주 작은 나라들도 농가 한 사람당 면적으로는 모두 우리보다 훨씬 앞선다(덴마크 12.6ha, 벨기에 5.1ha, 네덜란드 1.9ha, 스위스 1.0ha). 이 작은 경지면적에서 5천만 국민을 위한 농업생산 활동이 이루어지고 있는 것이다. 국민 1인당 면적으로 보면 우리나라는 세계 꼴찌 수준이다.

인구는 많은데 먹여 살릴 농업자원은 턱없이 부족한 상황이다. 그런데도 놀

랍게도 농지는 계속 빠른 속도로 줄어들고 있다. 최근 5년(2004~2009) 사이만 해도 연평균 2만 ha 정도가 줄었다. 2만 ha면 쌀을 10만 톤 생산할 수 있는 면적이다. 여의도 면적(848ha)의 23배에 이르는 농지가 매년 사라지고 있는 것이다. 대신 도로나 철도 같은 공공용지는 물론 산업용지, 주택용지로 계속 전용되고 있다. 과거 급속한 경제성장과 도시화가 한창이던 1970년대 이후 30년간 진행되었던 감소 속도보다 더 빨리 줄고 있는 것이다.

더구나 농업진흥지역의 우량농지까지도 급속히 줄고 있다. 최근 5년(2004~2009) 동안만 해도 11만 1,000ha가 줄었으니 일반 농지의 감소 속도보다 빠르게 줄어든 것이다. 현 이명박 정부 들어서는 규제완화정책에 따라 농지의 전용절차가 완화되고 농업진흥지역 해제시 부과하는 대체농지 지정의무도 없어졌다. 새만금 간척지의 농지면적도 '한국판 두바이'를 만든다는 이유로 농지면적을 당초 계획 70%에서 30%로 대폭 줄였다. 그 후 얼마 못가 모델로 삼았던 '두바이 프로젝트'는 세계 금융위기로 거품이 되고 말았으니 근시안 정책이 아닐 수 없다. 이 모든 일련의 정책들이 정부와 국민의 농업에 대한 잘못된 인식에서 비롯된 것이고 식량안보 불감증에 걸린 탓이다.

서유럽이나 북미의 선진 외국들의 주요 곡물 자급률은 100%를 훨씬 초과한다. OECD 평균은 110%에 이른다. 식량안보에 긴요한 곡물은 국내생산으로 충당되어야 한다는 기본인식을 바탕으로 토지자원을 잘 보존했기 때문에 가능한 일이다. 이런 인식과 정책의지가 있었기에 든든한 농업을 버팀목으로 하여 오늘날 그들은 선진국이 될 수 있었다.

세계 농산물 수입 2위국인 일본은 식량자급률 목표치 설정을 법령에 근거를 두고 추진하고 있다. 1999년 농업환경 변화에 맞춰 기존의 「농업기본법」을 「식료·농업·농촌기본법」으로 개정하고, 이법을 근거로 한 '식료·농업·농촌기본계획' 수립을 통해 식량자급률 목표를 정하고 있다.[*] 2005년 40%(열량기준)인 자급률을 2015년까지 45%로, 더 장기적으로는 50%까지 끌어올린다는 정책을 강력히 추진해 나가고 있다.

우리는 어떤가. 국내 쌀 소비가 감소한다는 이유로 세계 거의 꼴찌 수준의 농경지 면적까지 계속 줄여 나가고 있다. 농지는 국가 백년대계와 후손 만대를 위한 소중한 자원이다. 언젠가는 다가올 통일 후의 수급상황까지 내다보면서 잘 보존하고 관리해 나가야 한다. 논에 다른 작물을 재배하는 방안 혹은 논을 밭으로 변경하는 방법으로 토지자원을 보존해야지 쌀 수요가 준다고 농지를 줄이는 건 코앞만 보는 것이다. 곡물자급률이 27%도 안 된다는 사실, 쌀을 제외하면 4.5%라는 사실을 기억해야 한다. 농지보존은 식량안보의 토대이다.

세계는 지금 자원전쟁 중이다. 이명박 정부 들어서 중점적으로 추진하는 정책 중 하나 역시 자원 확보다. 주로 석유를 중심으로 한 에너지자원과 지하 광물자원에 초점을 맞추고 있다. 그러나 에너지자원보다 더 중요한 게 식량자원이라는 사실을 기억해야 한다. 에너지자원을 확보하지 못하면 더 나은 삶이 보장받지 못하지만, 식량자원이 안정적으로 확보되지 못하면 국민의 생존과 국가존립이 위태로워진다. 전자는 좀 더 잘 살 수 있느냐 하는 문제이지만, 후자는 사느냐 죽느냐의 문제다. 수출을 늘려 외화를 벌어들인다고 식량을 언제나 사들일 수 있는 게 아니다.

예방적 식량안보

식량안보의 문제는 실제 식량이 부족해서 생기는 문제일 수도 있으나, 그보다는 미래 부족한 사태가 발생할지도 모르는 상황에 대비하기 위한 예방적 차

---

* 「식료·농업·농촌기본법」 제15조 ① 정부는 식료, 농업 및 농촌에 관한 시책을 종합적이고 계획적으로 추진하기 위하여 식료·농업·농촌기본계획(이하 기본계획)을 정하여야 한다. ② 기본계획은 다음 사항에 대하여 정한다. 1. 식료, 농업 및 농촌에 관한 시책에 대한 기본적인 방침 2. 식료자급률 목표 ….

원에서의 식량안보를 일컫는다. 따라서 설령 현재 세계적으로 또는 국내적으로 식량공급이 충분하다 해도 식량안보의 문제는 상존한다는 이야기다. 마치 평화시에도 군대를 유지하고, 발생 확률이 매우 낮은 불확실한 위험에 대비하여 비싼 보험료를 기꺼이 지불하는 이치와도 같다. 예방적·예비적 식량안보 개념으로 이해되어야 하며 현재 공급능력에 문제가 없다고 해서 경시될 수 있는 것이 아니다. 하물며 수급 균형에 금이 가고 있다는 조짐이 보이는 상황에서는 두말할 나위 없다.

지난 번 세계 식량 파동 당시 우리가 만일 쌀을 자급하지 못하고 있었다면 그 충격은 엄청났을 것이다. 그러나 쌀이 자급되어 문제없다고들 말하지만 우리 주식은 쌀만이 아니다. 우리 국민은 쌀밥에 버금갈 정도로 밀가루 음식을 많이 먹고 있다. 국수, 라면, 짜장면, 우동, 빵, 각종 과자류…. 우리 국민의 1인당 연간 밀 소비량은 33kg으로 쌀 소비량의 45% 수준이다. 밀은 쌀과 함께 사실상 한국 국민의 주식인 셈이다. 그런데 이런 밀을 99% 수입에 의존하고 있다. 도시형 국가가 아닌 한 세계 어디에도 주식을 99% 수입하는 나라는 없을 것이다.

선진국들이 GDP의 1~2%밖에 안 되는 농업을 지키기 위해 안간힘을 쏟고 있는 이유도 궁극적으로는 식량안보 문제로 귀착된다. 지금 풍족하게 먹고 있다는 것이 미래의 식량안보를 담보하는 것은 아니다.

지난해 정부는 2020년까지의 장기 식량자급률 향상 추진계획을 발표했다. 최근의 국제 곡물 파동과 기후변화 등 식량안보에 대한 우려를 반영한 결과이다. 현재 26.7%인 곡물자급률을 2020년에는 32%까지 끌어 올린다는 목표를 설정했다. 사료를 제외한 식량자급률은 현재 54.9%에서 60.0%로, 쌀과 밀을 대상으로 한 주식자급률은 64.6%를 72.0%로 올리겠다고 했다. 해외 농업개발을 통해 확보할 수 있는 곡물까지 포함한 '곡물자주율' 개념을 새로 도입하여 이를 현재 27.1%에서 65.0%로 끌어 올린다는 계획도 들어 있다. 특히 현재

1%도 안 되는 밀 자급률을 10%까지 끌어 올리겠다는 것은 고무적인 일이다.

  정부가 식량안보의 중요성에 대한 인식을 새롭게 했다는 점에서는 나름 의미를 부여할 수 있다. 하지만 농경지가 빠르게 줄고 있는 상황에서, 더구나 FTA 확산 등으로 해외 수입 농산물이 급격히 증가하고 있는 현실을 감안할 때 실현 가능성이 있는 것인지는 큰 의문이다. 2020년까지 10조 원을 투자하겠다는 계획도 함께 발표했다. 하지만 자급률 목표를 달성하기 위해서는 농지보존과 농산물 시장개방정책에 대한 변화, 그리고 치밀한 농산물 수입관리가 있어야만 한다. 그렇지 않은 자급률 향상 목표는 공허한 것이다.

  식량안보를 확보하는 방안은 여러 가지를 생각할 수 있다. 그중 핵심은 두말할 나위 없이 국내생산이다. 자급이 식량안보의 전부는 아니지만 가용한 국내 농업자원을 최대한 보존·이용해야 하는 것은 기본이고 가장 효과적인 방안이다. 그동안 수입을 당연시했던 밀, 옥수수, 콩 등에 대한 국내생산을 크게 늘릴 수 있는 방안을 적극 모색해야 한다. 농업의 중요성을 깊이 인식하고 농업에 대한 투자를 확대해 나가야 한다. 국내 생산기반 확충을 위해 일정 수준 이상의 농지는 반드시 보존되어야 한다. 농지의 전용은 매우 엄격한 기준이 적용되어야 하며, 절대농지인 농업진흥지역 내의 농지 전용은 더더욱 엄격히 규제해야 한다. 유휴농지나 농지의 황폐화도 막아야 한다. 어떤 경우에도 농지는 투기의 대상이 되어서는 안 되며, 농지의 자산가치는 농업·농촌 발전과 농산물 가격상승과 함께 자연스럽게 올라야 한다. 국내생산이 중요한 또 다른 이유는 식품안전 문제다. 유엔 식량농업기구(FAO)가 정의하고 있는 것처럼 식량안보는 식품안전과 같은 질적 식량안보를 포함하는 개념이다. 일반적으로 국내에서 생산된 농산물이 수입산에 비해 더 안전하고 신선할 것임은 두말할 필요 없다.

  둘째로는 기술혁신을 통해 식량안보를 확보해 나가는 방안이다. 1960년대와 70년대 초 획기적인 농업 생산성 향상을 가져온 '녹색혁명'을 다시 일으키는 것이다. 그 당시는 신품종 기술개발뿐 아니라 비료, 농약 등 화학적 기술개발의 영향도 컸다. 이제는 식량안보 문제를 위해서라도 자연 및 환경 친화적인 방법의 '신녹색혁명(Neo-Green Revolution)'의 시대, 제2의 녹색혁명의 시대를 열어 나가야 한다.

셋째, 평상시 충분한 공공비축과 재고관리를 합리적으로 해 나가야 한다. 장기적인 안목에서 세계시장의 수급동향을 치밀하게 분석·전망해 가면서 재고관리를 철저히 해 나가야 한다.

넷째, 국제무역을 통한 방법이다. 국민 1인당 경지면적으로 보면 세계 꼴찌 수준인 우리는 원천적으로 국내 생산만으로는 모든 국민을 다 먹일 수 없게 되어 있다. 수입 의존도는 최대한 낮춰야 하지만 구조적으로 식량을 해외에 의존할 수밖에 없다. 부족한 식량의 안정적인 수입을 위해 수입선 다변화와 장기계약 체결을 통해 위험을 분산해야 한다. 국제 곡물 메이저들에게 휘둘리지 않고 장기 안정적으로 들여올 수 있는 체제도 공고히 해 나가야 한다.

마지막으로, 해외의존이 불가피한 상황에서는 해외 식량기지 확보를 위한 해외농업 개발도 필요하다. 그런데 식량안보 확보를 위한다는 명목으로 해외농업 개발사업을 추진하고 있지만 정작 국내에서는 반식량안보적 정책과 사태가 벌어지고 있다. 얼마 안 되는 농지가 급속히 줄어들고, 휴경지가 늘면서 농지 이용률도 크게 떨어지고 있다. 이런 상황에서 비상시 안전한 도입이 보장될지도 불확실한 해외농업 개발에 나서는 건 앞뒤가 맞지 않는 것이다. 해외농업 개발 사업은 자칫 진출 기업만 배불리고 국내농업은 더 어려워질 수 있다. 대상품목을 밀, 콩, 옥수수, 바이오연료 작물 등 국내 생산기반이 매우 약한 것들로 선정한 것도 문제다. 해외개발을 통해 국내 반입이 늘어난다면 이런 품목들의 국내생산 여지는 더욱 어려워져 국내농업을 완전히 질식시키게 된다. 회생 가능한 싹을 완전히 잘라버리는 셈이 되는 것이다. 이런 사업에 정부지원을 해 주는 것이 옳은 정책방향인지 재고할 필요가 있다. 효율성만 따지면서 부정적인 생각을 하면 방법은 찾을 수 없다. 된다는 생각으로 장기적 안목에서 밀, 콩, 옥수수 등도 국내 생산을 늘릴 수 있는 방안을 찾아야 한다. 밀은 쌀과 함께 우리 국민의 사실상의 주식이다. 밀을 포함해 보리, 콩, 옥수수는 WTO에서 허용되는 식량안보 목적의 공공비축제 실시 방안을 적극 검토해야 한다. 이것이 해외농업 개발사업 지원보다 재정지출의 우선순위가 높아야 한다. 내실을 먼저 기해야 한다. 국내 농업기반을 튼튼히 하고 국내생산을 늘리는 일이 우선이다. 식량안보를 위해서도 국내 농업성장이 필요한 것이다.

깨어 있어 준비하라

앞으로 세계 식량수급의 불균형과 불확실성은 더욱 심화될 것이다. 공급능력이 수요증가를 따라가지 못하는 데서 오는 불균형, 그리고 기상이변 등 기후변화가 심각해지면서 수급상황은 불안정과 불확실성이 더해지고 있다. 식량의 해외 의존도가 매우 높은 우리로서는 점점 더 안정적인 식량 확보에 취약해진다는 의미가 된다.

최근 유엔인구기금(UNFPA)이 내 놓은 '2011 세계인구현황' 보고서에 의하면 현재의 70억 명 인구가 2050년에는 106억 명, 2100년에는 150억 명까지도 늘어날 수 있다고 경고하고 있다. 지금까지의 전망치보다 훨씬 늘어난 수치다. 생활수준이 향상되고 의료와 보건 서비스의 혜택으로 점차 기대수명이 늘어나는 반면 영아 사망률은 크게 줄어들고 있기 때문이다. 2011년 10월 31일 드디어 70억 명째 아기가 세상에 태어났다. 반기문 유엔 사무총장은 "그 아이가 누구든 모순된 세상에 태어나는 것"이라며, "식량이 풍부하다지만 여전히 10억 명은 매일 밤 굶주린 채 잠든다"라고 멘트를 보냈다. 유엔은 식량부족, 물과 에너지자원 문제, 환경문제를 감당해 낼 수 없을 정도로 인구가 늘어날 것임을 전망하고 있는 것이다. 더구나 사료용 곡물과 연료용 곡물 수요까지 늘어나면서 세계에서 식량부족 사태의 위험성은 점점 커질 것이다.

식량안보는 국가존립의 기초다. 이것이 흔들리면 모든 게 흔들리게 되어 있다. 곡물의 73% 이상을 해외수입에 의존하고 있는 우리의 식량수급은 국제시장 변동에 취약할 수밖에 없다. 수입의존도가 높을수록 국내수급과 가격의 불안정성이 높아지는 것은 당연하다. 해외 의존도를 낮추고 곡물자급률을 높여야 한다. 결국 농업의 중요성과 가치를 새롭게 인식하고 농업 생산기반을 공고히 해 나가면서 농업을 다시 성장시켜 나가야 한다는 것이다.

무엇보다 국내 생산기반 확대가 중요하다. 급속히 진행되고 있는 농지 감소가 멈춰져야 한다. 해외 농업개발 사업을 한다면서 정작 국내 농지는 과거 어느 때보다 빠르게 감소하고 있는 모순 속에 살고 있다. 그에 앞서 국내의 유휴농지 활용방안을 찾고 농지보존 방안을 적극 모색해야 한다. 불확실한 해외개발 사업 이전에 이것이 급선무다. 통일세 부과에 대한 뉴스도 잦아지고 있다. 통일이 언제 될지 누구도 단언할 수는 없지만 우리의 식량안보 문제는 통일 후 북한을 포함한 식량안보여야 한다. 그에 대비한 농업자원 확보가 필요하고, 식량자급률 향상 목표도 통일을 전제로 해야 한다. 국토이용계획은 여기에 맞춰 진행되어야 한다.

식량의 해외 의존도가 높을수록 국내 서민생활에 필수적인 식품가격 불안은 더 커진다. 사료를 거의 전량 수입에 의존하니 국제시장 수급상황에 따라 국내 축산업이 요동치고 육류가격도 덩달아 불안해진다. 석유는 국내자원이 없어 해외에 의존할 수밖에 없다고 하지만, 농업은 국내자원이 있는데도 이를 잘 보존·이용하지 못하고 해외 의존도는 더욱 높아지고 있다. 그럴수록 국내수급과 가격 불안정이 심화되고 있다. 근시안적 농업경시 정책의 결과이다. 필수 식량의 수급과 가격안정은 무역만으로 해결할 수 없다. 국내 생산기반이 튼실하게 뒷받침되어 완충 역할을 할 때 근본적인 안정을 기할 수 있다. 사막의 땅 이스라엘도, 산악지대로 뒤덮인 스위스도 식량자급률이 우리보다 높다. 이들과 비교하면 우리가 얼마나 농업의 가치와 식량안보 문제를 가볍게 여기고 있는지 깊이 돌아보아야 한다. 돈이 안 된다는 이유로, 비효율적인 산업이란 이유로 자국의 식량창고 열쇠를 그렇게 쉽게 남에게 내주는 나라는 없다.

세계의 시장시스템과 국제규범은 개별 국가, 특히 농산물 순수입국들의 식량안보를 담보하기에는 너무 취약하다. 각국이 자기책임하에 대비하지 않으면 안 된다. 세계 곡물시장에서 수급균형이 깨지고 '맬서스 교차'가 일어날 가능성은 항상 열려 있다. 식량안보와 농업의 중요성을 깊이 인식하고 미리 대비해야 한다. 최근 몇 년 사이에 일어나고 있는 국제 곡물시장의 파동은 우리에게 식량안보 의식을 깨우쳐 주는 경고 메시지다. 이 옐로카드를 무시하면 우리에게 소리 없는 쓰나미는 찾아올 것이다. 깨어 있어 준비해야 한다.

문제는 우리들의 의식

잘못된 의식: 농업 경시

한국 농업의 길을 이야기하면서 또 하나 빼놓을 수 없는 것은 우리들의 의식 문제다. 농업·농촌을 바라보는 왜곡된 의식, 농업을 경시하는 잘못된 국민의식이 문제다.

좁은 경지면적에 경쟁력도 없어 별 희망이 없다는 생각, 농업은 비효율적인 산업이기 때문에 식량은 수입해서 먹는 게 낫다는 생각, 농업지원은 밑 빠진 독에 물붓기일 뿐 투자가치가 없다는 생각, GDP 비중이 2%밖에 안 되니 무시해도 괜찮다는 생각, 첨단 과학·기술의 시대에 전통산업 농업에 매달리는 것은 어리석은 일이라는 생각이 문제다. 그것이 국가의 미래에 어떤 영향을 미치게 될지 제대로 인식하지 못하고 있는 것이다.

농업을 보는 정부의 왜곡된 인식 또한 문제다. 실용주의를 표방하고 출범한 현 이명박 정부는 '돈 버는 농업'을 슬로건으로 내세우고 농정을 추진해 왔다. 낮은 농가소득을 올려보고자 나온 아이디어일 테지만 농업에 대한 왜곡된 인식을 드러낸 천박한 발상이 아닐 수 없다. 소득증대야 어느 산업이든 당연히 전제되어 있는 것이다. 농업은 단지 돈벌이 수단이고 농촌은 돈벌이를 하는 공간으로만 인식하고 있는 것이다. 농업의 가치와 역할을 이렇게 폄훼하고 있으니 더욱 농업을 경시하고 기피하는 게 아닌가.

네덜란드, 덴마크, 벨기에 같은 유럽의 작은 나라들은 어떻게 선진 수출농업국가로 성장할 수 있었는가? 경지면적이 좁아 안 된다고 믿어온 우리는 그들의 성공을 어떻게 설명할 것인가. 경쟁력 없고 효율성 떨어진다 하여 쉽게 개방 편을 드는 우리가 스위스, 스웨덴, 노르웨이가 많은 보조를 주며 농업을 보호·육성하는 이유를 어떻게 이해해야 할 것인가?

이스라엘은 또 어떤가? 척박한 대지와 기후 조건 속에서도 광야에 길을 내고 사막에 강줄기를 뚫어 고품질의 오렌지와 딸기를 생산하여 세계시장으로 수출하는 민족이다. 좁은 땅, 불모의 땅에서 수출농업을 일으킨 그 정신은 어디에서 오는 것인가. 그들은 이른바 '토라(Torah) 농법'*이라고 하는 불굴의 개척정신과 창조적 정신으로 오늘의 이스라엘 농업을 일궈냈다. 안 된다는 패배의식을 가진 우리에게 큰 교훈이다.

그들도 우리처럼 쉽게 안 된다고 포기하고, 농업을 경시하며 패배의식 속에 안주해 있었다면 오늘날의 이스라엘은 존재하지 못했을지도 모른다. 문제는 주어진 조건이나 환경이라기보다 우리의 의식이고 태도이다. 우리들의 생각이 바뀌고 국민의식이 바로 서야 농업이 바로 서는 길이다.

---

* 토라(Torah)는 히브리어로 말씀이라는 뜻으로 유대교의 율법을 말한다. 종종 구약의 모세오경을 일컫지만, 구약성서 전체를 가리키기도 한다. 따라서 토라 농법이란 이 구약의 율법과 가르침에 근거한 농법으로, "광야에 길을 내고 사막에 강을 내리라"(이사야 43장 19절)는 것과 같은 말씀에 따른 농법이다.

모두 생각을 바꿔야

먼저 한국 농업의 주역인 농민의 생각이 바뀌고 의식변화가 일어나야 한다. 안 된다는 패배의식, 사회적 약자라는 자기비하 의식에서 벗어나야 한다. "할 수 있다"는 긍정적 사고와 자긍심이 필요하다. 정부의 시혜정책에 안주하기보다 농업 전문가로서의 식견과 글로벌 마인드를 갖추고 스스로 경쟁력 향상을 위해 노력해야 한다. 세계의 소비자들이 무엇을 원하는지 고민하며 변화 트렌드를 읽고, 노력하면 얼마든지 억대 부농이 될 수 있다는 자신감과 긍정적인 마인드가 필요하다. '농자천하지대본'은 아니더라도 '농민'은 '농민'이어서 스스로 자랑스러워야 한다.

또한 농민은 농업의 다원적·공익적 기능을 수행하는 주역으로서 그 중요성을 깊이 인식하고 사회적 책임의식을 가져야 한다. 돈벌이도 중요하지만 지속가능한 농업을 통해 국민건강을 생각하고, 자연과 환경을 생각하며 생산활동을 해야 한다. 안전하고 위생적인 농산물을 생산하고, 농지보존과 동물복지에 힘써야 한다. 그럴 때만이 농업정책 비용을 부담하는 국민의 공감을 얻을 수 있고, 농가의 소득보장과 지속적인 농업발전을 이룰 수 있다. 5천만 인구의 식량안보를 책임지고, 자연경관과 환경의 파수꾼으로서 아름다운 농촌 사회와 국토 지킴이로서 중요한 역할을 하고 있다는 긍지와 자부심을 갖고 있어야 할 것이다.

다음으로 농업·농촌을 바라보는 국민의식이 변해야 한다. 농업은 다른 산업과 달리 경제적 가치로만 평가될 수 있는 것이 아니며, 농업의 다원적·공익적 기능의 가치를 깊이 이해할 수 있어야 한다. 값이 좀 싸다는 이유만으로 수입 농산물을 소비하는 것이 어떤 결과로 이어지는지 깨달아야 한다. 나아가 농업과 농촌에 대한 미래 지향적인 새로운 가치를 인식해야 한다. 농업은 생명산업, 녹색산업으로서 녹색성장의 중심 역할을 하고, 환경과 기후변화 문제가 심각해지면서 고갈되어 가는 식량, 에너지, 수자원 문제 해결을 위한 중요한 산업으로 새롭게 인식되어야 한다. 또 국토의 대부분을 구성하며 국민의 휴식공간으로서 농촌에 대한 가치가 새롭게 인식되어야 한다. 이를 위해 농업·농촌의 가치와 존재 이유에 대한 대국민 교육·홍보를 강화해야 한다. 일상적 식품 구매자인 주부들에 대한 교육·홍보는 더욱 중요하다.

다음에는 정부가 변하고 정책기조가 변해야 한다. 농업의 기능과 가치에 대한 정부의 인식변화가 절실하다. 단순히 '돈 버는 농업'으로 인식하는 한 한국 농업의 미래는 없다. 미국산 쇠고기의 안전성을 보이기 위해 대통령과 정부가 나서 시식회 이벤트를 벌이는 나라에서 농업·농촌의 발전은 요원하다. 농민의 조합인 농협이 국방부에 수입산 쇠고기를 납품하고 자회사가 비료 가격 담합을 하는 나라에서 농업·농촌의 발전을 기대할 수는 없다. 원산지를 속여 개인 이익을 챙겨도 솜방망이 처벌만 반복하는 나라에서 농업·농촌의 발전은 없다. 공산품을 수출하여 번 돈으로 농민에게 보상만 해 주면 농산물 시장개방을 할 수 있다는 식으로 FTA를 추진하는 한 농업·농촌의 발전은 요원하다. 한국 농업은 성장의 한계에 도달했다며 수입 농산물을 이용한 식품산업 육성에 치중하는 정부하에서는 농업·농촌의 발전 또한 요원하다.

이제 농민, 정부를 포함한 국민 모두의 생각을 바꿔야 한다. 농업의 가치와 중요성을 새롭게 인식해야 한다. 한국 농업은 안 된다는 부정적·패배적 생각을 버려야 한다. 부정적 생각을 할 때 한국 농업의 잠재력은 반도 나오기 어렵다. 하지만 된다는 긍정적·희망적 생각을 하면 우리 농업은 잠재력의 150%, 200%가 분출되어 나올 것이다. 긍정적·희망적 생각은 시장개방이 확대되고, 농업성장이 장기 정체에 빠지고, 도시 대비 농가소득이 절반 이하로 떨어져 가는 지금 이 순간 절실히 필요하다. 생각이 바뀌면 희망과 꿈이 생기고 농업과 농촌은 국가의 기반산업으로서, 또 국토의 균형발전의 중심으로서 다시 도약의 길을 걷게 될 것이다. 척박한 사막의 땅에서 주변 아랍국들과의 치열한 대치 속에서도 식량자립과 농업발전을 위해 노력하는 이스라엘 정신을 배워야 한다.

21세기 새로운 한국 농업의 도약을 위해 새로운 국민의식이 필요하다. 농업·농촌에 대한 새로운 인식의 틀이 정립되어야 한다. 농업의 가치와 중요성에 대한 국민적 인식이 새롭게 확립될 때 로컬푸드, '착한 소비' 운동이 환경농업, 지역농업의 차원을 넘어 들불처럼 전국으로 번져나갈 것이다. 정부는 물론 생산자 단체와 시민단체, 그리고 민간 전문가들이 힘을 합쳐 범국민적 의식전환 운동이 일어나야 한다.

그동안 한국 농업은 어렵다, 안 된다는 이야기를 자주 해 왔다. 농민만이 아니라 농업을 이야기하는 사람은 너나없이 그렇게 말해 왔다. 시장개방보다 이 체념과 패배의식이 더 문제다. 이제는 된다고, 희망이 있다고, 할 수 있다고 우리 자신과 세계를 향해 외쳐 보자. 농산물 시장개방이 우리한테만 온 게 아니다. 우리보다 어려운 여건 속에서도 농업 선진국으로 성장한 나라도 얼마든지 있다. 과거의 고정관념과 틀을 바꾸고 우리의 잠재력을 성공의 자원으로 활용할 방안을 찾아보자. 한국 농업, 결코 성장의 한계점에 와 있지 않다. 다시 성장의 궤도로 진입시킬 수 있다는 긍정의 믿음을 가져 보자. 그것은 생산 농민, 정부, 국민 모두 농업·농촌의 중요성과 가치에 대한 올바른 이해와 인식을 바탕으로 우리 모두의 생각을 바꾸는 데서 시작된다.

새로운 농정 패러다임

새로운 농정 패러다임

　한국의 농업·농촌 문제를 이야기하는 사람치고 새로운 농정 패러다임의 필요성을 말하지 않는 사람이 거의 없다. 농업·농촌 현실에 대한 답답함, 빠르게 변하는 국내·외 농정환경, 그래서 무언가 새로운 것에 대한 갈증을 표현한 것이다. 그러나 구체적으로 어떤 패러다임의 변화가 필요한지를 물어본다면 막연해진다. 그만큼 문제가 복잡하고 어렵다는 의미다. 무엇이 어떻게 새로워져야 하는지 정확히 짚어낼 수는 없어도 분명한 건 현재의 농정으로는 안 된다는 것이다. 변화가 있어야만 한다는 것이 새로운 패러다임을 이야기하는 사람들의 공통된 생각이다.

　변화된 환경, 변화된 시대에 맞는 밑그림을 그리고 농업·농촌의 백년대계를 위한 설계를 다시 해 나가야 한다. 농정의 목표와 방향을 재정립하고, 농정의 대상과 범위, 접근방식을 다시 정비해야 한다. 추진해 나갈 조직과 체계도 다시 갖춰야 한다. 15년 이상 농업성장이 뒷걸음치고 있고 농가소득이 도시의 43%까지 추락한다는 전망이 나오는 상황에서 구태의연한 농정 틀과 접근방법으로는 안 된다. 새 술과 새 부대가 마련되어야 한다. 농업·농촌의 시련의 시대를 살고 있는 지금, 여기서 탈출할 수 있는 새로운 농정 패러다임은 무엇인가?

첫째, 공급 중심 농정에서 수요 중심 농정으로

지금까지의 한국 농정은 기본적으로 공급 또는 공급자 중심이었다. 과거 1980년대 이전 식량부족 시대는 물론 농산물 시장개방이 본격화된 이후에도 공급 중심의 농정으로 일관해 왔다. 생산증대와 농가소득 지원을 위한 가격지지정책이나 투입요소 지원정책, 구조조정과 기술개발 등 경쟁력 향상을 위한 정책들이 모두 공급 중심의 정책이다. 최근 확대되고 있는 직불제 역시 농업 생산자를 위한 정책이란 점에서 공급 사이드 정책이다.

공급 중심 정책들 중에서 핵심은 경쟁력 향상을 위한 정책이다. 농산물 시장개방이 확대되면서 경쟁력 향상이 국내 농업을 살릴 수 있는 지름길로 생각했기 때문이다. 그러나 막대한 자금을 투입하며 오랫동안 이 정책을 추진해 왔음에도 여전히 우리 농업의 경쟁력은 살아나지 못하고 장기 침체의 늪에서 벗어나지 못하고 있다. 공급 중심의 경쟁력 향상 농정의 한계를 드러내고 있는 것이다. 앞서 논의한 것처럼 경쟁력은 상대적인 것이기 때문에 나만 노력한다고 해서 쉽게 이룰 수 있는 게 아니다. 농업 분야 무역수지 적자 폭이 확대되고 있다는 것은 경쟁력이 향상되지 않고 있다는 증거다. 농업성장 침체의 늪은 더욱 깊어 가고 농업기반은 무너져 가고 있는데 여기에 매달려 백년하청 세월만 보낼 수는 없다.

이제 시선을 수요 쪽으로 돌려야 한다. 수요가 문제다. 공급 중심 농정에서 수요 중심 농정으로 틀을 바꿔야 한다. 공급 측면에서 경쟁력 향상 노력을 지속하면서 동시에 국산 농산물에 대한 총수요를 진작시킬 수 있는 정책이 뒷받침되어야 한다. 그렇지 않고 현재의 경쟁력 향상 정책만으로는 장기 침체에 빠진 한국 농업을 살려내는 것은 불가능하다. 일부 경쟁력 있는 품목이나 앞서가는 농가들이 살아남을 수는 있겠지만, 급속히 시장개방이 확산되는 상황에서 한국의 전반적인 농업기반은 경쟁력을 갖추기 전에 무너져 내릴 것이다.

국산 농산물에 대한 민간의 소비수요, 농·식품 관련 기업의 수요, 정부의 재정지출 수요, 그리고 해외수요를 적극 확대해 나가야 한다. 수출확대와 수입억제를 통해 농산물 무역수지 적자폭을 대폭 줄여 나가야 한다. 농업성장을 받쳐 주는 이 네 개의 수레바퀴가 힘차게 작동하도록 '빅 푸시' 정책이 시행되어야 한다. 이것이 이 책에서 제시하는 '한국 농업의 길'의 중심 메시지다. 지금까지 해 왔던 공급 측면의 경쟁력 향상 노력에 총수요 진작 '빅 푸시'가 더해지면 머지않아 한국 농업은 장기 정체 구간을 벗어나 다시 성장 국면으로 들어설 수 있을 것이다.

수요중심 농정을 농정대상의 측면에서 좁게 보면 이는 곧 소비자 중심 농정을 뜻한다. 소비자 욕구와 소비패턴의 변화에 부응할 수 있는 식품안전과 위생, 고품질 등 소비자 맞춤형 농산물을 생산해 낼 수 있는 농정이 필요하다는 것이다.

둘째, 품목 위주 미시농정에서 성장 위한 거시농정으로

생산에 초점을 맞춘 공급 측면의 정책은 개별 품목을 대상으로 한 가격지지 정책이 중심이었다. 개별 품목 중심의 정책은 자연히 시장간섭 경향을 띠기 때문에 시장 지향적 체제에는 적합하지 않다. 이제는 개별 품목을 대상으로 한 미시적 농정으로부터 전체 농업성장을 위한 거시적 농정으로 전환해야 한다.

거시적 관점에서 국산 농산물에 대한 총수요를 진작시키는 농업성장 정책을 통해 좀 더 시장 지향적으로 가면서 동시에 농가의 농업소득이 내생적으로 늘어나도록 해야 한다. 쌀과 같이 식량안보상 중요한 품목을 제외하고는 특정 품목을 대상으로 한 지지정책은 지양해야 한다. 대신 거시적 수요진작 '빅 푸시' 정책을 통해 전체 농업이 성장하면서 개별 농산물이 함께 커 가는 접근 방식이 되어야 한다. 농가소득은 농업성장을 통해 내생적으로 증가해야 지속 가능하다. 직불제는 농업성장으로도 충분하지 못한 부분, 성장에서 뒤쳐지는 영세 농가들을 위해 보완장치로 활용해야 한다.

셋째, 농업 중심 산업농정에서 지속 가능한 농업·농촌 종합농정으로

농정의 외연이 크게 확대되고 있다. 전통적인 농업 중심의 산업농정으로는 변화된 환경에 부응할 수 없다. 국가의 균형적 발전이란 큰 틀 속에서 지역사회로서의 농촌개발과 농업성장이 동시에 진행되는 종합적인 농업·농촌 발전 정책이 되어야 한다. 나아가 푸드시스템 전 과정, 가축위생 및 방역, 동물복지, 자원(식량, 물, 에너지, 산림)과 환경, 기후변화를 모두 포괄하는 종합농정이 되어야 한다.

안전한 식품을 충분히 공급하면서 아름다운 농촌과 국토환경을 후속 세대들에까지 물려줄 수 있는 지속가능한 농정, 첨단기술과 자연이 조화되는 융·복합 농정, 농업자원을 포함한 미래의 희소자원 '퓨(FEW)'를 확보하고 동시에 환경과 자연 생태계가 잘 보존되는 지속가능한 농정을 추구해야 한다.

미래는 불확실성과 불안정성의 시대다. 세계 곳곳에 기상이변과 기후변화 조짐이 현저해지면서 자연재해의 발생 빈도가 증가하고 있다. 세계 농산물 수급의 불안정과 불균형이 커지고 식량위기에 대한 우려 또한 커지고 있다.

농정의 목표, 대상과 범위를 다시 설정하고, '농(農)'에 대한 새로운 가치체계 정립이 필요하다. 국가의 지속 가능한 발전이란 큰 틀에서 농정환경 변화 요소의 창조적 통합을 통해 새로운 농정 패러다임을 짜야 한다. 한국 농정의 궁극적 목표는 첨단과 자연, 전통이 조화된 지속가능한 선진 농업·농촌의 실현이 되어야 할 것이다.

정부 역할의 재정립

정부의 역할도 재정립되어야 한다. 시장에 맡겨야 할 부분과 정부가 책임지고 추진해 나가야 할 부분을 명확히 구분하고, 농정환경 변화에 따른 새로운 도전과제들을 효율적으로 추진해 나갈 수 있도록 기능과 조직을 재정비해야 한다.

농업에서 시장의 역할이 중요시되고 있지만 '정부의 손'이 강하게 작용해야 할 영역은 오히려 더 커지고 있다. 농정환경의 변화와 외연확대에 따라 시장에 맡길 수 없는 새로운 영역들이 생겨나고 있기 때문이다. 식품안전과 위생, 환경과 자원보존, 기후변화와 같은 전 지구적 문제, 농업의 다원적 기능과 같은 외부성이 존재하는 분야, 농촌의 삶의 질과 복지 등은 시장에 맡길 수 없거나 시장이 효율적으로 수행할 수 없는 영역이다. 미래의 농정은 더욱 복잡해지고 전문화되고 있다.

첫째, 식량안보를 포함한 농업의 다원적·공익적 기능을 위해 '정부의 손'은 강하게 나타나야 한다. 식량안보는 농정 환경이 어떻게 변해도 정부가 책임져야 할 제1의 과제이다. 둘째, 농가소득의 안정적 보장을 위해 '정부의 손'은 보여야 한다. 생산의 주체인 농가 소득의 안정적 보장 없이는 농업·농촌의 발전은 없기 때문이다. 셋째, 농업관측업무와 농작물재해보험 등 위험관리와 시장정보 제공, 기후변화 예측시스템 강화를 위해 정부의 손은 보여야 한다. 또 각종 불공정 거래 단속 등 유통질서의 확립을 위해 정부의 강한 손이 필요하다. 넷째, 기술농업을 위한 연구·개발 투자 촉진을 위해 정부의 역할이 필요하다. 정부는 또 젊은 농업인력 양성을 위한 정책 프로그램의 개발과 교육투자를 해야 함은 물론, 농업·농촌의 중요성과 가치에 관한 대국민 교육 및 홍보를 강화해 나가야 한다. 마지막으로, 국민건강을 위한 식품위생과 안전, 품질관리를 위한 공적 기준과 감시 활동도 강화해 나가야 한다. 기후변화, 환경과 자원

보존, 가축질병 관리와 방역을 강화하고 농촌 지역사회 개발과 농촌 삶의 질, 복지인프라 구축을 위해 정부의 손은 뚜렷이 보여야 한다.

정부의 기능과 조직도 개편되어야 한다. 변화된 농정 환경과 확대된 농정 외연에 부합하도록 기능과 조직이 변해야 한다. 개별 농정 영역들이 유기적으로 잘 결합되어 시너지효과가 발휘될 수 있도록 창조적 재통합이 필요하다. 추진방식에 있어서도 농업정책들이 전체적인 체계성과 일관성이 유지되어야 하며, 국가적 차원에서 통합·총괄하고 조정해 나갈 수 있는 정책 관제탑(control tower) 역할을 할 수 있는 종합농정조정기구도 필요할 것이다.

이런 기본 틀을 토대로 정부는 한국 농업의 미래에 대한 희망과 비전을 제시할 수 있어야 한다. 희망은 현재의 고난과 어려움을 인내하고 극복할 수 있는 에너지다. 미래의 비전을 제시하지 못하는 정부는 존재 의의가 없다. 구체적이고 실효성 있는 정책을 갖고 한국 농업의 청사진을 제시해야 한다. 15년 이상 장기 농업성장이 정체되고 도시가구 대비 농가소득이 43%까지 추락한다는 전망이 나오는데 구태의연한 정책메뉴만 반복해서는 안 된다. 한국 농업에 확실한 변곡점을 가져올 수 있는 혁신적인 정책으로 미래의 비전을 제시해야 한다.

한국 농업, 새 역사를 써 보자   맺음말

농업은 국가 존립의 기초

농업은 나무에 비유하면 뿌리다. 나무가 자라 줄기와 잎이 나고 아름다운 꽃을 피워 열매가 맺을 수 있는 것은 보이지 않는 곳에서 그것을 받쳐 주는 뿌리가 있기 때문이다. 땅속에서 대지의 에너지와 생명수를 빨아들여 지상의 줄기와 잎을 키워 내고 열매를 맺게 한다. 줄기나 잎 그리고 열매처럼 겉으로 드러나지는 않지만 나무 전체를 지탱해 준다. 그래서 농업은 기초산업이요 기반산업이라고 한다. 산업의 뿌리이고 국가존립의 기초인 것이다.

노벨 경제학상을 수상한 스웨덴의 뮈르달(G. Myrdal) 교수는 "장기적인 경제발전 전투에서 승리하느냐 패배하느냐는 결국 농업분야에 달려 있다"*라고 말했다. 초기의 경제성장은 단기간에 약효가 나는 공업을 통해 달성할 수 있지만 궁극적으로는 튼실한 농업이 뒷받침해 주지 않으면 국가의 장기적 경제발전이 어려워진다는 뜻이다. 농업은 그만큼 국가 존립의 기초가 되는 핵심 기반 산업이다. 농업의 발전 없이 선진국이 될 수 없다는 쿠즈네츠(S. Kuznets) 교

---

* "It is in the agricultural sector that the battle for long-term economic development will be won or lost."
  (M. Todaro and S. Smith, Economic Development, 2003)

수의 언급도 같은 맥락이다. 오래 전의 이야기지만 지금도 여전히 유효하고 또 앞으로도 유효할 것이다. 농업이 튼실하게 받쳐 주지 못하면 2, 3차 산업의 발전도 한계가 있을 수밖에 없다. 주위 선진국들을 보면 경험과 역사로 증명된다. 북미와 서유럽의 앞서가는 선진국들 중에 농업이 낙후된 나라를 하나라도 찾을 수 있는가. 그리고 그들이 지금도 농업·농촌을 위해 어떤 노력을 기울이고 있는지도 살펴야 한다. 단순히 국내총생산 비중이 크냐 작으냐의 문제가 아닌 것이다.

그런데 우리는 농업을 어떻게 인식하고 취급해 왔나. 힘만 들고 아무나 할 수 있는 농사일이라고 천시해 오지 않았나. 비효율적인 1차 산업이라고 국가 경제의 서자 취급해 오지 않았나. 현 정권 들어 농정 슬로건으로 내건 '돈 버는 농업' 문구 속에 농업을 바라보는 정부의 왜곡된 인식이 그대로 묻어 있다. '아그리젠토 코리아'*라고 한 대담에서 어느 대기업 회장이 "농업에도 돈 냄새가 나야 한다"고 말한 천박한 발상이 우리가 농업을 바라보고 있는 현주소가 아닌가 싶다. 농업에 대한 왜곡된 인식수준을 그대로 표출한 것이다. '돈 버는

*「아그리젠토 코리아: 첨단농업 부국의 길」, 매일경제신문사, 2010.

농업'을 내걸고 수 년째 농정을 추진해 왔어도 농가소득은 오히려 도시가구의 65%까지 추락했으니 번 돈은 다 어디로 갔단 말인가. 만일 유럽의 선진국들이 농업을 우리처럼 '돈 냄새'가 나고 '돈 버는 농업' 정도로 인식했다면 아마도 오늘의 선진화된 유럽은 없을 것이다. 그들이 국토균형발전, 환경보존, 식품안전, 그리고 동물복지를 공동농업정책(CAP)의 핵심 농정방향으로 삼지 않았을 것이다.

그러니 정책 우선순위에서 밀리고 경제성장 과정에서 소외될 수밖에 없다. 세계 유례를 찾기 힘들 정도의 동시 다발적 FTA 추진으로 농업이 치열한 국제경쟁에 내몰리고 있는 것이다. 우리가 종종 '한강의 기적'을 말해 왔지만 그것은 농업·농촌의 기반과 희생 위에서 나온 성과물이다. 그러다가 준비 없이 만난 시장개방과 세계화의 충격으로 한국 농업은 15년 이상 깊은 성장의 침체 속으로 빠져든 것이다. 세계 13위 경제대국이라고 내세우지만 그 뒤에는 농업·농촌의 어두운 그림자가 깊이 드리워져 있다.

나무는 어떻게 잎이 나고 줄기가 자라 열매가 무성히 맺히는지, 자신의 키가 어떻게 성큼 자랐는지 알지 못한다. 뿌리가 쇠하고 죽어가는 날 나무는 그것이 보이지 않는 뿌리의 힘이었다는 걸 알게 될 것이다. 잎과 꽃은 다 떨어져도 다시 나고, 줄기는 잘려져도 새 가지가 나오지만 뿌리가 병들고 쇠하면 나무는 죽게 되어 있다. 땅, 곧 흙을 필수요소로 하는 농업은 자연이고 환경이다. 11월 11일을 '농업인의 날'로 제정한 연유도 한자어 흙 '토(土)'에서 유래했다. 자연이자 환경인 농업은 그래서 지속 가능한 국가균형발전의 기반인 셈이다. 뿌리가 썩고 병들면 나무는 죽듯 농업이 쇠하면 국토와 자연과 환경이 망가지고 국가의 존립이 무너지는 것이다.

15년 이상 농업성장이 장기 정체에 빠져 있고, 도·농 간 소득 격차가 용인하기 어려운 수준까지 심화되며, 농촌이 황량한 경로당으로 변하고 있는 현실을 그냥 보고만 있을 수는 없다. 이제 국가 존립의 기초인 농업을, 국토의 중심인 농촌을 바로 세워야 할 때다. 농업과 농촌의 가치를 올바로 인식하고 그것을 반듯하게 살려내야 한다.

한국 농업의 길

이 책 제3부에서 그 길을 제시하고자 했다. 중심 메시지는 한국 농업을 다시 과거 WTO 출범 이전의 성장궤도로 되돌려 놓아야 한다는 것이다. 그렇지 않고는 농가소득과 농촌 삶의 질 문제, 농촌개발 문제, 식량안보나 국토균형발전 등 다원적·공익적 기능 문제를 해결하기 어렵다.

많은 사람들이 한국 농업의 성장의 한계를 말한다. 한국농촌경제연구원이 제시한 장기 전망은 더 이상 우리 농업이 회생할 수 없음을 수치로 보여 주고 있다. 그러나 나는 이를 받아들일 수 없다. 세계화 추세와 시장개방 탓으로 돌리며 농업성장의 한계를 말하는 것은 농정 실패에 대한 자기 합리화이고 책임 회피다. 우리의 기술수준, 토지, 자본, 우수한 인력, 방대한 농협조직 등 잠재적 농업 자원과 인프라를 고려할 때 한국 농업은 결코 내재적 성장의 한계점에 와 있지 않다.

농업성장을 통해 농가소득을 늘리고 농촌복지 기반을 다지며 다원적 기능을 유지해야 한다. 농업·농촌 문제의 중심에 성장이 있고, 성장을 통해 주변의 농업·농촌 문제를 해결해 나가는 선순환 구조를 만들어 나가야 한다. 시장개방 시대에 농업 GDP가 감소하는 것은 당연하고 그로 인한 농가소득 감소는 직접지불로 충당해 주면 된다는 생각은 잘못이다. 지금 이런 방향으로 진행되고 있는 우리 농정은 잘못 가고 있는 것이다. 농업 문제가 어려우니까 농업과 연계되지 않은 식품산업 육성과 가공식품 수출 증대로 방향을 전환하는 것 또한 잘못이다. 직불제에 의존하여 농가소득문제를 해결하려는 것은 자기 소득은 없이 도움 받아 잘 살아보겠다는 것과 같다. 직불제는 사다리 타고 지붕 위에 먼저 올라간 선진국들이 자신들이 타고 간 사다리는 걷어차고 대신 내놓은 그들 중심의 정책이다.

경쟁력 향상 노력은 물론 계속되어야 한다. 그러나 구태의연한 정책메뉴만으로는 성장곡선에 변곡점을 만들어 낼 수 없다. 획기적인 정책발상의 전환과 의식의 변화가 있어야 한다. 수요진작을 위한 통 큰 지원, '빅 푸시' 정책을 더해 주어야 한다. 그러면 멈춰 섰던 한국 농업 수레는 다시 동력을 얻어 앞을 향해 나아갈 것이다. 농가소득, 삶의 질, 농촌 발전 문제도 함께 해결되어 나갈 수 있을 것이다. 민간소비, 식품산업, 정부, 그리고 해외부문에서 국산 농산물 수요확대정책이 강력히 추진되어야 한다. 농업에서 착한 소비운동, '바이 코리아' 붐이 들불처럼 번져 나갈 수 있도록 해야 한다. FTA 종합대책이라는 것도 피해보상, 품목별 경쟁력 강화 등 늘 똑같은 붕어빵식의 공급중심 정책이다. 국산 농산물에 대한 획기적인 수요진작, '빅 푸시'가 있어야만 한다.

농업성장을 위해 또 하나 빼놓을 수 없는 키워드는 기술혁신이다. 그렇다고 기술맹신주의에 빠지는 것은 금물이다. 아무리 첨단기술이 발달한다 해도 그것이 토지농업이 주는 기능과 가치를 대신할 수는 없다. 첨단기술은 버티컬 팜(vertical farm)의 가능성까지 열어 주었지만 토지와 자연을 떠난 농업·농촌은 무의미하다. 기술보다 중요한 게 농업의 가치이다. 미래에는 소를 기르지 않고도 쇠고기를 먹을 수 있는 날이 온다고도 말하지만 대관령 산자락에서 평화롭게 풀을 뜯는 목가적 풍경이 사라진다면 이는 기술의 횡포다. 그래서 첨단과 전통, 자연이 조화된 지속가능한 미래 농업이 필요한 것이다.

정부와 국민 모두 농업·농촌의 가치와 존재 이유를 깊이 인식해야 한다. 농업, 과연 누구를 위해 이 땅에 존재해야 하는가? 농업이 성장·발전하고 바로서야 하는 이유는 농민을 위해서가 아니라 바로 나 자신과 국민 모두를 위해서이다. 그리고 앞으로 이 나라의 주인이 될 우리 후손들을 위해서이다. 돈이 안 된다고 쉽게 포기할 수 있는 게 아니다. 농민의 조합인 농협이 앞장서야 한다. 농업관련 기관과 농민단체들도 한마음이 되어 힘을 합쳐야 한다.

최근 '억대 부농', '성공 농업인'이 늘어나고 귀농 사례도 계속 늘고 있다. 우리 농업과 농촌에 희망의 싹이 움트고 있다는 증거다. '농민이 행복한 나라, 농촌이 도시보다 살기 좋은 나라' 이런 때가 되면 한국이 진정으로 선진국이 되는 날이다. 농업과 비농업, 도시와 농촌이 동반 성장하고 공생 발전하는 상생의 사회를 만들어 나가야 한다. 첨단과 전통이 조화를 이루고 자연과 과학·기술이 공존하는 지속가능한 선진 농업·농촌을 만들어 나가야 한다. 농업의 역할과 가치를 새롭게 인식하고 농정에 대한 총체적 종합검진을 통해 쓰러져 가는 한국 농업을 바로 세워야 한다. 한국 농업, 새로운 역사를 써 보자. 농민, 소비자, 기업, 정부, 국민 모두가 합력하여 농업·농촌에서 가슴 뛰는 감동의 역사를 만들어 보자.

한국 농업 길을 묻다

초판 1쇄 발행 2012년 9월 1일

지은이 이용기

펴낸이 김선기
펴낸곳 (주)푸른길
출판등록 1996년 4월 12일 제16-1292호
주소 (137-060) 서울시 서초구 방배동 우진빌딩 3층
전화 02-523-2907
팩스 02-523-2951
이메일 pur456@kornet.net
홈페이지 www.purungil.co.kr

ISBN 978-89-6291-204-3 93520

ⓒ 이용기 · 2012· Printed in Seoul, Korea

*이 도서의 국립중앙도서관 출판시도서목록(CIP)은 e-CIP홈페이지(http://www.nl.go.kr/ecip)와
국가자료공동목록시스템(http://www.nl.go.kr/kolisnet)에서 이용하실 수 있습니다.(CIP제어번호:
CIP: 2012003603)